U0166395

二维异质结复合材料的设计、制备与应用

李　　伟◎著

吉林科学技术出版社

图书在版编目（CIP）数据

二维异质结复合材料的设计、制备与应用 / 李伟著.
-- 长春 : 吉林科学技术出版社, 2022.8
ISBN 978-7-5578-9591-4

Ⅰ. ①二… Ⅱ. ①李… Ⅲ. ①光电材料－复合材料－研究 Ⅳ. ①TN204

中国版本图书馆CIP数据核字(2022)第153388号

二维异质结复合材料的设计、制备与应用

ERWEI YI ZHI JIE FUHE CAILIAO DE SHEJI, ZHIBEI YU YINGYONG

著　　者　李　伟
出 版 人　宛　霞
责任编辑　李万良
封面设计　清　风
幅面尺寸　185 mm×260 mm
开　　本　16
字　　数　227千字
印　　张　12.75
版　　次　2022年8月第1版
印　　次　2023年4月第1次印刷

出　　版　吉林科学技术出版社
发　　行　吉林科学技术出版社
地　　址　长春市南关区福祉大路5788号出版大厦A座
邮　　编　130118
发行部电话/传真　0431-81629529　81629530　81629531
　　　　　　　　　81629532　81629533　81629534
储运部电话　0431-86059116
编辑部电话　0431-81629520
印　　刷　三河市嵩川印刷有限公司

书　　号　ISBN 978-7-5578-9591-4
定　　价　65.00元

版权所有　翻印必究　举报电话：0431-81629508

目　录

第一章　光催化与光催化剂

第一节　光催化背景

1972年日本学者Fujishima和Honda在Nature杂志上发表了关于TiO_2电极与铂电极组成光电化学体系在紫外光的照射下使水分解为氢气和氧气的论文。这标志着光催化新时代的开始。继而1976年Carey等人在光催化分解污染物方面进行了开拓性的工作，使光催化技术在环保领域快速发展。光催化过程中的光催化剂为无毒无污染的半导体材料，它能在常温下利用太阳能使污染物降解成为无机离子，为治理水污染提供了一条有潜力的途径。TiO_2具有化学稳定性好、耐光腐蚀、无毒无害、稳定性高、成本低、可回收利用等优点，使其成为研究最为广泛的催化剂。

第二节　半导体光催化原理

光催化是一个复杂的物理化学过程，目前倾向于用能带理论来解释这一过程。能带理论是用量子力学的方法研究固体内部电了运动的理论。晶体中电子按能量高低从低能级往高能级依次排列，各能级之间是分立的，充满电子的最高能量的能级就是价带顶，而空的能级被称为导带，从导带底端的能级到价带顶端的能级差即为禁带宽度。

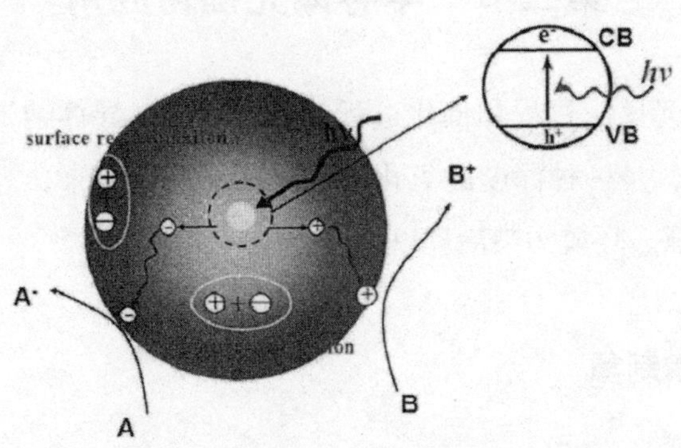

图1.1　半导体光催化反应示意图

如图1.1所示，当半导体受到能量大于其禁带宽度的光照射的时候，价带的电子就会被激发而跃迁到导带，在价带留下一个空穴。产生的光生电子和空穴也有可能在半导体材料的内部或表面位置发生复合，以热能或者其他形式散发掉。

当催化剂存在捕获剂、表面缺陷等时，光生电子和空穴就可能被捕获，从而抑制了光生载流子的复合，就会在半导体表面发生氧化-还原反应。价带空穴本身具有氧化性，可以直接或者与溶液中的氢氧根离子（OH^-）结合成羟基自由基（·OH）而氧化有机物等。跃迁到导带的电子具有还原性，一般与表面吸附的溶解氧反应生成超氧自由基（$\cdot O_2^-$）等活性基团。电子和空穴的转移速率和可能性取决于半导体价带、导带的位置和被吸附物质的氧化还原电位的高低，如果导带的位置高于受体的还原电势，受体物质就有可能被还原，如图1.2所示，以水的氧化还原为例，导带电势在标准氢电势以上时（比氢电极电位更负），才有可能将质子还原为氢气，同样的道理，半导体的价带位置需要比氧电位更正，价带的空穴才能将H_2O氧化为O_2。

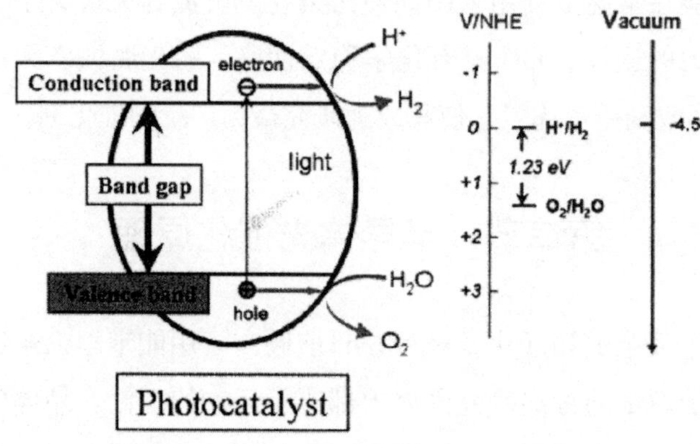

图1.2　光催化分解水原理示意图

第三节　半导体光催化应用

光催化过程是光反应过程和催化过程的融合，是半导体纳米材料自身将光能转化为化学能的过程，是一种深度的氧化还原过程，几十年来，光催化技术已经被广泛应用于光解水制氢、环境污染治理以及光合成等方面。

一、光分解水制氢

光催化材料若想实现光解水制氢，需要满足两个关键条件：（1）禁带宽度应在

1.23 eV到3.26 eV之间；（2）半导体材料的导带底要比H^+/H_2（0 V vs NHE）的氧化还原电位更负，与此同时，价带顶要比O_2/H_2O（1.23 V）的氧化还原电位更正，图1.3所示的是一些常见半导体的能带位置示意图。光催化分解水的0反应是个放热反应，其吉布斯自由能为正的238 KJ/mol，这意味着需要高能量的光子来克服能垒。此外，其逆反应也会和产氢反应相竞争（即表面暗反应）。为了克服这一缺陷，有两种主要解决途径：一是加入牺牲剂，二是表面负载过渡金属氧化物和贵金属。

在过去的数十年中，人们已经发现了许多半导体光催化剂具有光解水制氢能力，包括La掺杂的$NaTaO_3$，以及Ge_3N_4等材料。近年来，探索光解水制氢的新型材料以及具有可见光响应的光催化材料成为研究的热点。2001年Zhigang Zou等人口合成了$In_{1-x}Ni_xTaO_4$，在可见光下实现水的分解制氢。Jinhua Ye发现表面碱化的La，Cr共掺$SrTiO_3$具有增强的光解水制氢能力，其在425 nm光照下制氢效率的量子效率达到了25.6 %；Mohammad Qureshi 合成出CdS@ZnO和CdS@Al_2O_3异质结材料，在可见光下能有效地光解水产氢；Alberto Gasparoto发现F掺杂的Co_3O_4具有很高的光解水制氢活性，其产率达到了213 000 umol $h^{-1}g^{-1}$；Kazunari Domen研究小组发现$SrNbO_2N$作为光电极具有高效的可见光分解水制氢能力。

二、光催化降解有机污染物

半导体材料，以二氧化钛为例，当吸收了波长小于或等于387 nm的光子后，价带中的电子会被激发到导带，形成带负电的高活性电子e^-，同时在价带上产生带正电的空穴h^+。在电场的作用下，电子与空穴分离，迁移到粒子表现的不同位置。热力学研究证明，分布在表面的h^+可以将吸附在TiO_2表面的OH^-和H_2O分子氧化成·OH自由基。而·OH自由基的氧化能力是水体中存在的氧化剂中最强的，能氧化大多数的有机污染物及部分的无机污染物，并将其最终分解为CO_2、H_2O等无害物质。因此光催化在环境污染治理中有着广泛的应用，包括废水处理、空气净化、重金属还原等。

1976年，Carey小组报道了纳米二氧化钛在紫外光照射下可将难以生物降解的多氯联苯降解，随后利用光催化降解有机污染物引起了科研工作者广泛的研究兴趣。Jianbui Huang 等利用水热法合成出纳米结构的$Cd_2Ge_2O_6$，相对于二氧化钛，该材料在降解苯及其衍生物时表现出高效稳定的光催化活性。六价铬离子能诱发致癌，对人类和自然环境产生严重的破坏作用，所以治理含铬（VD）废水一直是近年来关注的难题。光催化材料能将六价的铬离子还原成毒性较低的三价铬离子，并具有工艺简单、能耗低和效率高等特点而受到关注。Quan 等人制备了TiO_2-BDD样品，其在紫外光下能够将Cr（VI）离子还原为Cr（II）离子。

三、光合成

光催化用于有机合成也有三十多年的发展历史。1979 年，Fujishima 课题组在液相中用不同的半导体粉末来光电还原CO_2，发现CO_2能有效地转化为甲醇、甲醛等碳氢化合物。由于人类活动产生的大量二氧化碳导致了世界气候的巨大变化，而利用光催化技术能够将二氧化碳还原成各种低碳有机化合物或者燃料

从而引起了研究工作者广泛的研究兴趣。Grimes 等人制备的金属Pt和Cu修饰的氮掺杂TiO_2纳米管阵列，在室外太阳光照射下将CO_2还原为甲烷的反应速率达到文献中报道的20倍。硫化物也具有光还原CO_2的能力，Eggins 等人利用CdS光合成得到了含两个碳的酸，也有报道ZnS可用于光还原CO_2，其产物为甲酸和甲醇B2为了提高光还原CO_2的性能，人们研究了多种材料用于CO_2的光还原。Varghese 将Pt或Cu作为助催化剂，研究了N-TiO_2纳米管光还原CO_2合成碳氢化合物的性能。

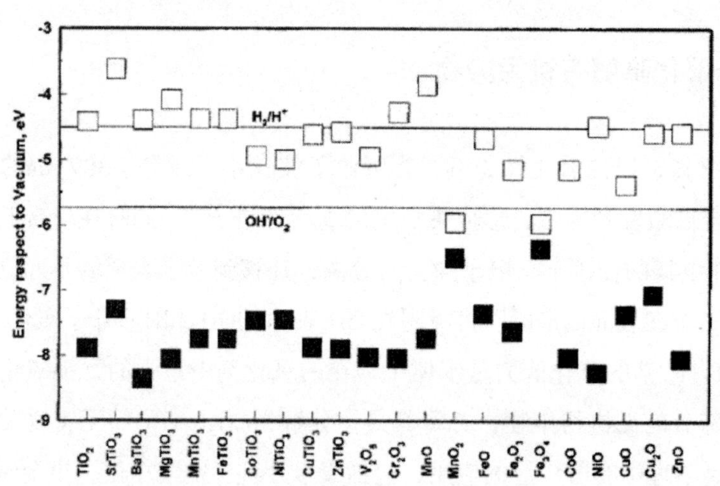

图1.3　几种半导体的能带位置和水分解的氧化还原电位的相对位置

光催化用于其他有机物的选择合成方面也有很多的研究。朱怀勇课题组[34]制备的Au/ZrO_2光催化材料在可见光下能够将硝基苯选择性还原为偶氮苯，产物的选择性大于99 %。而Ogawa等人将Au纳米颗粒负载在层状钛酸盐上得到的Au/ $K_{0.66}Ti_{1.73}Li_{0.27}O_{3.93}$复合材料，在可见光下能够将苯转化为苯酚，原材料的转化率为62%，产物的选择性高达96 %。除了贵金属-半导体复合材料外，其他材料也显示出了良好的光催化选择性

转化特性。Xinchen Wang等人开发的C_3N_4系列的光催化材料，发现其在可见光下能够激活O_2来选择性氧化苯甲醇为苯甲醛，产物的选择性大于99 %。

第四节　光催化剂

光催化剂是一种在光的照射下，自身不起变化，却可以促进化学反应的物质，光催化剂是利用自然界存在的光能转换成为化学反应所需的能量，来产生催化作用，使周围的氧气及水分子激发成极具氧化力的自由负离子。几乎可分解所有对人体和环境有害的有机物质及部分无机物质，不仅能加速反应，而且不造成资源浪费与附加污染形成。最具代表性的例子为植物的"光合作用"，吸收二氧化碳，利用光能转化为氧气及水。

一、二氧化钛光催化的原理

（一）二氧化钛的结构及性质

二氧化钛是一种传统无机n型半导体材料，由于其氧化能力强、无毒无污染、价廉、光稳定性好和耐光腐蚀能力强等优良特点，已经被广泛应用于光催化、传感和太阳能电池等诸多领域，被认为是极具开发前景的催化材料。纯二氧化钛为白色固体粉末状材料，其包含三种晶型：板钛矿型、金红石型和锐钛矿型。锐铁矿和板钛矿均为二氧化钛的低温相，它们通过高温热处理后都转变为稳定的金红石型二氧化钛，但是金红石不能向锐钛矿或板钛矿转化。锐钛矿和金红石通常被均可应用于光催化反应。其中锐钛矿的光催化活性最为优越，这是由于锐钛矿型二氧化钛具有低密度、高电子迁移率以及低介电常数。金红石则比较多地应用于白色涂料领域。板钛矿由于不稳定性在自然界中不是很常见。图1.4为锐钛矿和金红石型二氧化钛的晶体结构图。

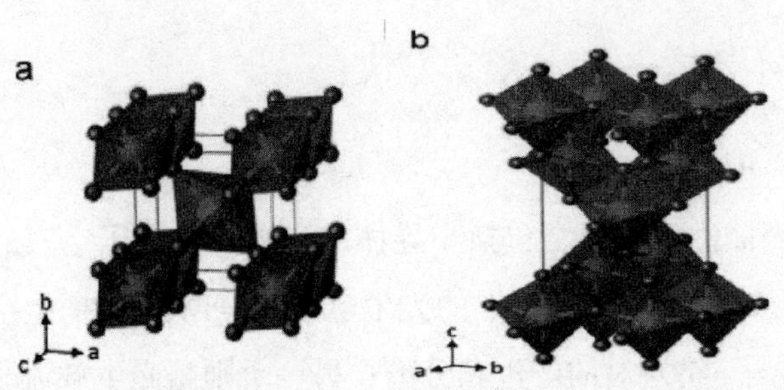

图1.4　二氧化钛晶体结构：金红石（a），锐钛矿（b）

二氧化钛三种晶型的晶体结构均由八面体TiO_6。结构单元组成，其区别在于不同晶型二氧化钛的八面体结构单元的排列方式和畸变角度有所不同。金红石和锐钛矿型二氧化钛属于四方晶系，锐钛矿型二氧化钛与周围八个八面体相连（包含四个共边相连，四个共顶点相连），金红石型二氧化钛与附近十个八面体相连（包括两个共边相连，八个共定点相连）。板钛矿型二氧化钛由六个二氧化钛分子共同组成一个晶胞，属于斜方晶系。

（二）二氧化钛光催化机理

二氧化钛（锐钛矿）的禁带宽度约为3.2eV，其能级结构是沿布里渊区的高对称性结构。其3d轨道分裂成为e_g和t_{2g}两个空轨道，而电子占据s和p两个能级。导带的最低和价带的最高位置分别由Ti 3d和O 2p组成。当入射光的能量等于或者大于二氧化钛的带隙值时，即可引发光催化反应（图1.5）。二氧化钛最基本的光催化过程已经被研究者们普遍认同。当二氧化钛吸收入射光能量后，其价带上的电子会被激发跃迁至导带上，相应地在价带上产生空穴，从而形成具备高度活性的电子空穴对。

$$TiO_2+hv \rightarrow e^-+h^+ \tag{1.1}$$

二氧化钛价带上的空穴具备超强的氧化能力，通常与二氧化钛表面吸附的水分子或羟基反应产生羟基自由基。导带上聚集的电子具有较强的还原性，可以还原一个电子受体，如与催化剂表面的吸附氧作用产生超氧自由基，亦可直接还原H^+产氢。羟基自由基和超氧自由基均为具有高活性和强氧化性的参与光催化反应的活性物种，它们都可以通过氧化的方式降解许多有机化合物，直至完全矿化为二氧化碳和水等无机小分子，还可以应用于杀菌消毒以及自洁净材料等方面。其主要反应过程可以用以下反应式描述：

$$H_2O+h^+ \rightarrow OH\cdot+H^+ \tag{1.2}$$

$$H^++e- \rightarrow H_2 \tag{1.3}$$

$$OH^-+h^+ \rightarrow OH\cdot \tag{1.4}$$

$$O_2+e^- \rightarrow O_2^- \tag{1.5}$$

$$OH\cdot + \text{pollutant} \rightarrow CO_2+H_2O \tag{1.6}$$

$$O_2^- + \text{pollutant} \rightarrow CO_2+H_2O \tag{1.7}$$

众所周知，光催化反应通常包括半导体的光激发、电子空穴的产生、界面电荷迁移和活性物种形成等。位于导带上的光生电子和停留在价带.上空穴主要有两种行为模式：其一为电子-空穴对的产生和分离；另一个则是光生载流子的复合和界面电荷的转移，光生载流子（即电子-空穴对）分离之后，通常会被催化剂表面的吸附物质俘获产生能够直接参与催化反应的活性物种，该俘获过程往往速率较慢，而电子-空穴的复合速率则相对较快，这就要求载流子在分离之后能够进一步通过界面电荷转移的方式延长光生载流子的寿命，从而提高催化剂的光催化效率。对于二氧化钛而言，决定其光催化过程的要素主要有：（1）二氧化钛仅能被紫外光激发，而紫外光只占太阳光的3-5 %，因此减小二氧化钛的禁带宽度，从而提高其光吸收范围是关键因素之一。（2）二氧化钛的光生电子-空穴的分离时间很短，复合速率较快，如何能够把分离出来的光生载流子转移，进而有效地参与光化学反应也是影响二氧化钛光催化效率的关键因素。（3）调控二氧化钛的结构等以增大反应物和其接触面积，提高反应位点的比例，也是提升二氧化钛光催化活性的重要手段。

二、影响TiO_2光催化剂的因素

水蒸气对二氧化钛光催化剂的影响通常情况下，TiO_2镀膜表面与水有较大的接触角，但经紫外光照射后，水的接触角减少到5 度以下，甚至可以达到0 度（即水滴完全浸润在TiO_2的表面），显示非常强的亲水性。进一步研究证明，在光照条件下，TiO_2表面的超亲水性起因于其表面结构的变化：在紫外光的照射下，TiO_2价带电子被激发到导带，电子和空穴向TiO_2表面迁移，在表而生成电子-空穴对，电子与Ti^{4+}反应，空穴则与形成正三价的钛离子和氧空位此时，空气中的水解离吸附在氧空位中，成为化学吸附水（表面羟基），化学吸附水可进一步吸附空气中的水分，形成物理吸附层。研究表明，光照时间、光照强度库的、品面、环境气氛和热处理都会影响到TiO_2的表面结构，从而影响到其光催化性能。

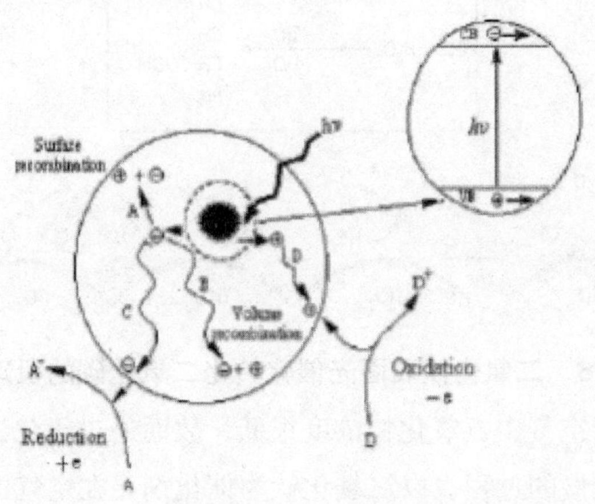

图1.5 二氧化钛光催化的基本原理示意图

三、TiO_2光催化的应用

二氧化钛光催化剂在紫外光照射下，会产生光生电子–空穴对，两者得到有效分离之后均可以参与光催化反应，可以用于降解污染物，分解水制氢、抗菌杀毒以及防污防雾。

（一）光降解污染物

1. 空气净化

目前二氧化钛已经被大量用于户外建筑的涂料以及路面材料等方面，以减少空气中污染物（例如，二氧化碳、氮氧化物和有机挥发物等有害气体）的浓度如之前提及的，在光照下，二氧化钛表面会产生电子–空穴对，光生载流子在光催化过程中可以生成能直接参与降解反应的活性物质羟基自由基以及超氧自由基。

Inoue等在1979年首次报道，使用二氧化钛为光催化剂在水中还原二氧化碳制备甲酸、甲醛、甲醇和甲烷。自那以后，许多科研工作者重点关注于以紫外光或可见光为光源，以二氧化钛为催化剂还原二氧化碳。在此过程中，甲烷和甲醇是最为常见的两种产物，这是由于直接被还原的·CO_2^-在二氧化钛表面具有较高的电位（1.9 eV）。在空气净化过程中，二氧化碳可以转化各种各样的碳氢化合物，如CH_4，CH_2O，CH_3COOH等。最新研究发现，吸附在二氧化钛表面的二氧化碳和质子会产生电子迁移竞争（图1.6）。最初的电子传输是伴随着O=C=O双键的断裂以及氢原子的吸附，从而形成甲酸盐。与此同时，电子/质子的传输导致了甲氧基自由基的形成。最后自由基可以通过双电子和单质子反应进一步在二氧化钛表面转化为甲烷。

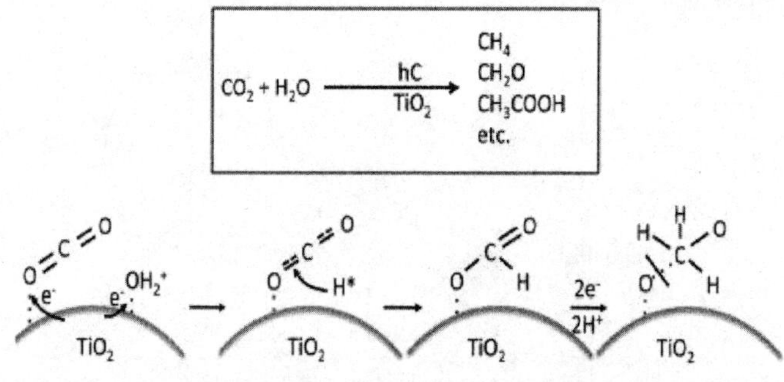

图1.6　二氧化钛表面光催化转化二氧化碳的机理图

在常压下，由于空气中氮氧化物浓度很低，故而通过氧化法将氮氧化物转化为硝酸盐是一个十分缓慢的过程。以二氧化钛为催化剂，在空气中通过光化学氧化法可以有效加速上述氧化速度。光催化过程中的活性物质羟基自由基是强有力的氧化剂，通常可以在二氧化钛表面把NO_2直接转化为硝酸盐：

$NO_2+OH\cdot \rightarrow H+NO_3^-$

光催化过程中产生的超氧自由基可以将NO氧化为硝酸盐：

$NO+O_2^{\cdot -}\rightarrow NO_3^-$

上述过程中产生的无毒的NO_3^-可以被雨水冲洗稀释最终进入土壤形成稳定的化合物。

二氧化钛纳米催化剂降解有机挥发性物质，如丙酮、甲醇、甲醛和二氯甲烷的转化率可以达到90 %以上。总之，气相光催化氧化反应显示出了良好的处理污染物的巨大潜力。空气中大部分有机污染物（如酵、酮、醇等）是可被氧化的，可用二氧化钛光催化氧化法去除。

2．水体/土壤净化

Carey等在1976年以二氧化钛为催化剂在紫外光照射下成功将水中的多氯联苯降解。此后的1977 年，氰化物离子，作为一种常见的工业污染物，已经能够在二氧化钛的悬浊液中被广泛降解。自那以后，二氧化钛纳米材料被认为是降解有机废水的有效光催化剂。图1.7为光催化处理污染物过程中的电化学反应示意图。光生羟基自由基在标准电极电势为28 eV （vs. SHE）时在二氧化钛价带上生成。羟基自由基具有强氧化性可以用于氧化水中的悬浮污染物达到净化水体的目的。到目前为止，土壤和地下水体中的多氯联苯、氰化物离子和有机氯化物（如氯甲烷、三氯Z烯和四氯乙烯）等许多污染物已经在二氧化钛催化剂的作用下得到了有效去除。

除了有机污染物，无机污染物也可以被二氧化钛光催化剂氧化去除。光生超氧自由基和过羟基自由基的标准电极电势分别为–0.56和–0.13 eV。这两种活性自由基可以还原任何还原电势比二氧化钛导带的电势正的金属离子。同时具有强还能力的光生自由电子可以把土壤和水体中的金属离子还原。迄今为止，许多种类的环境有毒金属离子，如Hg（II），Pb（II），Cd（II），Ag（I），Ni（II）和Cr（VI）在紫外光照射下已经被二氧化钛光催剂还原。其他金属离子，如Ag，Pt，Au，Cu和Fe利用二氧化钛为催化剂同样得到了有效还原。

二氧化钛光催化剂在处理水体及土壤中的污染物方面体现出巨大的潜在优势主要是由于以下几点因素：（1）用二氧化钛光催化净化手段仅仅需要利用自然界中普遍存在的氧气和太阳光，净化过程在常压下进行；（2）二氧化钛光催化净化是波长选择性的，在紫外光条件下催化过程得到有效促进；（3）二氧化钛光催化剂价格低、易得、无毒并且化学稳定性高，同时具有很强的氧化能力；（4）在二氧化钛光催化过程中没有其他光生中间体化合物生成。

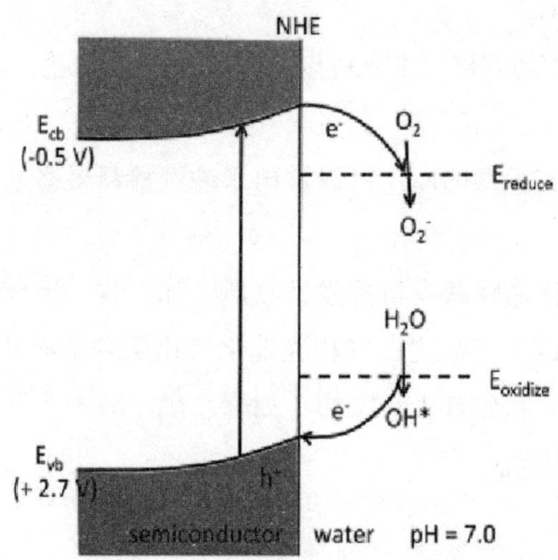

图1.7　二氧化钛光催化过程中的能量学和电化学反应

（二）光催化制氢

作为缓解能源危机的有效手段，二氧化钛光催化分解水产氢越来越受到研究者的重视。氢气燃烧产物只有水，属于非常洁净的能源。以氢气为燃料的燃料电池，发电机只会排放无毒无害的水，属于比较洁净的处理过程。氢气燃料汽车和飞机也仅仅需要排放水蒸气。故而，以氢气作为能源，处理过程和排放的物质均非常洁净，不会对空气和水资源造成任何污染。

二氧化钛光解水需要满足：导带底要比H_2O/H_2的氧化还原电势（相对氢的标准电极电位为零）更负，同时，价带顶要比O_2/H_2O的氧化还原电位电势（相对氢的标准电极电位为1.23 eV）更正。图1.8为二氧化钛光催化分解水产生氢气和氧气的基本机理示意图。

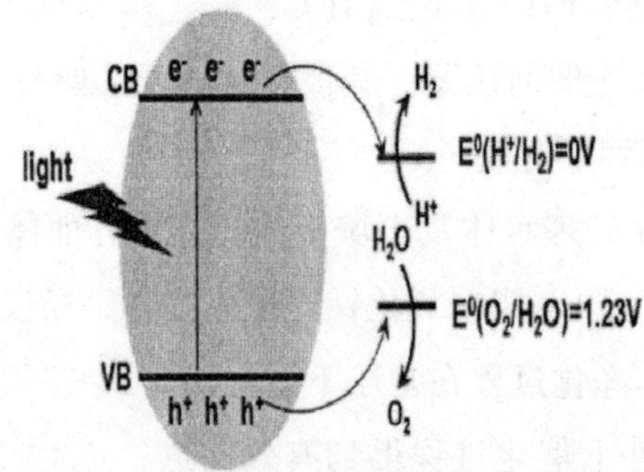

图1.8　光催化分解水的基本原理图

二氧化钛光解水制氢最早在1972年。以二氧化钛为阴极材料光解水被广泛应用始于20世纪80年代。最近，二氧化钛光解水的历史及其发展历程已经有不少综述报道。图1.9为日本Fujishima和Honda两位科学家用金红石二氧化钛为工作电极，Pt电极为对电极光解水的反应装置。在该光解装置中，半导体二氧化钛电极通过导线与铂对电极相连，整个装置暴露在近紫外光下。当二氧化钛电极被近紫外光（波长小于415 nm）照射后，产生的光电流会由铂对电极通过外电路流至二氧化钛电极。电流的流向说明二氧化钛电极.上发生了氧化反应（产氧）同时铂电极上发生了还原反应（产氢）。研究表明，采用紫外光照射，二氧化钛可以在不加外电压的情况下直接把水分解成氧气和氢气：

在二氧化钛电极发生反应如下：

$$H_2O+2h+\rightarrow\frac{1}{2}O_2\uparrow+2H^+$$

在铂电极上发生如下反应：

$$2H+2e^-\rightarrow H_2\uparrow$$

总反应式为：

$$H_2O+hv\rightarrow\frac{1}{2}O_2\uparrow+H_2\uparrow$$

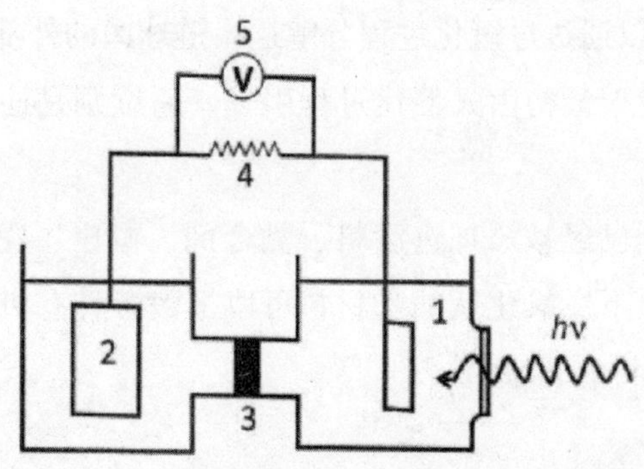

图1.9　二氧化钛光解水反应槽示意图

图1.11（a）为光解水的高级反应槽，反应槽由两个隔室组成。隔室一（产氢）和隔室二（产氧）经由铂丝以及离子交换膜相连。两间隔室均暴露在紫外光下以分解水。溴化物或其他离子作为电子供体。在光解水系统中，只有当光生电子成功迁移至二氧化钛表面才能使水分解。由于光生电子空穴对极易复合，导致二氧化钛的产氢效率比较低，通常需要在二氧化钛表面沉积贵金属纳米粒子以达到有效分离光生载流子的目的。最为常用的助催化剂为Pt纳米粒子（图1.10b）。

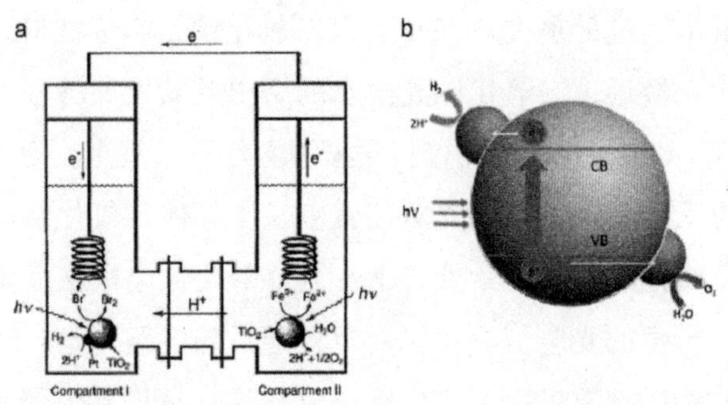

图1.11　光解水反应槽示意图（a），Pt/TiO_2光解水示意图（b）

（三）光催化抗菌杀毒

二氧化钛在抗菌和抗病毒领域一直是研究热点，主要涉及二氧化钛光催化去除细菌、病毒、真菌和癌细胞等。早在1985年就有关于用Pt负载二氧化钛纳米材料杀灭微生物分子（如，辅酵素A、嗜酸乳杆菌、酿酒酵母和大肠杆菌）的报道。迄今为止，大肠杆菌，链球菌AHT，白色念珠菌真菌，甚至癌细胞都可以用二氧化钛纳米材料杀灭。这些病毒、细菌、真菌、海藻和癌细胞可以在紫外光照射下被完全分解为CO_2，H_2O和无毒的无机物。研究认为细胞膜的分解以及渗透性能的丧失是导致细菌细胞死亡的主要原因。二氧化钛光催化剂首先破坏微生物壁，继而逐步破坏细胞膜以及细胞内部组分（如图1.11所示）。显微镜图片证实了上述细胞死亡过程（图1.12）。光催化反应可以通过过氧化过程分解远缘链球菌的外部细胞膜继而诱导细胞的最终死亡。细胞的毁灭最初由光催化过程引发，后续则是通过持续的照射反应来分解。

二氧化钛光催化剂已经被添加进涂料、黏合剂、窗户、瓷砖和其他建筑产品用以灭菌和抗污染。光照下二氧化钛纳米材料可以摧毁各种有机物种并且已经被用于手术室灭菌以及光催化抗癌领域。

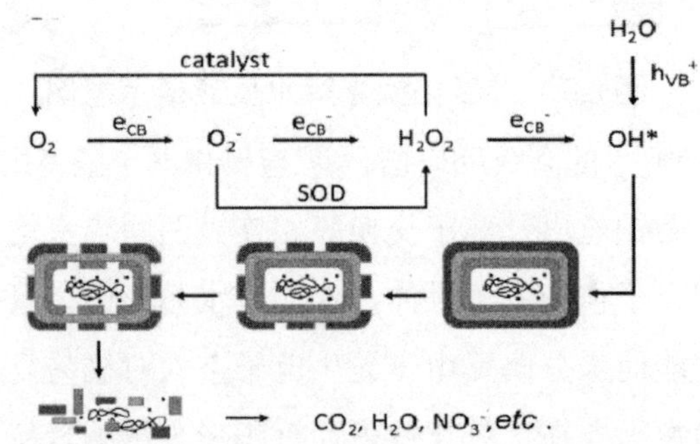

图1.11　二氧化钛光催化杀灭大肠杆菌过程

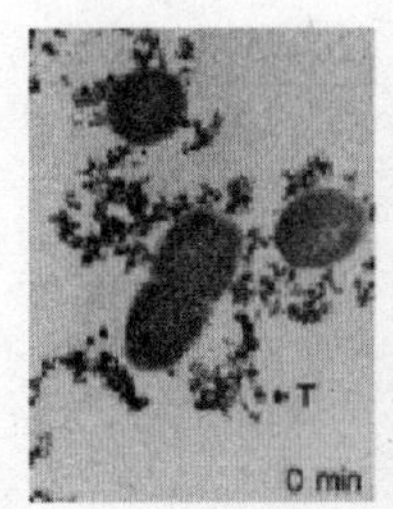

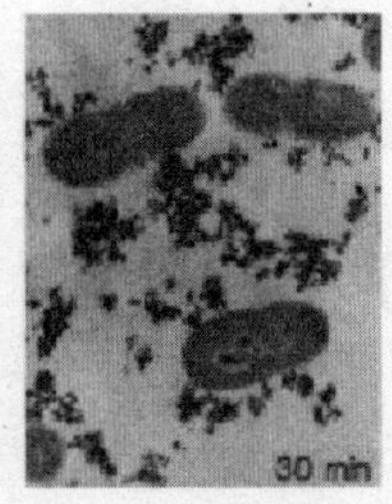

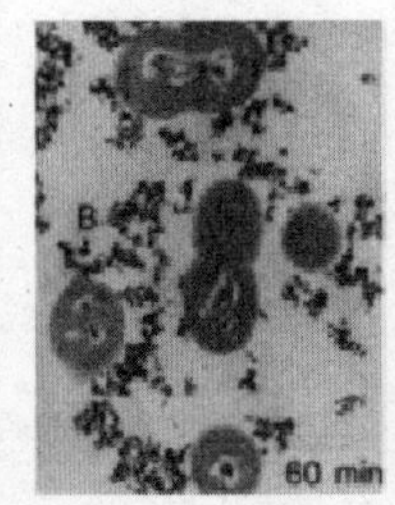

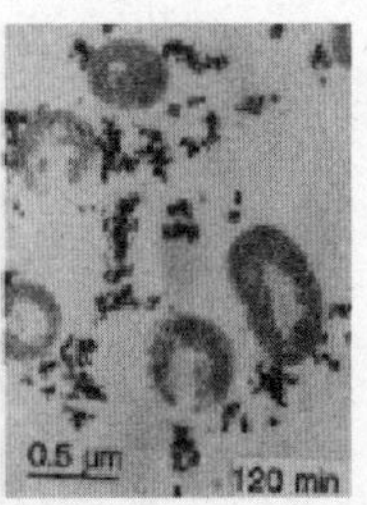

图1.12　二氧化钛光催化杀灭链球菌的过程

（四）作为自洁净材料

二氧化钛纳米材料具有超强的亲水性，水滴在二氧化钛纳米薄膜表面会扩展开来形成一层均匀的水膜。当太阳光照射在涂抹有纳米二氧化钛材料的表面（如玻璃、陶瓷和瓷砖）时，吸附在其表面的有机污染物可以通过光催化作用得到去除，最终转化为对环境无害的CO_2和H_2O以及一些无机物，而无机物在下雨天气可以被雨水冲洗干净，达到清洗的目的。

利用纳米二氧化钛的这种性质，日本东京大学的研究者已经成功制造出一种具有自清洁功能的瓷砖。这种瓷砖主要是利用相关工艺将二氧化钛纳米材料喷涂。在瓷砖表面。二氧化钛具有亲水疏油的性质，吸附在瓷砖表面的油污只需用水冲洗即可，无须其他任何步骤；此外，对于表面残留的少量污染物还可以利用二氧化钛的光催化作用所产生的羟基自由基或超氧自由基的强氧化能力进行降解。图1.13（a）为紫外光作用下，光催化氧化咖啡污渍的图片。图1.13（b）解释了光催化自清洁过程中氧化反应的基本步骤。

第二章　光电催化

在光催化的研究和应用中，存在着两个比较明显的问题。第一，在以二氧化钛粉末为光催化剂的悬浮体系中，粉末催化剂在使用后很难同溶液分离。为了解决这个催化剂使用后的分离回收问题，有人曾经试图将TiO_2固定在某些载体上，如石英砂、玻璃、不锈钢、活性炭等。第二，光催化剂受光照射后产生的电子-空穴对复合概率较大，因而光子利用效率较低，光催化活性不高，对于负载型光催化反应体系，由于光的利用效率大大降低，更是如此。有研究者采用改进催化剂的制备方式、对催化剂进行表面改性、表面衍生化、改变表面羟基基团密度以及对催化剂在不同的气氛下进行处理等方法来提高催化剂的光催化活性。孙奉玉等发现，只有当TiO_2表面羟基与低价钛的比例合适时，才会更有效地改善它的吸光能力，促进电子和空穴的分离和界面电荷的转移。近年来，在材料科学领域通过电沉积、溶胶-凝胶、等离子喷涂、反应离子溅射沉积与化学气相沉积等方法来制成TiO_2纳米微粒膜，来改变其表面的光电化学行为和提高催化剂表面光致电子空穴的分离效率。

提高催化剂表面光致电子空穴的分离效率还与催化剂表面接受光照方式有关。悬浮相催化剂由于颗粒在溶液中的高度分散，颗粒与反应底物充分接触，因而光照面积处于比较理想的状态。相比较而言，催化剂固定之后，表面受光照射的有效面积减少，颗粒与反应底物接触也是有限的，而电子空穴之间的简单复合概率则大为增加，所以产生了催化剂固定后量子效率较低的问题。如果将TiO_2粉末固定在导电的金属上，同时，将固定后的催化剂作为工作电极，采用外加恒电流或恒电位的方法迫使光致电子向对电极方向移动，因而与光致空穴发生分离。这种方法被称为光电催化方法，其目的一方面是解决催化剂的固定和回收问题，另一方面又有望解决电子-空穴对复合概率较大以及催化剂固定后量子效率更低的问题。有关光电催化降解反应的研究起步较晚，最早的文献报道见于1993年。已经发现，TiO_2电极在外加一定的阳极偏压和光照作用下，能降解甲酸、4-氯苯酚以及染料等有机物。然而，由于存在外加阳极偏压，也给光电催化反应引入了许多复杂的因素，许多电化学方面的机理还有待深入研究。

第一节　光电催化的原理

光催化反应的本质是指在受光的激发后，催化剂表面产生的电子空穴对分别与氧化性物质和还原性物质相互作用的电化学过程。光催化反应是由催化剂表面因受光照后产生的电子–空穴对而引发的：

$$TiO_2 \xrightarrow{hv} e^- + h^+ \tag{2-1}$$

当然，电子与空穴也会重新复合，散发出热能，还有另一类简单复合，可表示为：

$$2H_2O + 4h^+ \xrightarrow{hv} O_2 + 4H^+ \tag{2-2}$$

$$O_2 + 4H^+ + 4^{e-} \xrightarrow{hv} 2H_2O \tag{2-3}$$

显然，这种情况下，电子与空穴的结合都是由同一物种来完成的，没有经过有机物的传递这一环节，不能使有机物发生降解反应，没有实际意义，催化剂表面形成了短路的原电池，见图2–1。

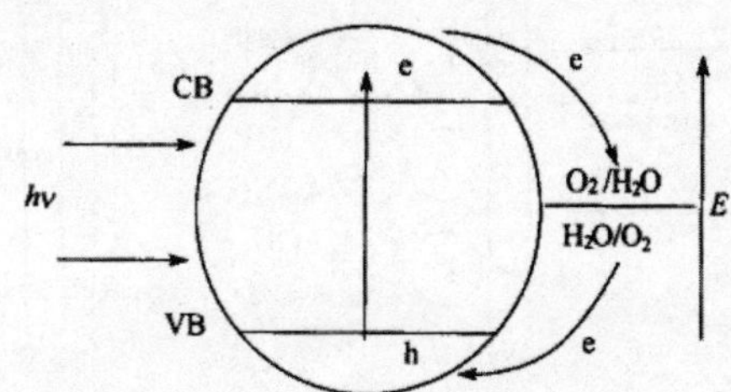

图2–1　光照的TiO_2电极作为短路的原电池示意图

有实际意义的过程应该是，按式（2–2）或式（2–3）所发生的过程组成氧化还原反应的一个半反应，而另一个半反应则由含有有机物与氧化物种的相互作用组成，见图2–2。

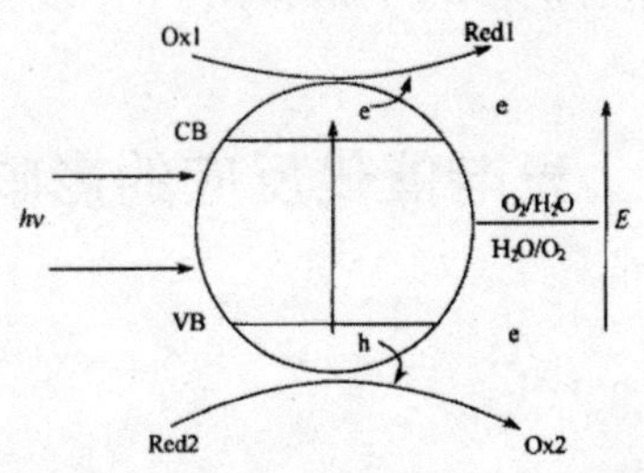

图2–2　发生在TiO_2表面的光催化降解示意图

$4O^{H-}+4h^{+}\rightarrow 4OH$ （2-4a）

$4OH$+有机底物→产物 （2-4b）

式（2-3）也可写为：

$O_2+2H2O+4e^{-}\rightarrow 4OH^{-}$（2-3’）

净反应为[（2-3'）+（2-4）]：

有机底物$+O_2+2H_2O\xrightarrow{hv}$底物 （2-5）

实际的情形是，在催化剂表面发生短路原电池的概率比发生降解反应的概率要大得多，因而光子的利用率比较低。为了有效地利用光源，提高光催化降解的效率，就必须采取一定的手段来消除这种原电池现象。由于电子与空穴相伴而生，数量相等，当二者直接接触时，必然发生简单复合，但如果采用外加电压（电流）的方法迫使光致电子向对电极方向移动，电子就可能与光致空穴发生分离，减少或避免了发生简单复合的机会，增加了按式（2-4）的方式发生的过程，可望使光催化效率大大提高，见图2-3。

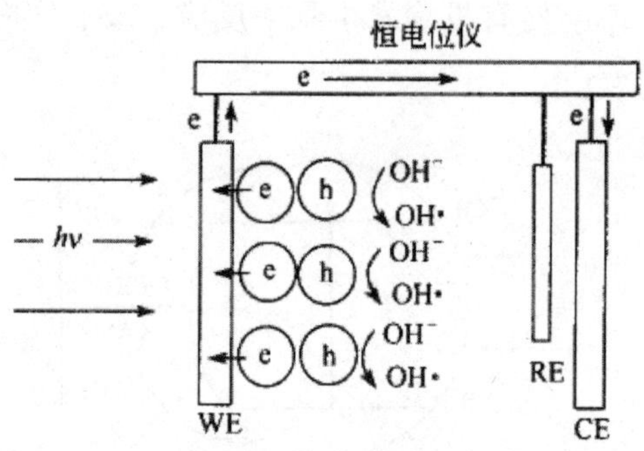

图2-3　光电催化原理示意图

采用光电催化方法希望达到以下目的：①电极可以起到催化剂载体的作用，从而避免催化剂使用后的分离，使得催化剂重复利用的手续大大简化；②光致电子在外加阳极偏压的作用下向对电极方向无能运动，避免了电子-空穴的简单复合，从而延长空穴的寿命，大大提高了有机物的降解效率。

第二节　光电催化反应的影响因素

一、外加电压

光电催化反应中，通过恒电位仪施加的电压对光电催化反应有重要的作用。大量的研究结果表明，在没有外加电压仅有光照或无光照仅加电压时，有机物的浓度随时间的变化比较微弱，说明光电催化反应必须用大于TiO_2（锐钛型）禁带宽度能量（E_g =3.2eV）的光源激发产生电子和空穴，然后利用外加的电压使电子和空穴分离，才能达到光电催化的目的。

一般来说，在光电催化降解有机物的反应中，存在一个最佳电压值，不同的实验条件下得到的最佳电压值是不同的。比如，在采用TiO_2颗粒膜电极，250 W氙灯或1000 W卤素灯对4-氯苯酚进行光电催化降解时，选择的外加电压为600 mV（SCE）。采用TiO_2/Pt/玻璃薄膜电极，30 W紫外灯对可溶性染料进行光电催化降解时，采用的最佳电压为800 mV（SCE）。而Kim和Anderson在用TiO_2薄膜电极和15 W紫外灯对甲酸进行光电催化降解时，外加电压达到2.0 V（SCE）。

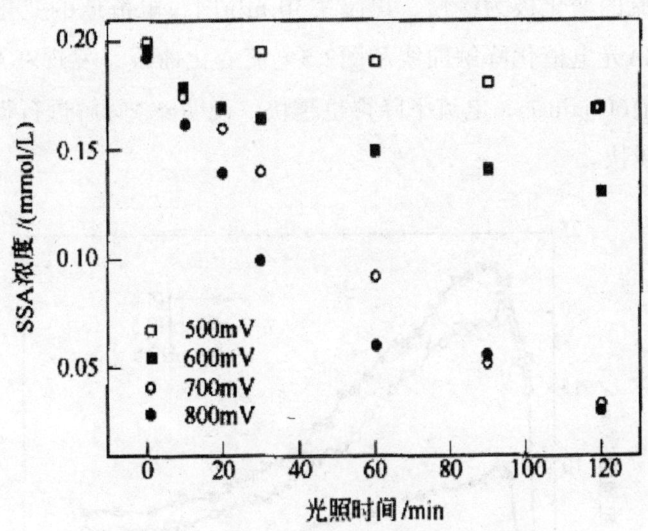

图2.4 外加电压对SSA降解的影响

以TiO_2/Ni体系为工作电极，泡沫镍作为对电极，饱和甘汞电极作为参比电极组成反应体系，不同的外加电压对光电催化降解SSA的速率的影响见图2.4。由图可知，当外加电压为500 mV时，SSA降解速率很慢，随着外加电压的增加，降解速率逐渐加快，当外加电压.上升到800 mV，初始浓度为1.91×10^{-4} mol·L^{-1}的SSA在120 min内，浓度下降到2.70×10^{-5} mol·L^{-1}，下降率为85%以上。

二、外加电流

在外加恒电位条件下的光电催化降解过程中，工作电极和对电极之间也存在一定的电流，而且随着反应的进行在不断变化，主要原因可能是由于随着有机物降解反应的进行，光催化阳极的表面反应电阻在不断变化，表面反应电阻越大，降解反应进行得越慢。光电催化过程电流值的这种波动，无疑造成了光生电子向对电极移动的速率也有所变化，电子和空穴的分离效率在反应过程中也发生着不断地变化。

图2.5是在外加电压为700 mV时光电催化过程中电流随时间的变化曲线。从图2.5可以看出，在光照开始的较短时间内，电流急剧增大，这是由于在施加电压和光照初期，不断产生光生电子–空穴，导致TiO_2表面上的电子向对电极方向移动，从而在外电路中形成电流。随后，光生电子与空穴达到最大状态。同时由于表面反应电阻随着降解反应的进行，表面电阻在不断变化，而使得观察到的电流值有所变化。当光照时间达到120 min 以后，便停止光照，施加的外加电压值依然不变，这时，电流的变化极为缓慢，黑暗中30 min内，电流值的变化不明显。仔细比较图2.4中SSA光电催化降解曲线和图2.5电流变化曲线，发现SSA浓度下降越快的时间段内（前60 min），电流下降得也越快，说明SSA降解进行得越快时，表面电阻变化得也越快。

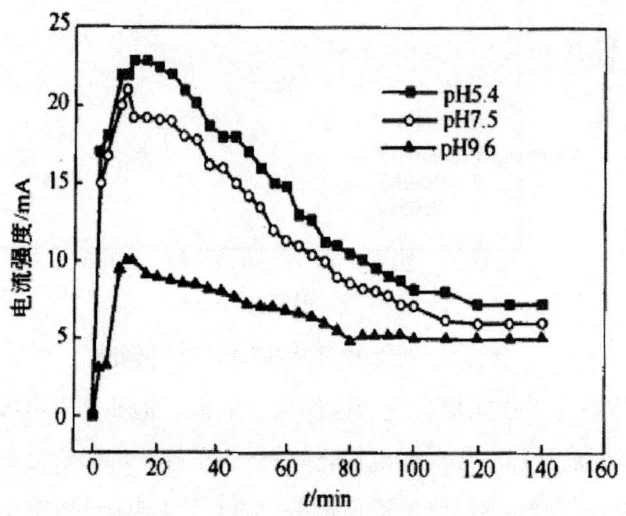

图2.5　SSA光电催化降解过程中外电路电流的变化

SSA初始浓度0. 197mmol/L；N_2流量1000mL/min

以上现象说明，采用恒电流手段来迫使光生电子向对电极方向移动，则可以保证在整个光电催化降解过程中，光生电子向对电极移动的数量和速率保持不变。

图2.6和图2.7分别是不同的外加电流条件下SSA和NSA的降解情况。很明显，随着外加电流的不断增加，两种有机物的降解速率加快。另外，当外加电流值为6.0mA

时，无光照，其他实验条件相同，经过90 min，发现NSA的浓度为$1.5X10^{-4}$ mol·L^{-1}，降解率为10%，可见在没有光照时，两种有机物的降解比较微弱，有机物浓度的显著降低是光照和外加电流共同作用、发生光电催化降解的结果。

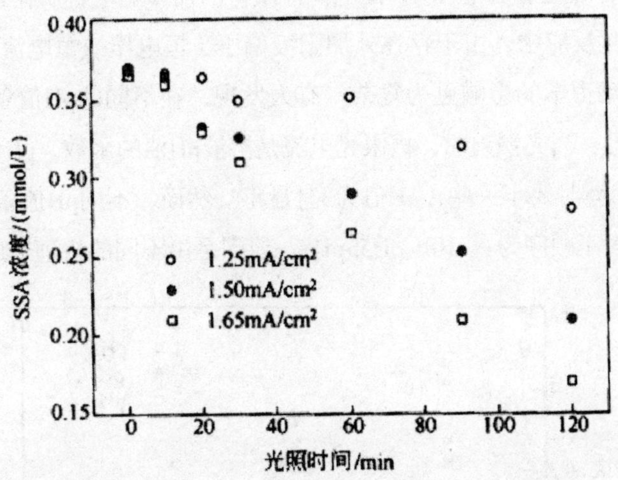

图2.6　不同外加电流时SSA的光电催化降解

pH=7.5；N_2流量1000 mL/ min

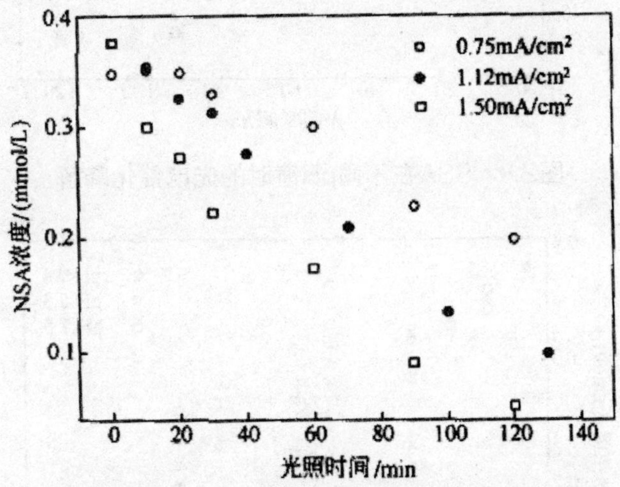

图2.7　不同外加电流时NSA的光电催化降解

pH=7.5；N_2流量1000 mL/ min

三、pH值的影响

在悬浮态光催化降解反应中，溶液初始pH值对降解动力学的影响较为复杂。一般认为，改变pH值将改变溶液中TiO_2界面电荷性质，因而影响电解质在TiO_2表面上的吸附行为。在光电催化反应中，由于存在外加阳极偏压（恒电压或恒电流），溶液初始pH值对有机物降解动力学的影响更为复杂。有人发现，在不同的pH值条件下，TiO_2电极有不同的伏安特性：当光照射时，极限光电流是溶液pH值的函数，pH值为5时极限光电流最大，在pH值为8时要小一些，pH值为3时最小。然而，不同pH值条件下光电催化反应的速率常数的大小顺序为：pH8> pH5>pH3，原因是由不同的机理造成的。

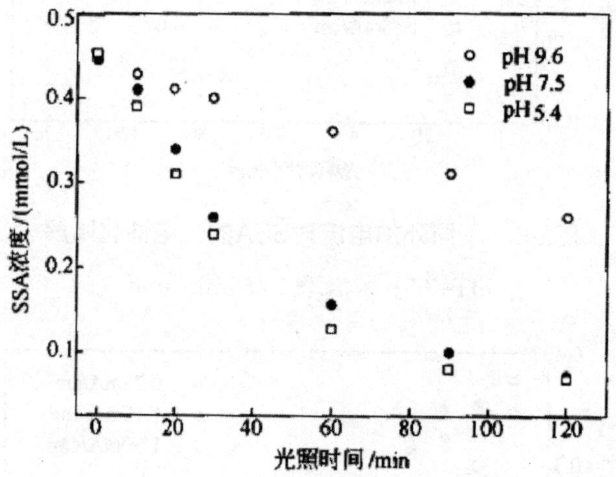

图2.8　SSA在不同pH值时的光电催化降解

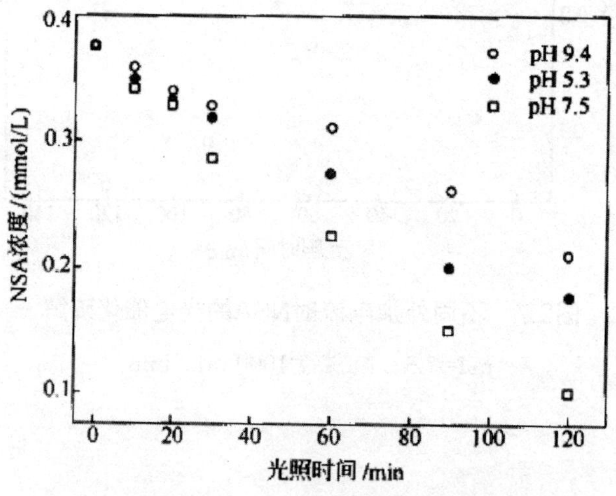

图2.9　NSA在不同pH值时的光电催化降解

不同pH值条件下的光电催化降解情况见图2.8和图2.9。由图可知，光电催化剂降解速率在三个不同的pH值条件下的顺序是：NSA，pH7.5>pH5.3>pH9.4，这个顺序正好同pH值对NSA在负载催化剂表面吸附能力的影响是一致的；SSA，pH5. 4≈pH7.5>pH9.6，这个顺序同pH值对SSA在负载催化剂表面吸附能力的影响不一致。现在，还不能仅仅从吸附与光电催化动力学的关系的角度来阐明pH值对有机物光电催化降解速率的影响，因为溶液初始pH值除了决定催化剂表面性质和伏安特性外，还导致不同的光电催化降解机理，同时，实验还发现，SSA 光电催化降解过程中pH值随着反应的不断进行而变化也比较明显，因而SSA在催化剂表面上的吸附-脱附平衡也在不断变化。要查明引起这种复杂情况的原因还需要更加深入的研究。

四、氧的作用

氧对有机物光电催化降解的影响主要来自两个方面。①一般认为O_2是有机物降解反应发生的必要条件，有机物被氧化的同时，O_2同时被还原。②O_2直接影响TiO_2半导体电极的开路电位光电压响应，如当半导体电极存在于O_2饱和的0.05 mol·L^{-1}的NaOH溶液中时，光电流响应值比在用N_2饱和的溶液中要小1/8左右，也就是说，当没有O_2时，光生电子不能被淬灭而向对电极运动，形成了较大的光电流，而有O_2时，绝大部分光生电子被淬灭，流向对电极的份额就要少得多，所以电流也要小得多。可见，O_2影响光电催化过程占外电路中电流的大小。

图2.10中，观察到有O_2和无O_2时恒电位光电催化过程中的电流变化呈现出不同的规律，当反应溶液用O_2饱和时，电流值随反应时间的变化较小，变化范围不到3 mA；而当反应溶液用N_2饱和时，电流值随反应时间的变化较大，从峰值20.8 mA下降到6.0 mA，变化范围要大得多。另外，电流的峰值也有较为明显的差别，当反应溶液用N_2饱和时，电流的峰值大，说明当工作电极表面有大量的O_2存在时，即使在外加电场的作用下，能够运动到.对电极的光生电子也还是很少的，催化剂表面上的O_2直接接受电子，大量的电子被氧所淬灭，因此，外电路中的电流较小。相反，工作电极表面有大量的N_2存在时，光生电子不能被淬灭，在外加电场的作用下，被迫向对电极方向运动，外电路中电流较大。当然，就降解反应速率而言，O_2饱和的溶液进行光电催化反应的速率比N_2溶液中进行的光电催化反应大一些，见图2.11。因为光电催化反应在同一反应池中进行，没有采取措施将工作电极池与对电极池分开，因此，在N_2饱和的溶液中，反应体系中溶解氧的量是相当少的。而在这样的条件下，光电催化降

解反应仍然能有效发生，一般认为，在对电极上发生了析氢反应，H^+替代O_2充当电子接受剂。因此，O_2不是光电催化反应必需的电子接受剂，但O_2仍然影响反应的速率和反应机理，而且，O_2影响表面反应过程和加速某些中间产物的降解。

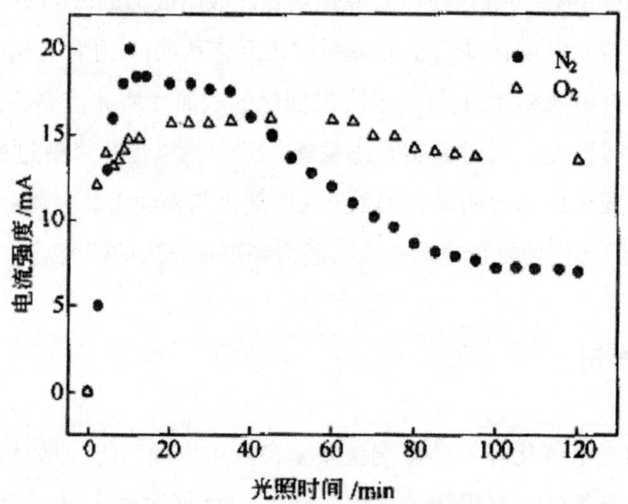

图2.10　不同曝气条件下SSA恒电位降解过程外电路中电流的变化

SSA初始浓度0. 197 mmol/L；电压700 mV，

SCE；N_2流量1000 mL/min；O_2流量1000 mL/ min

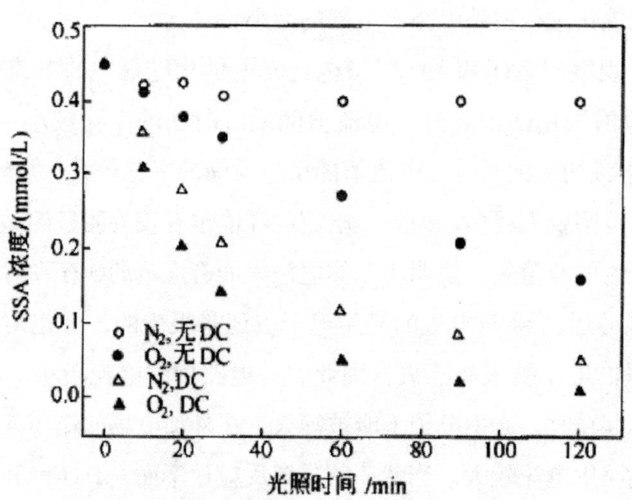

图2.11　氧对SSA恒电位光电催化降解的影响

DC 700mV，SCE；N_2流量1000 mL/ min；O_2流量1000mL/min

五、电子接受剂

传统的光催化反应中，电子接受剂是氧，而光电催化反应在无氧的条件下也可以有效进行，说明光电催化反应中的电子接受剂不一定是氧，而可能是H+。如果是H^+充当了光电催化反应中的电子接受剂，阴极上应当有氢气产生。不过，如果电极载体是多孔材料或对氢气有较强的吸附能力，且产氢速率小时，则无法用肉眼观察到阴极上的气泡逸出。同时，还发现pH值随时间不断升高，见图2.12，这也说明了对电极上发生析氢反应后，H^+减少而pH值增加，因此，H^+是电子接受剂。同时，图2.12还表明，O_2饱和的溶液进行光电催化降解过程中，pH值虽然也随时间不断升高，但与N_2饱和的溶液相比较，pH值的增加值要小一些，O_2和H^+都是电子接受剂。

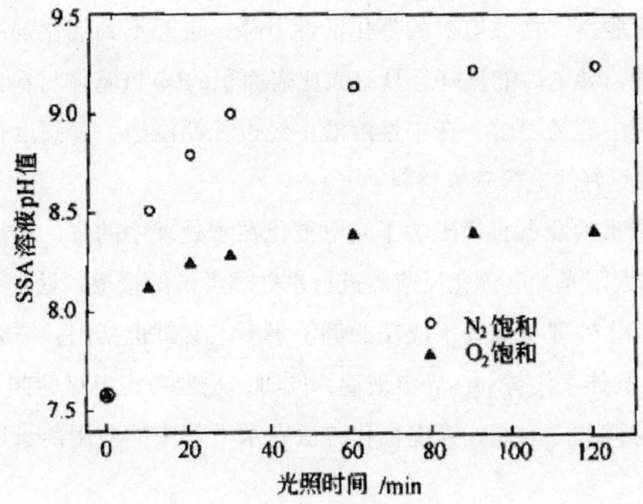

图2.12　SSA光电催化过程中溶液的pH变化

SSA初始浓度0. 512 mmol/L；DC 700mV， SCE，

N_2流量1000 mL/min；O_2 流量1000 ml/min

从上面的分析可以看出，光电催化反应降解有机物过程中，留在阳极上的空穴具有强的氧化能力，与水分子反应生成经基游高基等氧化能力极强的氧化剂，使有机物氧化。而在无氧条件下进行上述氧化反应的同时，具有很强还原能力的光生电子在阴极上同H^+反应放出氢气。因此，本方法不仅能消除有机污染物，而且还能产生大量洁净的氢能源，目前在这方面的研究还不多。

六、光电催化在实际水处理中的应用前景

光电催化反应是针对传统光催化在水处理应用中催化剂的效率和使用后的分离回收两个问题而发展起来的。由于采用外加电压或电流，强制光生电子朝着阴极方向运动，可以提高光生电子孔穴对的分离效率。同时，TiO_2 被固定在阳极电极上，在一定程度上可以回收和重复利用。另外，传统光催化剂的表面改性技术和可见光敏化技术也可以应用到光电催化电极的制备中，以实现TiO_2电极紫外光催化性能或可见光催化性能的进一步提高。

但另一方面，必须看到，光电催化反应具有比较严重的缺点。第一，即使是多孔的载体，由于催化剂固定在载体上，固/液接触面积大大减少，降解目标物的反应效率会大大下降。第二，如果不是阳极氧化工艺制备的TiO_2电极，TiO_2活性物质还往往容易从载体上脱落，造成电极的催化活性下降，也起不到催化剂固定的作用。第三，除泡沫镍外，导电性能良好且具有大比表面积的!电极基体材料比较少见，而泡沫镍在酸性溶液中容易溶解，在中性溶液中经过长期浸泡，其强度也会显著降低，因此，需要寻找更好的电极基体材料。

以上这些严重的缺点直接影响了光电催化在水处理中的推广应用。尽管国外也有关于利用TiO_2太阳光光电催化反应器进行水处理尝试的报道，处理效果也比较好，但真正用光电催化处理实际废水成功的例子不多。文献也指出，需要寻找多孔的导电材料作为TiO_2载体来代替SnO_2导电玻璃，同时，也要考虑电极的制备成本（如钛、金、SnO_2基体材料）。因此，光电催化方法在水处理中的应用前景还有待进一步评估。

第三章　二维异质结

第一节　二维异质结概述

一、二维材料简介

在纳米材料的发展进程中，近年来新兴的二维层状材料（后文简称为二维材料）具有举足轻重的地位。二维材料是指层内通过强的化学键结合，层与层之间通过弱的范德瓦尔斯相互作用耦合的材料。实际上，层状材料的概念早在1960年Feynman的报告中就已被提出。2004 年，英国曼切斯特大学的Geim 和Novoselov等人利用机械剥离法成功剥离出二维单层石墨烯证实了层状材料的存在。Geim在报道中指出，利用单层石墨烯制备的场效应晶体管室温下可获得超高载流子迁移率10000 cm^2/Vs，这引起了国际上的强烈关注。紧接着，2005年，Geim课题组与Kim课题组分别通过狄拉克光谱验证了单层石墨烯电子的狄拉克费米子属性。2006年，Geim与其合作者共同报道了双层石墨烯的整数量子霍尔效应。伴随对石墨烯研究的逐步深入，人们发现这种由单一碳原子构成六角蜂巢结构，碳原子之间通过sp^2杂化连接的材料还具有许多惹人注目的力学及电学特性，例如超强机械柔韧度、良好的热导率（5300W/mK，是铜的10倍、硅的36倍）、超高室温载流子迁移率25000 cm^2/Vs、可见光透明度97.7 %、高电荷自旋转换效率、室温下量子霍尔效应和超长自旋弛豫长度、层间角度旋转诱发的超导现象等。石墨烯突出的特性使其有望成为下一代电子器件和光电器件的关键材料，具有极大的商业价值。据预测，截至2020年，我国石墨烯产业可达百亿规模，产业链覆盖材料制备到应用研究，产品生产再到下游应用。然而，石墨烯零能隙的能带结构特征，使其在半导体电子、光电器件和光响应等领域的进一步发展受到了极大阻碍。为了克服这一不足，人们一方面试图通过表面吸附或掺杂等方法来修饰调节石墨烯的能带结构，另一方面，则开始致力于其他二维材料的探索，由此真正掀起研究二维材料的热潮。发展至今，二维材料体系成员不断壮大，根据结构性质的不同，可主要划分为单质二维材料、过渡金属硫族化合物、过渡金属碳化物和氮化物、有机二维材料、其他结构的二维材料五大类：根据导电性能的不同，已报道的二维材料已涵盖了绝缘体、半导体、半金属、金属乃至超导体。Mounet 等人在已知的108423种化合物结构基础上，利用密度泛函理论预言可能存在5619种层状结构化合物，其中1825种易剥离。除此之外，大量研究表明，二维材料还具有铁磁性、反铁磁性、铁电性、压电性等物理特性，如铁磁性二维材料Fe_3GeTe_2、$CrGeTe_3$、$FePS_3$、$NiPS_3$、Cr_2Te_3，反铁磁性二维材料CrI_3、$CrBr_3$、$CrCl_3$，螺旋形磁结构：二维材料FeI_2，铁电性二维材料α－In_2Se_3、1－T $MoTe_2$、$CuInP_2S_6$，压电性二维材料单层MoS_2、单层h－BN等。

二维材料种类和性能的多样性使其在半导体电子器件、光电器件、自旋电子器件、生物医学、能源与环保、催化、水处理、人工智能、航空航天等领域具有广阔的应用前景。

（一）黑磷（Black Phosphorus，BP）

除石墨烯外，单质二维材料还包括第IVA族元素硅烯、锗烯、锡烯，第V/A族元素磷元素的同素异形体黑磷等。在这些单质二维材料中，黑磷凭借其高载流子迁移率，极为突出的热、电、光、自旋输运以及良好的力学性能而成为继石墨烯之后的二维材料新星。其晶体结构如图3.1所示，区别于具有sp^2杂化键和平坦表面的层状石墨烯，sp^3杂化的黑磷每层由两个平行平面组成，每个平面包含沿y方向延伸的磷原子锯齿形链。平面与平面之间通过磷－磷原子共价键连接，磷原子沿x方向表现为扶手椅形褶皱状的晶体结构。基于这种独特的褶皱状晶体结构，黑磷在力学性质、热传导、电输运及光探测等方面表现出强烈的各向异性。

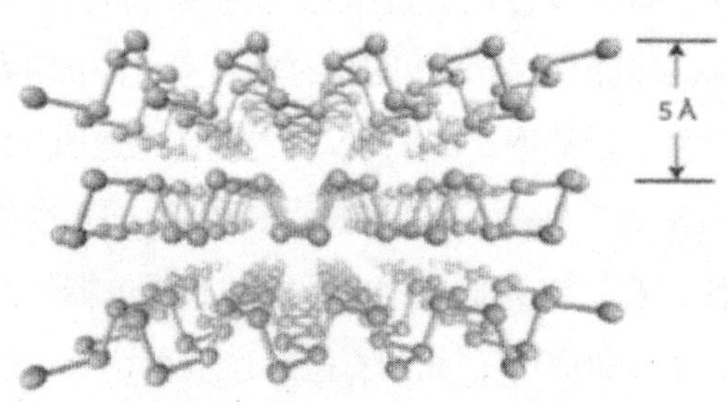

图3.1　黑磷的晶体结构示意图

对于块状黑磷，沿z方向通过范德瓦尔斯相互作用连接的层与层之间在压力下会发生较大变形而逐层合并。当压力相对较低（< 2.66 GPa）时，x方向和z方向都具有类似的压缩特性，而y方向几乎没有变形，这将导致压力引起的摩尔体积发生变化。相反，当压力较大时，黑磷在高压下会经历两个可逆的结构变化。例如，在5.5 GPa的压力下，黑磷晶体在室温下会从正交晶体转变为三角形晶体。若将压力增加到10

GPa，晶体从三角转变为简单立方。进一步将压力继续上升到60GPa时，简单立方相保持稳定。在高压下，块体黑磷将从半导体变为金属。即使黑磷的厚度降低至纳米量级甚至单层，这种力学各向异性依然存在。黑磷的热传导率各向异性与其厚度息息相关，当厚度超过15 nm时，沿y方向的热传导率$\lambda_y \approx 40$ W/K.m，沿x方向的热传导率$\lambda_x \approx 20$ W/K.m；若厚度降低，λ_y和λ_y分别减小为20 W/K.m和10 W/K.m。研究表明，迁移率的各向异性起源于黑的能带结构的各向异性，沿z方向载流子迁移率最小，沿x方向载流子迁移率最大。Qiao等人研究了单层、多层及块状黑磷载流子输运的各向异性特性。室温下，厚度为~ 10 nm的黑磷薄膜，其载流子迁移率为1000 cm^2/Vs；若在黑磷表面覆盖一层BN作为保护层，载流子迁移率可显著提升；若向黑磷掺杂一定比例的Te元素，8 nm厚的黑磷薄膜载流子迁移率可达到~1836 cm^2/Vs；此外，外加应力也是一种调控迁移率的有效手段。由于光吸收的各向异性，黑磷晶体的取向除了通过电输运方法确定，还可以利用消光光谱法直接获得，其光导率在x方向上达到最大值。另外，样品越厚，光吸收能力越强。

单层黑磷薄膜的能隙为2.0 eV，随着层数的增加，层间相互作用导致能隙减小，因此块状样品的能隙降低为0.3 eV。不论单层黑磷，抑或块体黑磷，其能隙均为直接或近似直接能隙，是一种主P-型的双极型半导体。黑磷的能隙除了依赖于样品层数，还受应力和电场的影响。Zhang等人发现，随着拉伸应力的增大，黑磷的能隙线性增大，当拉伸应力大于0.5 %时，能隙偏离线性趋势而逐渐呈现饱和状态。相比于传统单栅极场效应晶体管，通过离子液体或双栅结构晶体管施加栅电压，可以大幅度调控黑磷的能隙。这种能隙多维度可调、高迁移率和光电输运各向异性的特征使得黑磷在电子和光电器件应用方面大放异彩。除此之外，黑磷的自旋弛豫时间长达~4 ns；电子和空穴赝自旋极化方向相反，赝自旋极化率高达95 %，进一步扩大 了黑磷的应用范围及前景.尽管黑磷展现出诸多优势，但它在空气中易氧化，环境稳定性较差等问题，是黑磷产业化之路上必须跨越的技术壁垒。目前，研究人员证明，化学元素掺杂或化学离子表面修饰等手段可以在不降低迁移率的前提下，一定程度提升黑磷的环境稳定性。

（二）六方氮化硼（h-BN）

类似于石墨烯，h-BN是由交替排列的B原子和N原子通过sp^2杂化形成的六角环状类石墨二维材料，也称为“白石墨烯”，如图3.2。h-BN的晶格常数近似于石墨烯，两者相差约为1.7%。由于B原子小于N原子的载位能，h-BN 的空间反演对称性遭到破坏，因此能带结构在布里渊区K/K' 点处打开了一个大小约为5.97 eV的直接能隙，是一种绝缘体。单层h-BN面内由强的离子键结合且表面无悬挂键，因此其物理和化学性质比较稳定。基于上述性质，h-BN 被广泛应用于二维材料器件的原子级平整衬底材料或顶部封装材料，以及器件接触势垒调节材料（通常为单层或双层h-BN薄膜）等。值得注意的是，当h-BN作为衬底或顶栅电介质时，需要控制h-BN层数以避免电子隧穿而引发器件漏电。

h-BN之所以可以作为封装层保护器件，一方 面源于自身物理化学性能的稳定性，另一方面，则是由于几乎所有气体都无法渗透h-BN单分子层薄膜。然而， Geim等人最近发现，质子可以顺利通过单层h-BN，其需要克服的势垒（~0.5 eV）仅为通过单层石墨烯所需克服势垒（~1 eV）的一半。Lozada-Hidalgo等人进一步验证了质子可以通过无缺陷的二维晶体本体进行传输，且与薄膜的空洞或原子级缺陷无关。

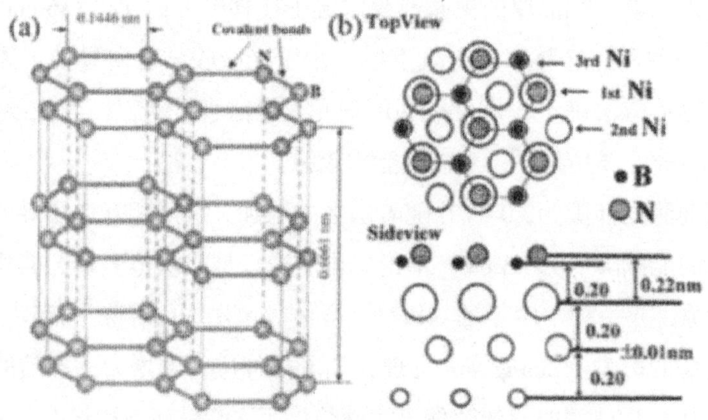

图3.2　h-BN晶体结构示意图

（三）过渡金属二硫化物（TMDs）

TMDs是表现最为突出的二维材料体系之一。TMDs指一大类材料，化学通式为MXz，其中M指过渡金属原子（Mo、 W、Pt、Re等），X指硫族元素原子（S、Se、Te）。TMDs的组成元素，每一层TMDs由一层六角堆积的金属原子层夹在两层硫族元素原子之间而形成X-M-X三明治结构。单层材料内M-X主要为共价键，厚度通常为6~7Å；层间通过范德瓦尔斯相互作用连接，层间距一般在6~7Å范围内。取决于过渡金属原子和硫原子之间的配位和层间的堆叠模式，二维层状TMDs最常见的晶体结构有1T，2H和3R三种相。1T相为正方晶系对称结构，八面体配位，每一层三明治结构即为一个基本重复单元；2H 相是最稳定的晶体结构，为六方晶系对称结构，三角菱柱型配位，每两层材料是一个基本重复单元；3R相指斜方六面体晶系对称结构，三角菱柱型配位，每三层材料是一个基本重复单元。单层TMD晶体结构仅表现出两种，如图3.3（a）所示。

基于上述种类及结构的多样性，目前实验上已获得的TMDs高达几十种，涵盖了半导体和金属甚至超导，磁性和非磁性，铁电性和压电性等众多材料属性，使TMDs在新型纳米器件领域极具应用前景。常见TMDs的电学特征见图3.3（b）。

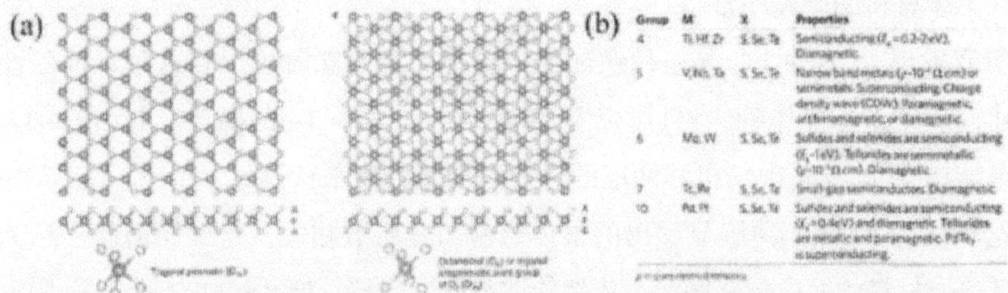

Group	M	X	Properties
4	Ti, Hf, Zr	S, Se, Te	Semiconducting (E_g = 0.2–2 eV). Diamagnetic.
5	V, Nb, Ta	S, Se, Te	Narrow band metals (ρ ~ 10^{-4} Ω.cm) or semimetals. Superconducting. Charge density wave (CDW). Paramagnetic, antiferromagnetic, or diamagnetic.
6	Mo, W	S, Se, Te	Sulfides and selenides are semiconducting (E_g ~ 1 eV). Tellurides are semimetallic (ρ ~ [illegible] Ω.cm). Diamagnetic.
7	Tc, Re	S, Se, Te	Small-gap semiconductors. Diamagnetic.
10	Pd, Pt	S, Se, Te	Sulfides and selenides are semiconducting (E_g = 0.4 eV) and diamagnetic. Tellurides are metallic and paramagnetic. $PdTe_2$ is superconducting.

[illegible]

图3.3　（a）单层TMD的两种类晶体结构　（b）常 见TMDs的电学特征166

另外，通过加热、激光诱导、化学处理等方法可以实现单一TMDs 材料的结构相变。例如，热力学稳定的块状半金属态1T–$MoTe_2$在逐层减薄的过程，则会转变为半导体态2H–$MoTe_2$。半导体态2H–MoS_2经过化学方法处理可以转变金属态1T–MoS_2.若在化学处理过程中将薄膜部分覆盖上一层保护层。则可制备出性能良好的面内金率肖特基二极管。这种高性能平面异质结满足当下产品器件不断微型化的趋势，为其中重要元件是供材料基础。因此，二维材料的可控相变也是当前研究的热点问题之一。

对于大部分TMDs，当块体被减薄到单层膜，其能隙将从间接能隐转变为直接能隙。且晶体体结构不再具备空间反演对称性。大量研究表明。这种空间反演对称性破缺的单层TMDs薄膜可以产生许多新鞭的物理特性，在电子和光电子纳米器件等领域极具应用前景。例如，利用单层MoS_2制备的场效应晶体管，其室温载流子迁移率高达200 cm^2/Vs 的同时开关比超过10^8，且由于具有1.8 eV的直接能隙，因此可以利用单层MoS_2构建隧穿场效应管以进一步 降低器件能耗。除此之外。大部分过渡金属原子属于重金属元素，具有较强的自旋轨道耦合效应，因此TMDs薄厦如MoS_2 、WTe_2、WS_2、$NbSe_2$、$MoTe_2$等具有强的自旋轨道耦合效应，被认为是低功耗。高响应白旋电子器件的理想源材料之一。

（四）磁性二维材料.

1966年。Mermin 和Wagner理论指出，由于热扰动的影响，在非零温度下，二维各向同性海森堡白旋体系不具有长程磁有序，即不存在本征铁磁性或反铁磁性。自2004年二维材料的研究序幕拉开以来。本征磁性二维材料的相关报道许久都处于空窗状态。早期人们一直致力于通过元素掺杂。近邻效应或品格缺陷等手段来获得具有磁性的二维材料。然而，以这种方式获得的磁性二维材料仅是局部磁化成外在技术僵化，极大程度限制了该类材料的实际应用发展。直至2017年，加州大学的Zhang教授等人报道了$Cr_2Ge_2Te_6$的铁磁性间，2018 年初华盛顿大学Xu教授等人报道了CrI_3的反铁磁性彻底打破了M-W理论对人们关于低维材料磁性认知的思想束缚，从此正式揭开磁性二维材料的研究序幕。

研究发现，$Cr_2Ge_2Te_6$ 是一种铁磁性半导体。这意味着可以在这种本征磁性薄膜上构建白旋场效应晶体管，#且可以利用电场调控$Cr_2Ge_2Te_6$的磁性。与$Cr_2Ge_2Te_6$的磁序分布结构不同，CrI_3中每机邻两层的磁矩取向互为反平行排列。

这种情况下。CrI_3薄膜显示出的整体磁性与其层数相关，奇数层薄膜显示为铁磁性，且单层材料的面内磁有序状态依然能够很好地保持；偶数层如双层CrI_3薄膜，则观察不到剩余磁矩。令人兴奋地是，人们发现CrI_3相邻层磁矩互相反向的特征和隧道结的自由层与钉扎层磁矩排列特点极为相似，相比之下。单层薄膜的本征磁性还极大程度提升了磁层电极的自旋极化率。以双层CrI_3薄膜器件为例在零碰场下。电子醒穿过双层润膜。由于上下两层磁矩互为反平行排列。每层材料对电子的散射作用较强，此时通过器件的电流很小，因而整个器件呈现高阻态；若不断增大磁场至两层材料磁矩平行排列，此时携带相同取向自旋的电子可以顺利通过两层薄膜，整个器件呈现低阻态，如图3.4所示。实验发现利用单一CrI_3薄膜制备的器件可实现高达10^4量级的隧穿磁电阻；在多层CrI_3薄膜中，可以观测到多态磁电阻效应。从2018年截至2020年，CrI_3相关的报道层出不穷， Shan等人报道零磁场下30 V以上的门电压可以使双层CrI_3从反铁磁相转变为铁磁相，预示着电控二维材料磁性的可行性。然而，上述两种磁性.二维材料的居里温度都比较低（CrI_3~42 K，$Cr_2Ge_2Te_6$~64 K）且CrI_3 在空气中极易分解，因此其商业价值并不高，但所蕴含的物理机理却极为有趣，鼓励着人们继续探索磁性二维材料的奥秘。

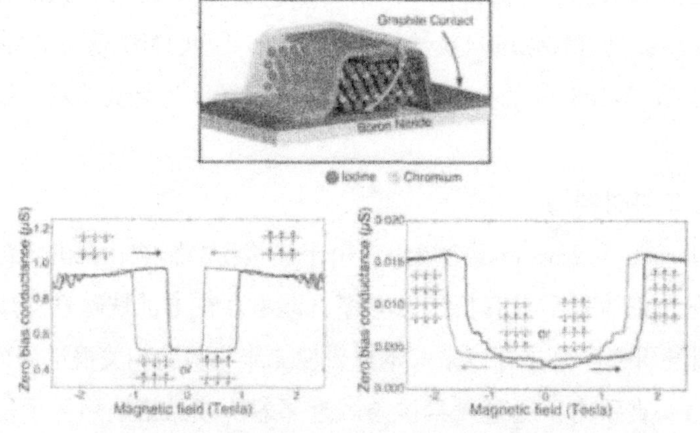

图3.4 CrI_3隧道结示意图和磁电阻效应

经过不懈努力，目前人们分别在$Cr_2Ge_2Te_6$ MnSe、CrX（Si或Ge）Te_3、X（Fe或Ni）PS_3、VX_2（S 或Se）、CrX_3（I、Br 或C1）、$Mn_2Bi_4Te_6$、 Fe_3GeTe_3 、$ZrTe_5$等二维材料中观测到了长程磁有序现象。不同种类材料的性质各异，图3.5描绘了这一系列材料可能出现的物理现象及电子性质。这些材料中，铁磁性金属Fe_3GeTe_2因其相对较高的居里温度（~220 K）及环境稳定性、金属属性和垂直磁各向异性等优势而引起了研究人员的注意，有望成为高密度、低功耗自旋电子器件的原材料。虽然Fe_3GeTe_2的居里温度高于CrI_3 等材料，但却依然远低于室温，不利于器件的实际使用。近来，Zhang 等人报道利用离子液体通过离子插层的方式，可将Fe_3GeTe_2薄膜的居里温度提升至室温以上，如图3.6所示；Xiu 等人明报道通过微调Fe元素的组分占比可将晶圆级Fe_3GeTe_2薄膜的居里温度提升至380 K。Wang 等人观测到了Fe_3GeTe_2的平面拓扑霍尔效应。Li等人研究了形状对Fe_3GeTe_2薄膜磁结构的影响。这些研究进展为未来基于Fe_3GeTe_2的自旋电子器件的实际应用提供了重要的理论基础和技术支持。

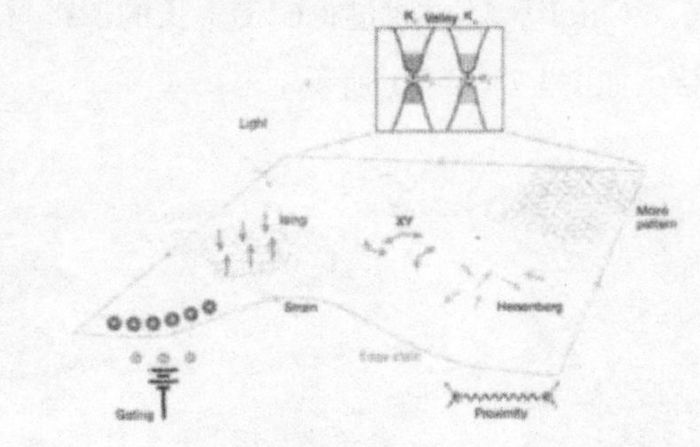

图3.5　磁性二维材料中可能存在的物理现象

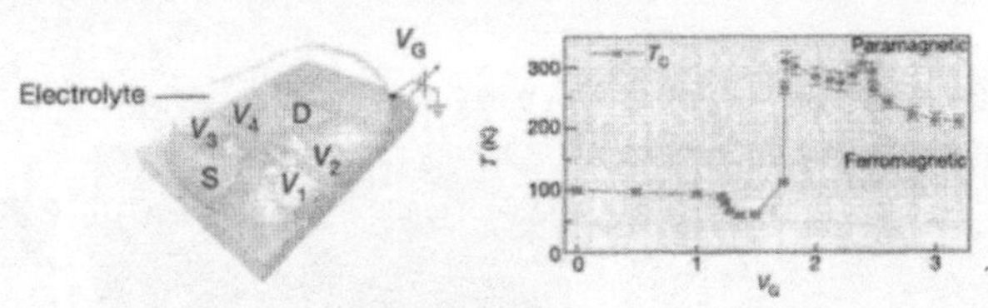

图3.6　离子液体调控Fe_3GeTez的磁性

二、异质结简介

由半导体形成的异质结构在现代半导体工业中起着重要作用。同质结（普通的pn结）是由同种材料形成的，而异质结是通过至少连接两个不同的半导体来形成的。高质量异质结的形成需要两种半导体材料具有相似的晶体结构、相配的晶格常数和一致的热膨胀系数。半导体异质结已应用于许多固态电子器件中，如太阳能电池，光电探测器，半导体激光器和发光二极管（LED）等。理想的异质结相比于普通pn结具备更加优异的光电特性，但是实际制备的异质结通常存在晶格失配的问题，导致在界面处带来大量的悬挂键。这相当于无意间引入了陷阱中心和复合中心，导致器件的性能和效率下降。近几年来，新型二维材料的弱范德华（vdW）夹层力允许我们分离2D单层并将它们重新堆叠成任意垂直异质结。因此，出现了由2D层状材料形成的异质结的新研究领域。二维材料异质结结构主要分为两大类：垂直异质结器件和横向异质结器件。

（一）垂直异质结器件

垂直堆叠的2D层可以通过机械堆叠形成，是形成垂直异质结构的快速方便的方式。Dean和它的合作者利用机械剥离和PMMA转移法制备了Graphene/h-BN垂直堆叠结构的异质结，如图3.7（a-b）所示。CVD方法在过去几年中是用于制造2D异质结的快速发展的一种新方式。Chiul等人，通过将CVD生长的二维材料手动堆叠形成垂直堆叠的WSe_2/MoS_2异质结，如图3.7（c-d）所示。

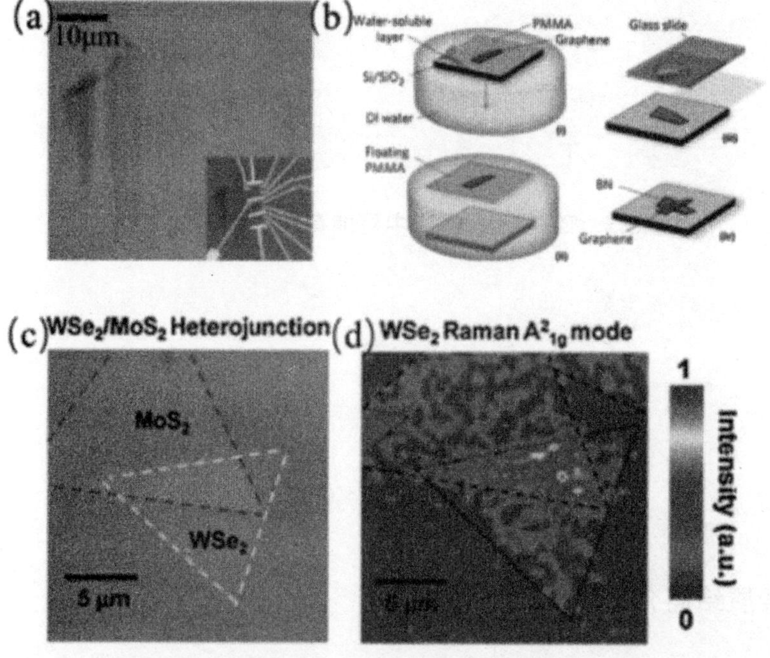

图3.7 （a）Graphene/h-BN 异质结的光学显微镜图；（b）Graphene/h-BN异质结的转移过程；（c）WSe_2/MoS_2异质结的光学显微镜；（d）WSe_2/MoS_2 异质结的拉曼表征

此外，利用CVD工艺可以直接生长各种堆叠结构的垂直异质结，即通过在2D材料上生长另一种2D材料来获得垂直堆叠的异质结。相比于转移法堆叠，直接生长会使得异质结界面更加清洁，避免因剥离或PMMA转移法带来对异质结界面的污染，从而提高器件的性能。Yang等 人选择从Graphene和h-BN这两种材料进行生长实验，这两种材料具有相似的晶格常数。他们报道了一种等离子体辅助沉积方法，在h-BN基底上生长Graphene，如图3.8（a）所示。Graphene以优选的取向在h-BN晶格上生长，并且石墨烯的尺寸仅受下面的h-BN的面积限制。

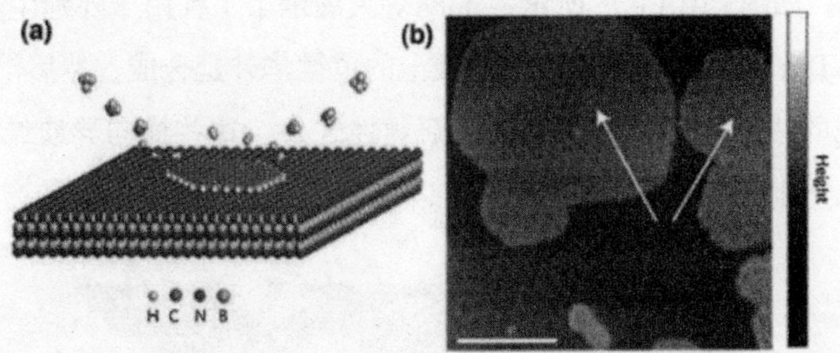

图3.8　h-BN/Graphene 垂直异质结：（a）生长示意图；（b）莫尔图案的示意图

Shi等人通过热分解石墨烯表面上的硫代钼酸铵前体从而获得了垂直堆叠的MoS_2/Graphene异质结构，如图1-25（a-c）所示。尽管MoS_2的晶格常数比石墨烯的晶格常数要大28%，但石墨烯仍然是MoS_2的良好生长平台。这是因为垂直外延生长能容忍晶体的取向差异，并且石墨烯.上MoSz的生长可能涉及应变以适应晶格失配。Lin等 人通过CVD方法进一步证明了MoS_2、WSe_2和h-BN在石墨烯.上的直接生长，其中底层石墨烯是在SiC上外延生长获得，如图3.9（d）所示。Lin 发现，石墨烯层的形态强烈地影响异质结构的生长和性质，其中石墨烯表面上的应变，起皱和缺陷为上层材料生长提供了成核中心。

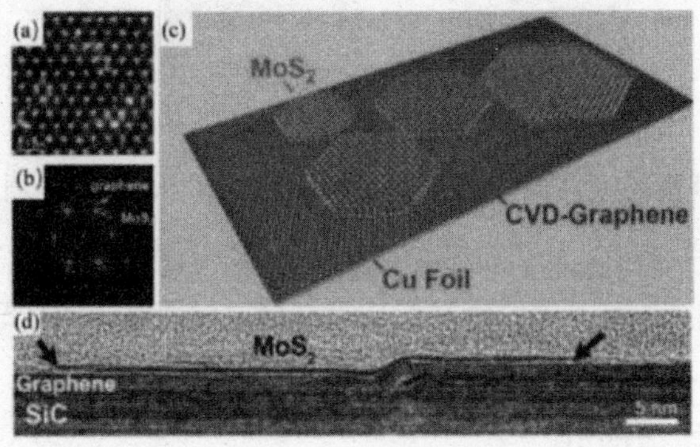

图3.9　MoS_2/Graphene 垂直异质结：（a-b）TEM表征图：（c）生长示意图；（d）界面处的HRTEM

（二）横向异质结器件

更为重要的是，CVD方法的发展将会打破机械堆叠方法的限制，使得合成横向2D异质结的可能性大大提高。由于2D材料是共价键合的，因此横向异质结只能通过直接CVD生长形成。合成的异质结可以为基础研究提供更清晰的界面。同时，二维横向异质结开辟了材料科学和器件应用的新领域。如图3.10（a）所示，Levendorf通过 CVD方法在图案化的石墨烯上生长h-BN，成功制备了横向缝合Graphene/h-BN异质结。不仅如此，如图3.10（b）所示，WS_2/ MoS_2横向异质结则是通过一步CVD法来多源生长获得的。如图3.10（c） 所示， Li84等人展示了一种用于外延生长WSe_2/MoS_2横向结的两步CVD方法。WSe_2首先通过基板上的范德华外延合成，然后沿着W生长前沿继续进行MoS_2的边缘外延。除了结构的新颖性之外，这些横向异质结还表现出固有的p–n 结特性，例如整流特性和光伏效应，有望用于未来的单层电子产品当中。

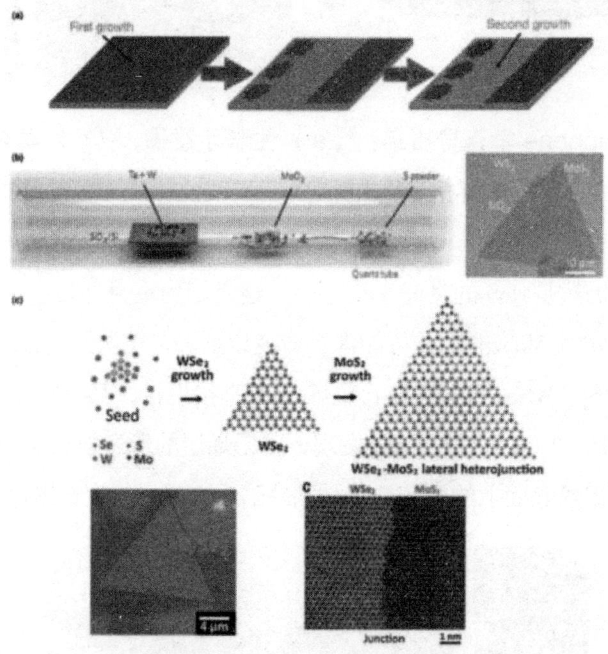

图3.1　0CVD 法制备的横向异质结：（a） Graphene/ h-BN异质结的制备过程示意图1821：（b） WS_2/MoS_2异质结制备示意图和光学显微镜图；（C）WSe_2/MoS_2横向结的制备过程示意图、光学显微镜图以及HRTEM

三、二维异质结简介

常规的三维异质结是现代电子信息工业的基石，在晶体管，发光二极管，激光器，光伏电池以及高速器件等领域都有着广泛应用。然而，随着后摩尔时代的来临，器件尺度不断减小，原有三维异质结中的问题也越来越显著。除了栅控能力遇到的瓶颈外，表面态界面态问题一直难以得到完满地解决，这主要是因为三维块体材料切面后，表面存在着大量悬挂键。形成异质结后，由于存在晶格失配等问题，这些悬挂键难以被完全饱和，因而有可能钉扎费米能级，给后续的电极接触带来困难。此外这些悬挂键和界面失配引入的界面态，在器件工作时有可能成为载流子陷阱，对器件的频率特性带来影响。二维材料由于本身缺少一个维度，在缺失维度上没有悬挂键，因而没有界面态的影响：如果在其面内形成异质结，界面由三维结构中的“面”蜕化为“线”，更有利于控制界面质量。因此，将新型二维材料应用在异质结领域已经成为研究者的共识。此外，典型的二维材料几乎囊括了所有半导体材料特性，同时材料本身具有丰富的种类可供选择，因而为实现各种功能异质结器件提供了灵活的方案。由于二维材料本身层状特点，构建的异质结可以分为两类。一类是将材料在垂直方向上堆叠在一起，这种结构又叫范德华异质结。另一类则是遵循传统异质结设计思路，通过原位生长的方式。在面内实现材料的拼接，这种结构也称为横向异质结。

二维垂直异质结，由不同二维材料在面外方向垂直堆砌而成。水平方向上，各层二维材料由各自原子层中共价键来保持面内稳定性，层与层之间则由范德华作用维系，因此该型异质结也称之为范德华异质结。由于层间相互作用较弱，因而各层能够比较好地保持原有特性。相较于体材料异质结，范德华异质结主要有两大优势。一是范德华异质结没有悬挂键在界面处的影响，这主要是因为二维材料本身表面较平整。另外一个优势在于其灵活性。传统三维异质结不仅需要考虑电学特性是否与需求对应，还要考虑晶格失配，温度造成的热失配等对界面质量的影响。因此，进行生长晶格匹配的时候，需要仔细设计两种材料的化学组分以及考虑反应腔体内的化学气氛等条件，而且多数情况下，都是在同类型材料中选择。对于范德华异质结来说，由于层间依靠范德华作用维系，工艺上来讲不需要高温下共价键结合，也不存在热失配问题。此外二维材料的选择也比较灵活，在室温下通过转移的方式就可以构建异质结构。有趣的是，最近两年的研究发现，虽然范德华作用较微弱，但是层间扭转角度仍然可能改变层间耦合方式，从而为调控光电特性提供了新的手段。这种扭转角度调控不仅可以应用在传感器等器件领域，而且能够形成规则的莫尔条纹，从而实现拓扑绝缘体和半导体共集成的新型集成电路。不过，范德华异质结在工艺中一个较大的挑战在于层间沾污或者材料本身缺陷对异质结的影响。

由于层间间隙较大（远大于共价键键长），因而界面处有可能存在外来吸附杂质，从而给大规模生产制备带来更高工艺要求。此外，由于长程库伦作用，构成异质结材料中的缺陷有可能间接的散射另外一层中的载流子，降低器件性能，甚至改变另外一种材料的掺杂特性。

二维横向异质结是指将两种不同的二维材料通过面内共价键结合在一起形成的异质结构。这种结构在纳米电子学领域具有潜在应用前景，例如要求原子层厚度量级的晶体管和集成电路。近年来，由于二维材料生长和器件制备工艺的提升和改进，精确控制组分和设计晶体结构成为可能，因此二维横向异质结也是目前研究的热点之一。不过，由于依赖于界面处晶格匹配情况，横向异质结一般要求界面两侧的二维材料属于同主族类型或者相同的晶格类型。目前的报道结果主要围绕在：石墨烯-hBN和$MoSe_2$/WSe，MoS_2/WS_2，等过渡金属硫化物家族内部。这些二维异质结界面处轨道杂化过程伴随着界面两侧电子空穴重分布，因此表现出p-n 结特性，可以用于单向导电整流，光电探测等领域，在未来具有更高密度的集成电路中具有应用潜力。此外，二维横向异质结的实验结果标志着微电子工业在材料的一个维度上可以到达得极致厚度，为进一步提高大规模集成电路的制程打下基础。不过，相比于范德华异质结，二维横向异质结的研究还比较少，特别是在理论研究方面，关于横向异质结设计的报道还不多。

第二节　二维材料的分类及制备

一、二维材料的分类

二维材料众多，可按照类石墨烯、二维硫属化合物以及二维氧化物这三大类进行分类，如下图3.11所示。图中蓝色阴影部分表示能在室温大气条件下稳定存在的二维材料：绿色阴影部分表示在大气中可能稳定存在的二维材料：粉红色阴影部分表示可能在惰性气氛下稳定存在的二维材料：灰色表示已成功剥离出单层二维材料，但目前的研究较少。三大类具体内容如下：

（1）石墨烯家族：主要以石墨烯（Graphene）和六方氮化硼（h-BN）为代表的六元环蜂窝状的二维纳米单原子层晶体。石墨烯以拥有绝佳的导电性能而著称，是良好的半金属导体。六方氮化硼则因其较大的带际而被用作二维绝缘体材料，可用作场效应晶体管的绝缘栅极，也称为“白石墨烯”。此外，石墨烯的氧化物和氟化物也受到了不少研究者的青睐。

（2）二维硫属化合物：以过渡金属硫属化合物（TMDCs）为代表的“三明治”结构的二维原子层晶体。金属原子层被夹在相邻的硫属原子层之间。文献中研究的过渡金属硫属化合物（分子结构通式为MX_2）以金属元素Mo、W和硫属元素S. Se组合形成的二硫化钼（MoS_2）、二硫化钨（WS_2）、二硒化钼（$MoSe_2$）、二硒化钨（WSe_2）等4种居多。

（3）二维氧化物：主要以金属氧化物（如MnO_2、WoO_3）以及双金属氢氧物（如$MgAl_2(OH)_6$）为代表。

此外，如金属卤化物（MXenes），黑磷（ Phosphorene）以及合成硼烯（Borophene）等二维层状材料的研究也被相继报道。

Graphene family	Graphene		hBN "white graphene"	BCN	Fluorographene	Graphene oxide
2D chalcogenides	MoS_2, WS_2, $MoSe_2$, WSe_2		Semiconducting dichalcogenides: $MoTe_2$, WTe_2, ZrS_2, $ZrSe_2$, and so on		Metallic dichalcogenides: $NbSe_2$, NbS_2, TaS_2, TiS_2, $NiSe_2$ and so on Layered Semiconductors: GaSe, GaTe, InSe, Bi_2Se_3 and so on	
2D oxides	Micas, BSCCO Layered Cu oxides	MoO_3, WO_3 TiO_2, MnO_2, V_2O_5, TaO_3, RuO_2 and so on	Perovskite-type: $LaNb_2O_7$, $(Ca,Sr)_2Nb_3O_{10}$, $Bi_4Ti_3O_{12}$, $Ca_2Ta_2TiO_{10}$ and so on		Hydroxides: $Ni(OH)_2$, $Eu(OH)_2$ and so on others	

图3.11　二维材料的分类

二、二维材料的制备方法

二维材料的制备方法有许多种，主要分为自顶向下（Top-down）和自底向上（Bottom-up）这两大类：

（一）自顶向下

这一类方法本质上是通过将体材料减薄至单层或少层，通常能够获得至少10-100层的二维材料。主要包括机械剥离法（Micromechanicalexfoliation）、液相剥离法（ Solution exfoliation）以及电化学锂离子插层剥离法（ Electrochemical exfoliation）。

1．机械剥离法

机械剥离法是通过专用的胶带从体材料中不断剥离出层状材料的方法，主要是利用胶带对样品表面较大的黏性力去撕裂样品层与层之间微弱的范德瓦尔斯力来实现层状样品的减薄甚至剥离。如图3.12所示，GanatraR 等人利用机械剥离法制备出不同层数的MoS2。

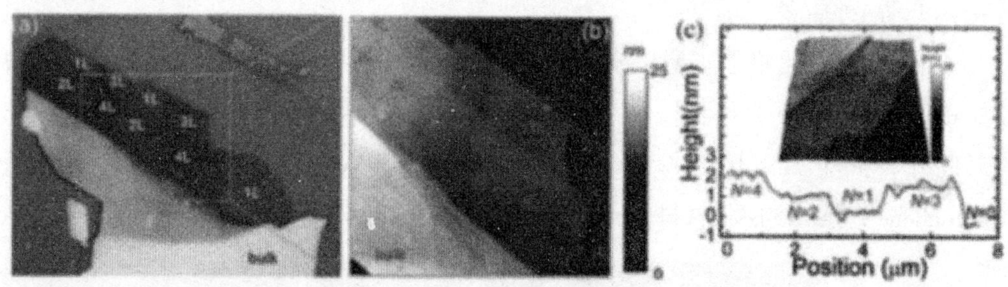

图3.12　不同层数的MoS2的（a）光学显微镜图片；（b-c）原子力显微镜图片

2．超声液相剥离法

超声液相剥离法区别于化学液相剥离法，指的是将二维材料单晶薄片放入有机溶液或高分子聚合物溶液中，而后通过超声振荡去剥离样品。Coleman等人研究发现：当溶剂的表面能与层状材料的表面能相匹配时，其剥离焓是最小的。他们直接在表面能相匹配的溶剂中超声振荡并成功剥离出多种低维层状材料（包括MoS_2、$MoSe_2$、$NbSe_2$、$TaSe_2$、$NiTe_2$、$MoTe_2$、h-BN、WS_2和Bi_2Te_3）。同样，Wing等人使用表面能与MoS_2相匹配的N-甲基吡咯烷酮作为液相剥离的溶剂，通过该溶剂可以将MoS_2的剥离焓降低，从而在溶剂中获得了均匀分散的低维MoS_2纳米材料。

3．电化学锂离子插层剥离法（化学液相剥离法）

电化学锂离子插层剥离法是化学液相剥离法的一种。将样品单晶薄片放入含有锂离子的溶剂（如正丁基锂）中一段时间，溶液中的锂离子会缓慢地渗透进样品层与层之间，渗透进样品层与层之间的锂离子会与水发生剧烈的反应并生成氢气，从而会使得样品薄膜层与层之间分开，因此将会得到不同层数的样品薄膜。如图3.13所示，是利用锂离子插层法获得MoS_2样品及其表征图。然而锂离子的存在会改变MoS_2的晶格结构，得到了金属相的1T- MoS_2，通过高温退火可使得其晶相再度转变为2H-MoS_2。

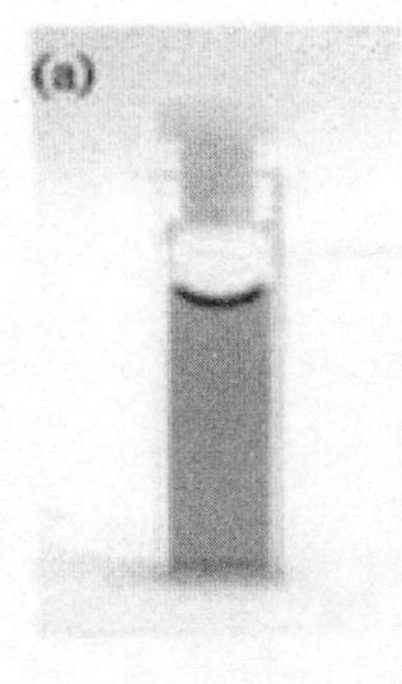

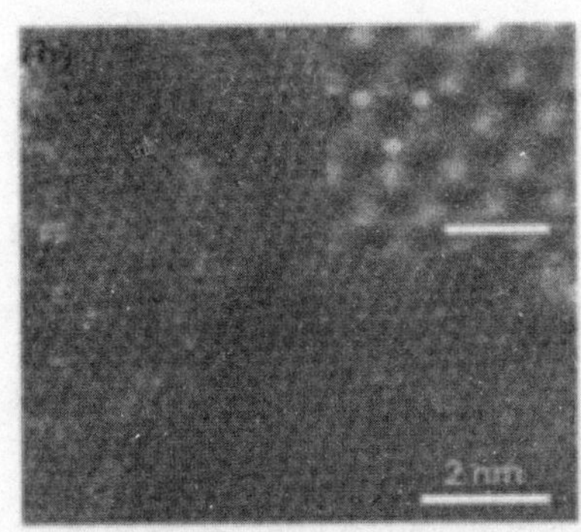

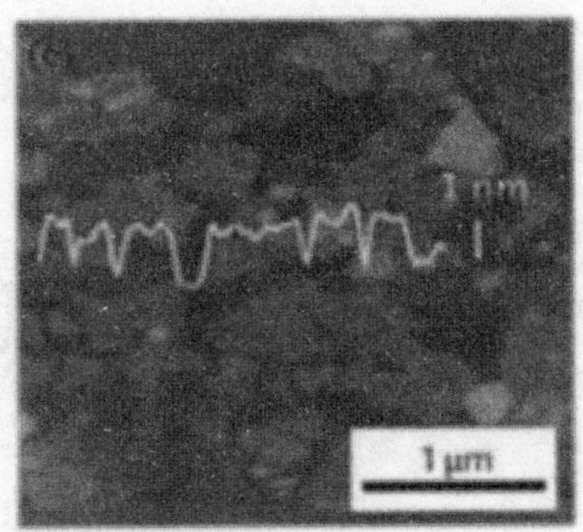

图3.13　锂离子插层法获得的（a）MoS2样品悬浮液；（b）TEM表征图；（c）AFM图

综上所述，机械剥离法可以方便快捷的获得二维材料，可以作为研究二维材料的通用基础方法，但该方法的低产量限制了其实际应用。超声液相剥离法制备的纳米片可均匀分散在溶剂中且晶相不会转变，但产物浓度低且难以收集。超声液相剥离法制备的纳米片其尺寸大多在百纳米量级，用于研究时尺寸偏小，不利于器件的大规模构建，也大大限制了其实际应用。电化学锂离子插层剥离法可以获得纳米单层，便捷又可控。然而锂金属的易燃属性和锂金属的高昂价格都一定程度的限制着该方法的应用。

（二）自底向上

这一类方法是利用不同的反应源以及反应条件，以沉积的方式在基片上获得较大面积的薄膜，主要包括化学气相沉积法（Chemical vapordeposition，CVD）、物理气相沉积法（Physical vapor deposition， PVD）、原子层沉积法（Atomic layer depostion，ALD）和水热法（ Hydrothermal synthesis）。

1. 化学气相沉积法

CVD法是将多种源材料在高温条件下发生化学反应并沉积在衬底上以形成高质量薄膜的一种制备方法。CVD法可以外延生长单晶薄膜，是目前硅外延的主要方法之一。同时，该方法也是一种制备高质量二维层状材料的可靠方法。CVD法制备MoS_2的过程如图3.14所示，三氧化钼（MoO_3） 粉和硫（S）粉分别放置在管式炉中的坩埚内，其中MoO_3粉覆盖在Si/SiO_2衬底上，通入保护气体N_2。先将管式炉快速升温到550℃来气化硫粉，再将管式炉缓慢升温到生长温度850℃，并保持15min的恒温，待管式炉降到室温后就会在衬底上就得到MoS_2薄膜。

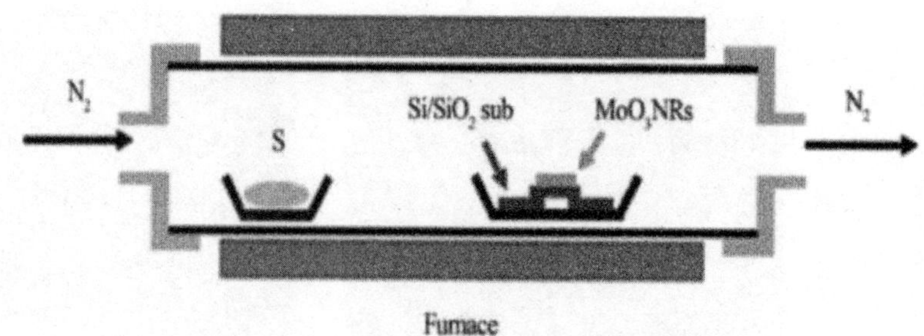

图3.14　CVD法制备MoS2薄膜的原理图

2．物理气相沉积法（PVD）是通过气相-固相生长机制来制备高质量单层二维材料的一种方法。物理气相沉积法制备MoS_2薄膜材料的过程如图3.15（a）.所示。MoS_2粉末在900℃的高温下加热蒸发变成气态分子，高纯氩气流将MoS_2气态分子载入到650℃的低温区域并沉积在Si/SiO_2衬底上。该方法获得了三角形面积达400μm^2的单层MoS_2薄膜。

3．原子层沉积

原子层沉积（ALD）是一种较新的制备二维材料的方法。原子层沉积的过程如图3.15（b）所示，选择合适的前驱体源材料（ 例如五氯化钼（$MoCl_5$） 和硫化氢（H2S））并将前驱体放置在压力为1×10^{-3} Pa、温度300℃的环境下发生化学反应，在蓝宝石衬底上会沉积反应产物MoS_2薄膜。最后通过800℃的高温退火处理以提高MoS_2的结晶程度。

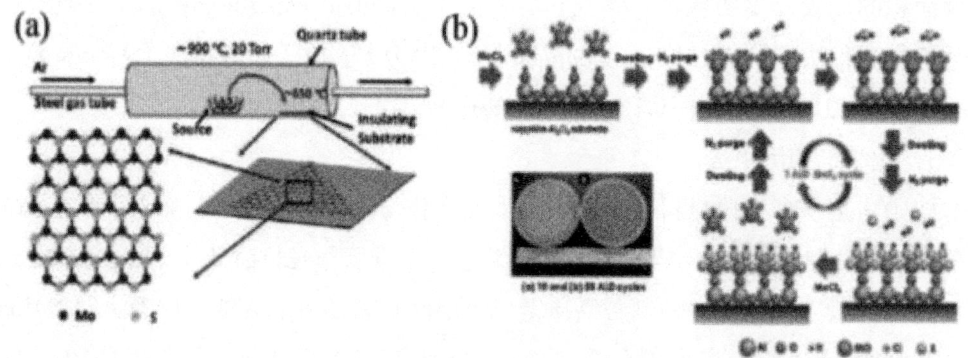

图3.15　（a）PVD法制备MoS_2的示意图；（b）ALD法制备MoS_2示意图

4．水热法

水热法是指物质在高温和高蒸气压下从水溶液或有机溶液中结晶的方法。这种方法特别适用于在高温和高压下具有良好溶解度的前驱体。例如Rao和Dattl等人通过水热法来制备获得二维材料，将钼酸或钨酸与硫脉或硒脲作为前驱体在-水合肼溶液中经过化学反应从而合成MoS_2、WS_2、$MoSe_2$、WSe_2等二维材料。在以上方法中，CVD法是目前应用较为广泛的制备高质量二维材料薄膜的方法之一，其得到的样品具有纯度高、结晶程度好等特点。CVD法可广泛应用于制备单晶、多晶及无机薄膜材料，且能够通过合理的设置参数能较好地控制样品的生长沉积。但CVD法对反应条件的控制要求比较高，制备出大尺寸、形貌规整、层数可控的样品有一定难度。相比而言，物理气相沉积法（PVD）的生长过程方便简洁，可以直接在衬底上沉积获得薄膜而无须借助任何催化剂。但PVD法制：备的二维材料的层数不可控制，因而阻碍了其发展。原子层沉积（ALD）通过控制反应的循环次数、前驱体脉冲时间可以得到不同层数的薄膜材料。这给二维薄膜材料的制备提供了一种可行的新方法。水热法操作简单可以大批量的生产，但产物的均一性，尺寸厚度均难以控制。此外，水热法使用的有机溶剂大多具有剧毒、易燃以及强刺激性等特点，一般对环境可能有危害，所以水热法的大规模实际应用有待进一步发展。

综上所述，CVD法有如下优点：尺寸大小可控，厚度层数可控，结晶质量高，环保无污染等。本论文选用CVD方法来制备二维MoS_2材料。

第三节　异质结的结构、能带、光电特性

一、半导体异质结构

（一）半导体异质结概念

同质结（Homojection）：禁带宽度相同但因掺杂型号不同或虽型号相同但掺杂浓度不同组成界体界面。

异质结（Heterojunction）：由两种禁带宽不同的单晶材料组成的晶体界面。

突变结：在异质结界面附近，两种材料的组分、掺杂浓度发生突变，有明显的空间电荷区边界，其厚度仅为若干原子间距。

缓变结：在异质结界面附近，组分和掺杂浓度逐渐变化，存在有一过渡层，其空间电荷浓度也逐渐向体内变化，厚度可达几个电子或空穴的扩散长度。

同型异质结：导电类型相同的异质结

异型异质结：导电类型不同的异质结

异质结构（Heterostructures）：含有异质结的二层以上的器件结构。

二、异质结能带图

界面附近的能带图对于分析异质结的电流输运机构有重要作用。在不考虑界面态的前提下，能带图取决于形成异质结半导体材料的电子亲和能禁带宽度和功函数。在这3个参数中，电子亲和能和禁带宽度是材料固有的基本性质，与掺杂浓度无关；而功函数除了与材料有关外，还与掺杂浓度有关。

Anderson系统地提出了各种突变异质结能带图，尽管忽略了界面态，但它和很多异质结的实验结果都符合得很好，被普遍接受。

本章主要介绍基于Anderson模型的能带图，同时给出了对应的伏安特性关系式，以便加深对能带图的理解。作为比较，对受界面态影响的能带图、缓变异质结的能带图也略加介绍。

（一）突变反型异质结能带图

异质结的形成此前已有论述，能带图之间的差异主要取决于异质结界面两侧材料的禁带宽度和电子亲和能的不连续性。表3-1列出了室温下部分半导体材料的禁带宽度和电子亲和能，对于其中一些材料的电子亲和能有不同的取值，分别标出了参考文献。与掺杂浓度有关的功函数，则会影响界面两侧能带边的倾斜程度。

表3.1　宣温下部分半导体材料的禁带宽度和电子亲和能

材料	禁带宽度	电子亲和能	材料	禁带宽度	电子亲和能
Ge	0.67	4.13	ZnTe	2.26	3.53
Si	1.12	4.01	ZnSe	2.7	4.09
Te	0.32	4.44	ZnS	3.6	3.9
Se	1.77	4.23	CdTe	1.44	4.28
AlSb	1.58	3.6			4.5
GaSb	0.72	4.06	CdSe	1.67	4.95
GaAs	1.43	4.07			3.93
		3.63	CdS	2.41	4.79
GaP	2.24	4.0			4.0
		3.0	PbS	0.37	3.3
InSb	0.18	4.59			4.6
InAs	0.36	4.90	PbTe	0.29	4.6
InP	1.35	4.40	SiC	2.2	4.0

1．pN异质结能带图

根据两种半导体材料的电子亲和能（X_1，X_2）、禁带宽度（E_{g1}，E_{g2}）和功函数

（$\oint_1$，$\oint_2$）的不同，基于Anderson模型的pN异质结能带图通常分为4种情况，并给出扩散模型的伏安特性关系式。

（1）$X_1<X_2$，$\oint_1<\oint_2$

①$X_2>X_1+E_{g1}$，其能带图如图3.16所示。

②$X_2<X_1+E_{g1}$，其能带图如图3.17所示。

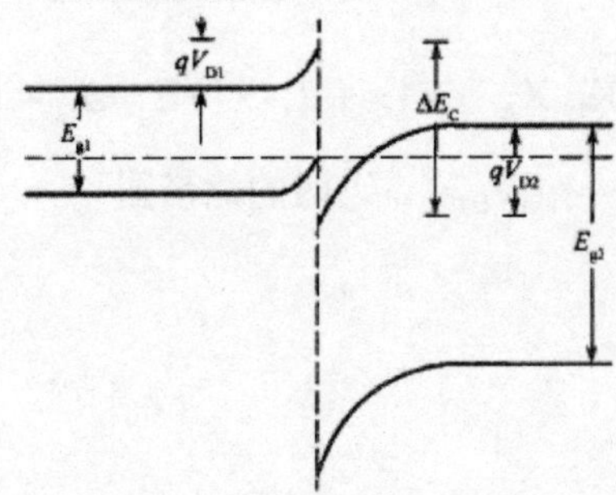

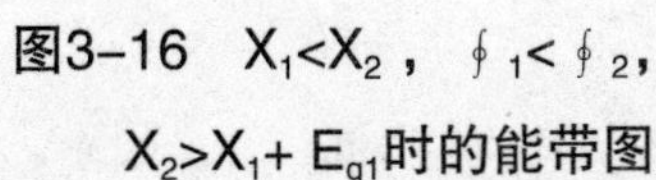

图3–16　$X_1<X_2$，$\oint_1<\oint_2$，$X_2>X_1+E_{g1}$时的能带图

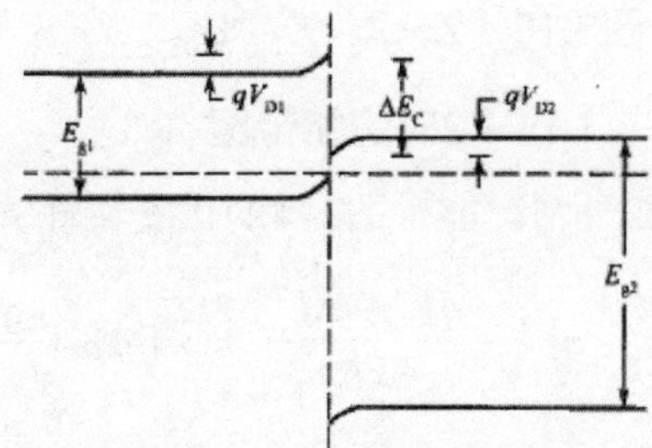

图3.17　$X_1<X_2$，$\oint_1<\oint_2$，$X_2<X_1+E_{g1}$时的能带图

第1种情况能带图的伏安特性关系式为

$$J=A\exp\left(-\frac{\Delta E_c-qV_{D2}}{kT}\right)\times\left[\exp\left(\frac{qV_{D2}}{kT}\right)-\exp\left(-\frac{qV_{D1}}{kT}\right)\right] \quad (3.1)$$

其中，$A=qN_{D2}\frac{D_{n1}}{L_{n1}}$。

（2）$X_1<X_2<X_1+E_{g1}$，$\oint_1>\oint_2$

其能带图如图3.18所示

第2种情况能带图的伏安特性关系式为

$$J=A\exp\left(-\frac{\Delta E_c-qV_D}{kT}\right)\times\left[\exp\left(\frac{qV}{kT}\right)-1\right] \quad (3.2)$$

其中，$A=qN_{D2}\frac{D_{n1}}{L_{n1}}$。

（3）.$X_1>X_2$，$\oint_1>\oint_2$，$X1+E_{g1}<X_2+E_{g2}$

①$qV_{D1}>\Delta E_c$，其能带图如图3.19所示。

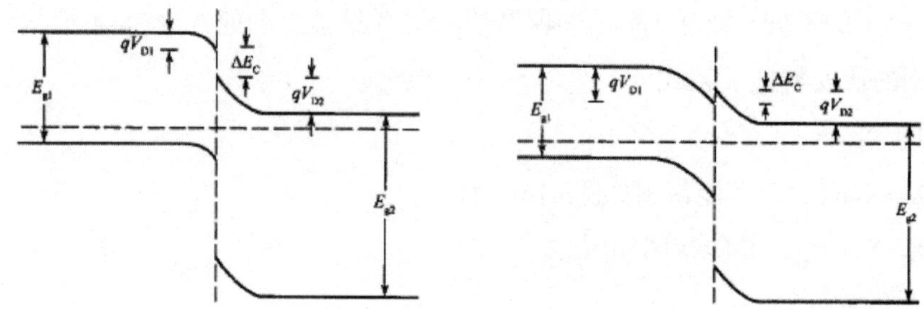

图3.18　$X_1<X_2<X_1+E_{g1}$，∮1>∮2时的能带图

图3.19　$X_1>X_2$，∮1>∮2，$x1+E_{g1}<X_2+E_{g2}$，$qV_{D1}>\Delta E_c$ 时的能带图

第3种情况能带图3-4的伏安特性关系式为

$$J=A\exp\left(-\frac{qV_D-\Delta E_c}{kT}\right)\times\left[\exp\left(\frac{qV}{kT}\right)-1\right] \tag{3.3}$$

其中，$A=qN_{D2}\frac{D_{n1}}{L_{n1}}$。

当正向偏压使能带图中的负尖峰势垒变为正尖峰势垒，即$q(V_{D1}-V)<\Delta E_c$时，相应的伏安特性关系式为

$$J=A\exp\left(-\frac{qV_{D2}}{kT}\right)\times\left[\exp\left(\frac{qV_2}{kT}\right)-\exp\left(\frac{qV_1}{kT}\right)\right] \tag{3.4}$$

②qVD1<ΔE_c，其能带图如图3.20所示。

第3种情况能带图3.20的伏安特性关系式为

$$J=A\exp\left(-\frac{qV_{D2}}{kT}\right)\times\left[\exp\left(\frac{qV_2}{kT}\right)-\exp\left(\frac{qV_1}{kT}\right)\right] \tag{3.5}$$

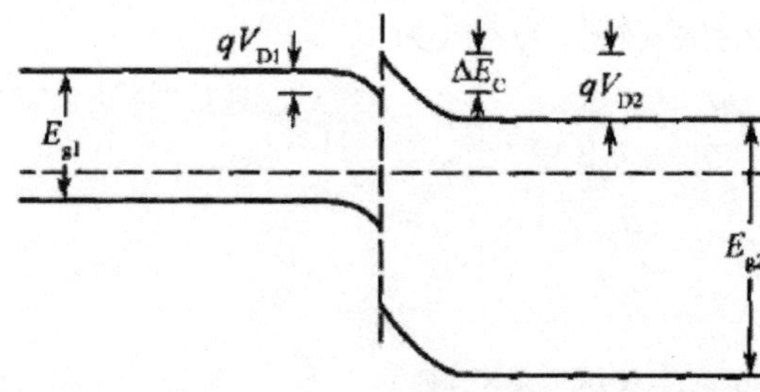

图3.20　$X_1>X_2$，∮$_1$>∮$_2$，$X_1+E_{g1}<X_2+E_{g2}$，$qV_{D1}<\Delta E_c$ 时的能带图

其中，$A=qN_{D2}\frac{D_{n1}}{L_{n1}}$。

当反向偏压使能带图中的正尖峰势垒变为负尖峰势垒，即q（Vn+|Vi|）>△Ec

时，相应的伏安特性关系式为.

$$J=A\exp\left(-\frac{qV_D-\Delta E_c}{kT}\times[\exp\left(-\frac{q|V|}{kT}\right)1]\right.\qquad(3.6)$$

（4）.$X_1>X_2$，$X_1<X_2+E_{g2}<X_1+E_{g1}$

①$qV_{D1}>\Delta E_c$，其能带图如图所示3.21所示

第4种情况能带图3.21的伏安特性关系式与第3种情况能带图3–4的伏安特性关系式相同。

②$qV_{D1}<\Delta E_c$，其能带图如图3.22所示。

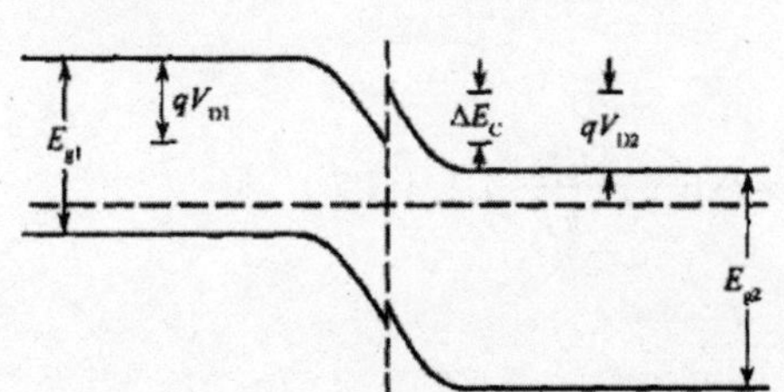

图3.21 $X_1>X_2$，$X_1<X_2+E_{g2}<X_1+E_{g1}$，qVD1>$\Delta E_c$ 时的能带图

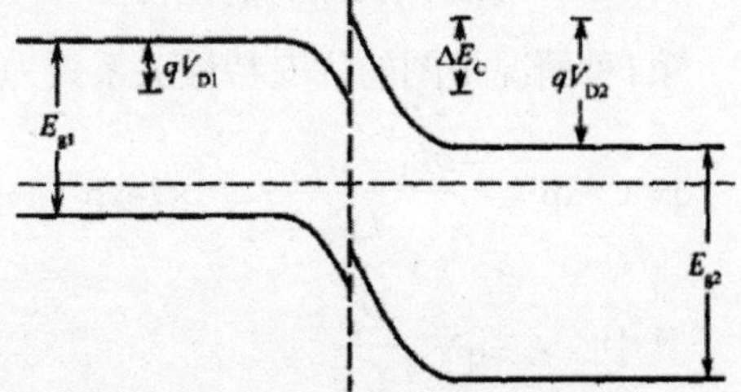

图3.22 $X_1>X_2$，$X_1<X_2+E_{g2}<X_1+E_{g1}$，qVD1<$\Delta E_c$ 时的能带图。

第4种情况能带图3.22的伏安特性关系式与第3种情况能带图3–5的伏安特性关系式相同。文献报道的pN异质结能带图大多数都属于第3种情况，例如pN–Ge/Si，pN–Ge/GaAs，pN–Ge/ZnSe，pN–Si/GaAs，pN– Si/ ZnS，pN–GaAs/GaP，pN– PbS/Ge，pN–PbS/CdS.

第2种情况也经常在文献中出现，例如pN–Si/CdSe，pN–Si/CdS，pN–GaAs/ZnSe，pN–ZnTe/ ZnSe，pN–ZnTe/CdS。

第1种情况在文献中出现的比较少，例如pN– PbS/GaAs。

第4种情况很少在文献中出现，例如pN–GaSbAs/ InGaAs。

2. nP异质结能带图

和分析pN能带图的方法相似，基于Anderson模型的nP能带图也分为4种情况（事实上只要将pN能带图上下翻转即可得到相应情况的nP能带图），并给出扩散模型的伏安特性关系式。

（1）$X_1>X_2$，$\phi_1>\phi_2$，

①$X_1>X_2+E_{g2}$，其能带图如图3.23所示。

②$X_1<X_2+E_{g2}$，其能带图如图3.24所示。

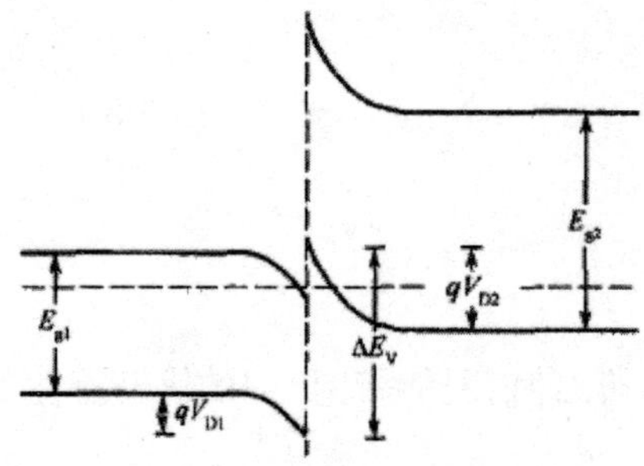

图3.23　$X_1>X_2$，∮$_1>$∮$_2$，$X_1>X_2+E_{g2}$时的能带图

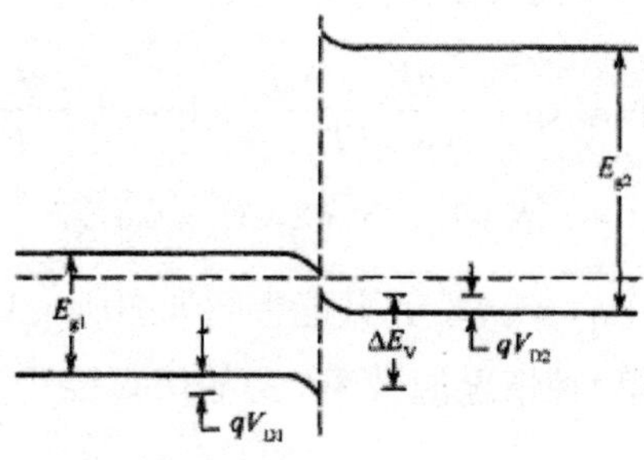

图3.24　$X_1>X_2$，∮$_1>$∮$_2$，$X_1<X2+E_{g2}$时的能带图

第1种情况带图的伏安特性关系式为

$$J=A'\exp\left(-\frac{qE_v-qV_{D2}}{kT}\right)\times\left[\exp\left(-\frac{qV_2}{kT}\right)-\exp\left(-\frac{qV_1}{kT}\right)\right] \quad (3.7)$$

其中，$A'=qN_{A2}\frac{D_{p1}}{L_{p1}}$。

（2）.$X_1>X_2$，∮$_1>$∮$_2$，$X_1+E_{g1}>X_2+E_{g2}$

其能带图如图3.25所示。

第2种情况能带图的伏安特性关系式为

$$J=A'\exp\left(-\frac{qE_v-qV_D}{kT}\right)\times\left[\exp\left(-\frac{qV}{kT}\right)-1\right] \quad (3.8)$$

其中，$A'=qN_{A2}\frac{D_{p1}}{L_{p1}}$。

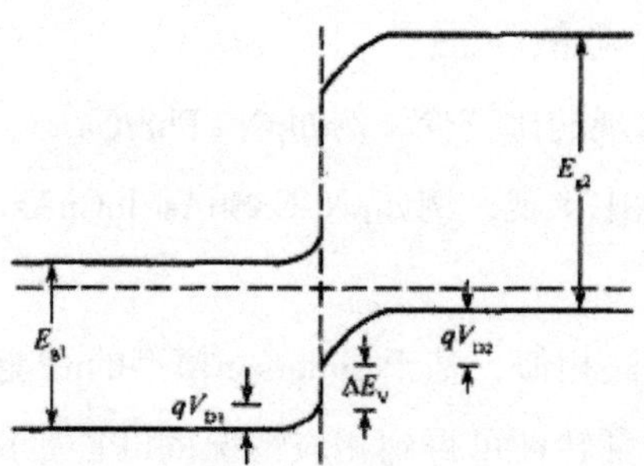

图3.25　$X_1>X_2$，∮$_1>$∮$_2$，$X_1+E_{g1}>X_2+E_{g2}$时的能带图

（3）. $X_1>X_2$，∮$_1<$∮$_2$，$X_1+E_{g1}<X_2+E_{g2}$

①$qV_{D1}>\Delta E_v$，其能带图如图3.26所示。

第3种情况能带图3.26的伏安特性关系式为

$$J=A'\exp\left(-\frac{qV_D-\Delta E_v}{kT}\right)\times\left[\exp\left(-\frac{qV}{kT}\right)-1\right] \tag{3.9}$$

其中，$A'=qN_{A2}\frac{D_{p1}}{L_{p1}}$。

当正向偏压使能带图中的负尖峰势垒变为正尖峰势垒（对空穴而言），即$q(V_{D1}-V_1)<\Delta E_v$时，相应的伏安特性关系式为

$$J=A\exp\left(-\frac{qV_{D2}}{kT}\right)\times\left[\exp\left(-\frac{qV_2}{kT}\right)-\exp\left(-\frac{qV_1}{kT}\right)\right] \tag{3.10}$$

②qVD2<　ΔEv，其能带图如图3.27所示。

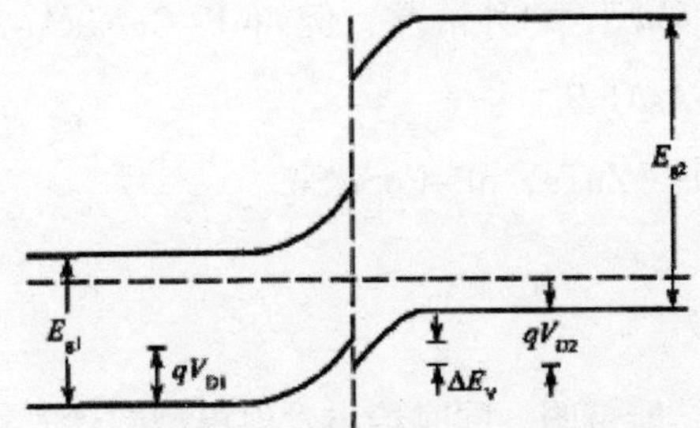

图3.26　$X_1>X_2$，$\phi_1<\phi_2$，$X_1+E_{g1}<X_2+E_{g2}$，$qV_{D2}<\Delta E_v$时的能带图

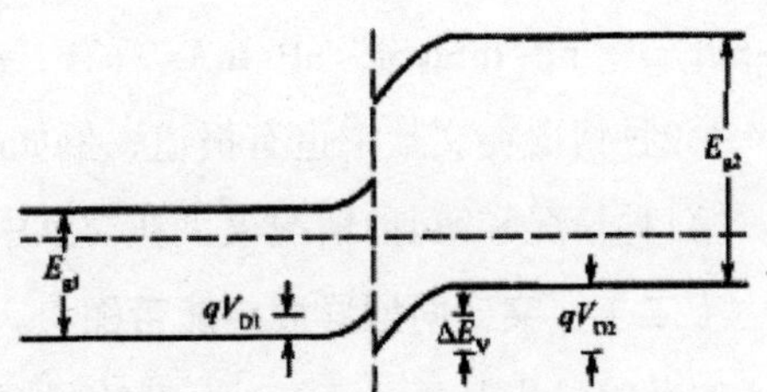

图3.27　$X_1>X_2<$，$\phi_1<\phi_2$，$X_1+E_{g1}<X_2+E_{g2}$，$qV_{D2}<\Delta E_v$时的能带图

第3种情况能带图3.27的伏安特性关系式为

$$J=A'\exp\left(-\frac{qV_{D2}}{kT}\times\left[\exp\left(-\frac{qV_2}{kT}\right)-\exp\left(-\frac{qV_1}{kT}\right)\right]\right. \tag{3.11}$$

其中，$A'=qN_{A2}\frac{D_{p1}}{L_{p1}}$

当反向偏压使能带图中的正尖峰势垒变为负尖峰势垒（对空穴而言），即$q(V_{D1}+|V_1|)>\Delta E_v$时，相应的伏安特性关系式为

$$J=A'\exp\left(-\frac{qV_D-\Delta E_c}{kT}\right)\times\left[\exp\left(-\frac{q|V|}{kT}\right)-1\right] \tag{3.12}$$

（4）$X_1<X_2$，$X_1+E_{g1}>X_2$

①$qV_{D1}>\Delta E_v$，其能带图如图3.28所示。

第4种情况能带图3.28的伏安特性关系式与第3种情况能带图3-11的伏安特性关系式相同。

②$qV_{D1}<\Delta E_v$，其能带图如图3.29所示。

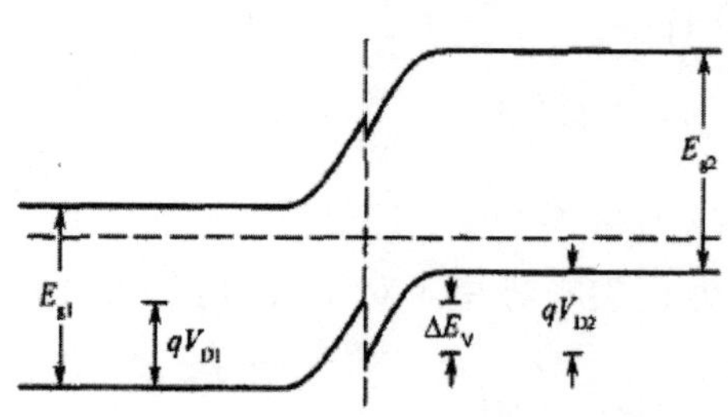

图3.28 $X_1<X_2$，$X_1+E_{g1}>X_2$，$qV_{D1}>\Delta E_v$时的能带图

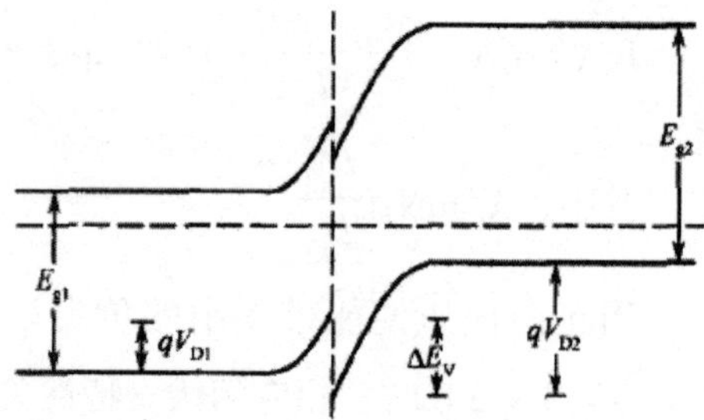

图3.29 $X_1<X_2$，$X_1+E_{g1}>X_2$，$qV_{D1}<\Delta E_v$ 时的能带图

第4种情况能带图3.29的伏安特性关系式与第3种情况能带图3.27的伏安特性关系式相同。文献报道的nP异质结能带图大多数都属于第3种情况，例如nP-Ge/GaAs，nP-Si/GaP，nP-InSb/Si，nP-InAs/ZnTe，nP-GaAs/GaP。

第2种情况在文献中也有报道，例如nP-CdSe/ ZnTe，nP-CdSe/Se.

第1种情况和第4种情况很少在文献中出现。

（二）、突变同型异质结能带图

本节将给出基于Anderson模型的同型异质结能带图，同时给出发射模型的伏安特性关系式及其正向偏压的方向。同型异质结外加偏压的极性不像反型异质结那样容易识别，依照惯例把削弱内建电场的方向规定为正向偏压的方向。

1．nN异质结能带图

根据两种半导体材料的电子亲和能（X_1、X_2）、禁带宽度（E_{g1}，E_{g2}）和功函数（ϕ_1、ϕ_2）的不同，基于Anderson模型的nN异质结能带图通常分为4种情况，并给出发射模型的伏安特性关系式。

（1）$X_1>X_2$，$\phi_1>\phi_2$，$X_1+E_{g1}<X_2+E_{g2}$

①$qV_{D1}<\Delta E_v$，其能带图如图3.30所示。

第1种情况能带图3.30的伏安特性关系式为

$$J=B\exp\left(-\frac{qV_{D2}}{kT}\right)\times\left[\exp\left(-\frac{qV_2}{kT}\right)-\exp\left(-\frac{qV_1}{kT}\right)\right] \quad (3.13)$$

其中，$B=qN_{D2}\left(\frac{kT}{2\pi m_n}\right)1/2$，正向偏压的方向由材料1指向材料2。

②$qV_{D1}>\Delta E_v$，其能带图如图3.31所示

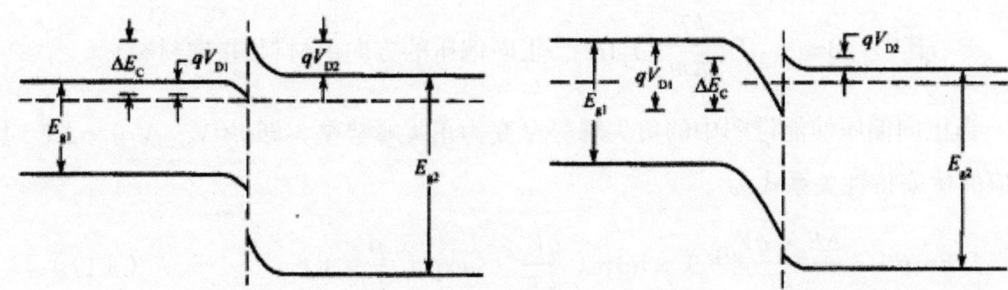

图3.30　$X_1>X_2$，$\phi_1>\phi_2$，$X_1+E_{g1}<X_2+E_{g2}$，$qV_{D1}<\Delta E_v$时的能带图　　图3.31　$X_1>X_2$，$\phi_1>\phi_2$，$X_1+E_{g1}<X_2+E_{g2}$，$qV_{D1}>\Delta Ev$时的能带图

第1种情况能带图3-16的伏安特性关系式为

$$J=B\exp\left(-\frac{qV_D-\Delta E_c}{kT}\right)\times\left[\exp\left(\frac{qV}{kT}\right)-1\right] \quad (3.14)$$

其中，$B=qN_{D2}\left(\frac{kT}{2\pi m_n}\right)1/2$，正向偏压的方向由材料1指向材料2。

（2）.$X_1>X_2$，$\phi_1<\phi_2$，$X_1+E_{g1}<X_2+E_{g2}$

其能带图如图3.32所示

第2种情况能带图的伏安特性关系式为

$$J=B\left[\exp\left(\frac{qV}{kT}\right)-1\right] \quad (3.15)$$

其中，$B=qN_{D2}\left(\frac{kT}{2\pi m_n}\right)1/2$，正向偏压的方向由材料2指向材料1。

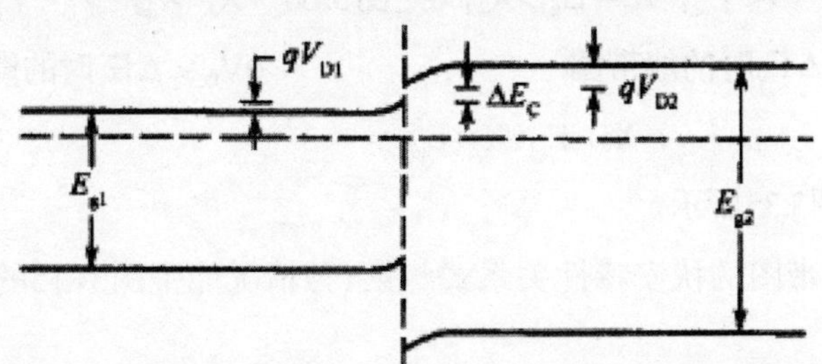

图3.32　$X_1>X_2$，$\phi_1<\phi_2$，$X_1+E_{g1}<X_2+E_{g2}$时的能带图

（3）. $X_1<X_2$，$\phi_1<\phi_2$，$X_1+E_{g1}>X_2$

①$qV_{D2}>\Delta E_v$，其能带图如图3-18所示。

第3种情况能带图3.33的伏安特性关系式

$$J=B\left[\exp\left(\frac{qV}{kT}\right)-1\right] \quad (3.16)$$

其中，$B=qN_{D2}\left(\frac{kT}{2\pi m_n}\right)1/2$，正向偏压的方向由材料2指向材料1。

当正向偏压使能带图中的负尖峰势垒变为正尖峰势垒，即$q(V_{D2}-V_2)<\Delta E_v$时，相应的伏安特性关系式为

$$J=B\exp\left(-\frac{\Delta E_c-qV_{D2}}{kT}\right)\times\left[\exp\left(\frac{qV_1}{kT}\right)-\exp\left(\frac{qV_2}{kT}\right)\right] \tag{3.17}$$

②$qV_{D2}<\Delta E_v$，其能带图如图3.34所示。

第3种情况能带图3.34的伏安特性关系式

$$J=B\exp\left(-\frac{\Delta E_c-qV_{D2}}{kT}\right)\times\left[\exp\left(\frac{qV_1}{kT}\right)-\exp\left(-\frac{qV_2}{kT}\right)\right] \tag{3.18}$$

其中，$B=qN_{D2}\left(\frac{kT}{2\pi m_n}\right)1/2$，正向偏压的方向由材料2指向材料1。

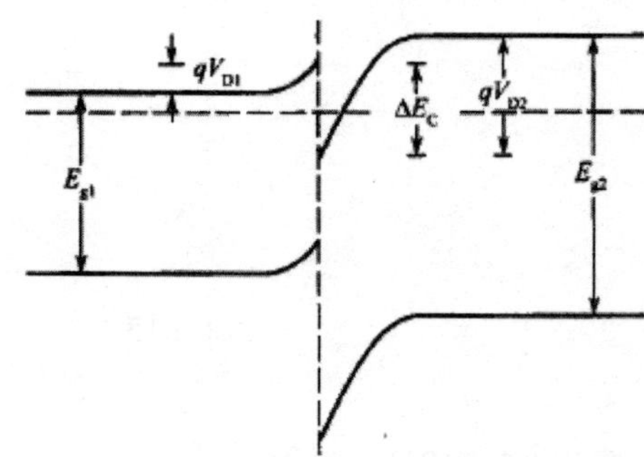

图3.33　$X_1<X_2$，$\oint_1<\oint_2$，$X_1+E_{g1}>X_2$，$qV_{D2}>\Delta E_v$时的能带图

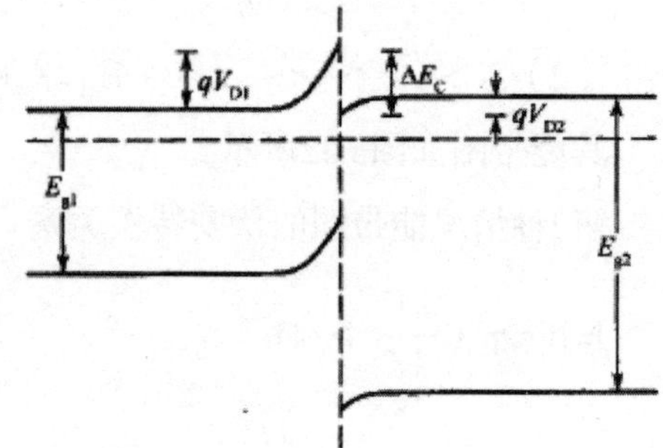

图3.34　$X_1<X_2$，$\oint_1<\oint_2$，$X_1+E_{g1}>X_2$，$qV_{D2}<\Delta E_v$时的能带图

（4）.$X_1>X_2$，$\oint_1>\oint_2$，$X_1+E_{g1}>X_2+E_{g2}$

其能带图如图3.35所示。

第4种情况能带图的伏安特性关系式与第1种情况能带图3-15的伏安特性关系式相同。

文献报道的nN异质结能带图属于第1种情况的有：nN-Ge/Si，nN-Ge/GaAs，nN-Si/GaAs，nN Si/ZnS。

文献报道的nN异质结能带图属于第3种情况的有：nN-Si/CdSe，nN-GaAs/ ZnSe，nN-CdTe/CdS.

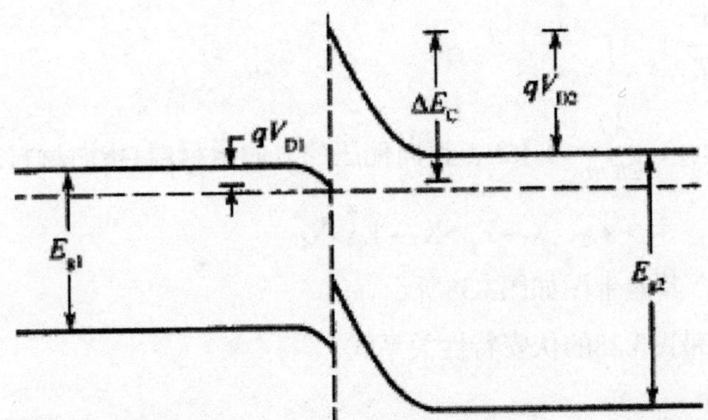

图3.35　$X_1>X_2$，$\phi_1>\phi_2$，$X_1+E_{g1}>X_2+E_{g2}$时的能带图

（二）pP异质结能带图

由于大多数半导体材料的空穴迁移率都很低，pP异质结的研究开展得很少，但作为一个类别有必要讨论pP异质结能带图，以保证体系的完整。基于Anderson模型的pP能带图也分为4种情况并给出发射模型的伏安特性关系式。

（1）$X_1>X_2$，$\phi_1<\phi_2$，$X_1+E_{g1}<X_2+E_{g2}$

其能带图如图3.36所示

第1种情况能带图伏安特性关系式为

$$J=B'\exp\left(-\frac{qV_{D2}}{kT}\right)\times\left[\exp\left(\frac{qV_2}{kT}\right)-\exp\left(\frac{qV_1}{kT}\right)\right] \tag{3.19}$$

其中，$B'=qN_{A2}\left(\frac{kT}{2\pi m_n}\right)1/2$，正向偏压的方向由材料2指向材料1。

（2）$X_1>X_2$，$\phi_1>\phi_2$，$X_1+E_{g1}<X_2+E_{g2}$

其能带图如图3.37所示。

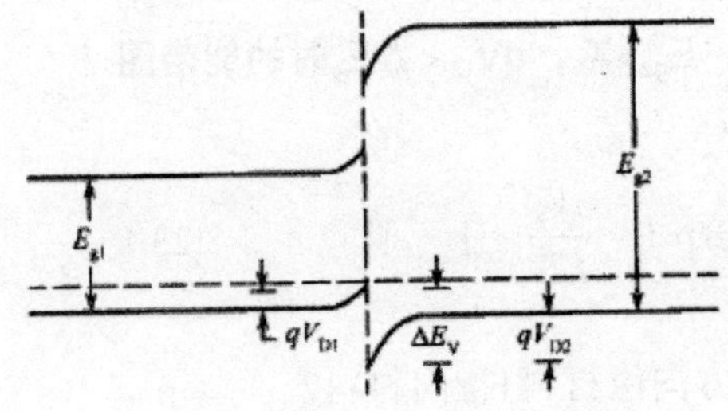

图3.36　$X_1>X_2$，$\phi_1<\phi_2$，$X_1+E_{g1}<X_2+E_{g2}$时的能带图

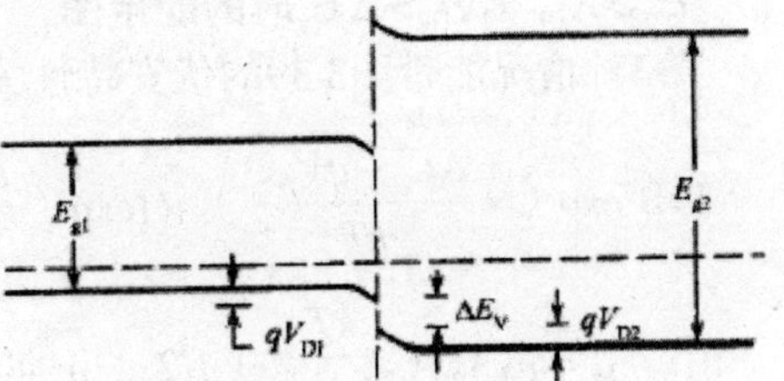

图3.37 $X_1>X_2$，$\phi_1>\phi_2$，$X_1+E_{g1}<X_2+E_{g2}$时的能带图

第2种情况能带图的伏安特性关系式为

$$J=B'[\exp(\frac{qV}{kT})-1] \tag{3.20}$$

其中，$B'=qN_{A2}(\frac{kT}{2\pi m_n})1/2$，正向偏压的方向由材料1指向材料2。

（3）$X_1>X_2$，$\phi_1>\phi_2$，$X_1+E_{g1}>X_2+E_{g2}>X_1$

①$qV_{D2}>\Delta E_v$，其能带图如图3.38所示。

第3种情况能带图3.38的伏安特性关系式

$$J=B'[\exp(\frac{qV}{kT})-1] \tag{3.21}$$

其中，$B'=qN_{A2}(\frac{kT}{2\pi m_n})1/2$，正向偏压的方向由材料1指向材料2。

当正向偏压使能带图中的负尖峰势垒变为正尖峰势垒（对空穴而言），即$q(V_{D2}-V_2)<\Delta E_v$时，相应的伏安特性关系式为

$$J=B'\exp(-\frac{\Delta E_c-qV_{D2}}{kT})\times[\exp(\frac{qV_1}{kT})-\exp(-\frac{qV_2}{kT})] \tag{3.22}$$

②$qV_{D2}<\Delta Ev$，其能带图如图3.39所示。

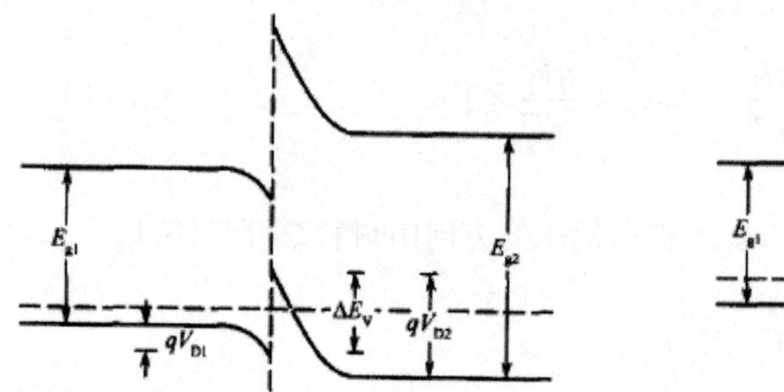

图3.38 $X_1>X_2$，$\phi_1>\phi_2$，$X_1+E_{g1}>X_2+E_{g2}>X_1$，$qV_{D2}>\Delta E_v$时的能带图

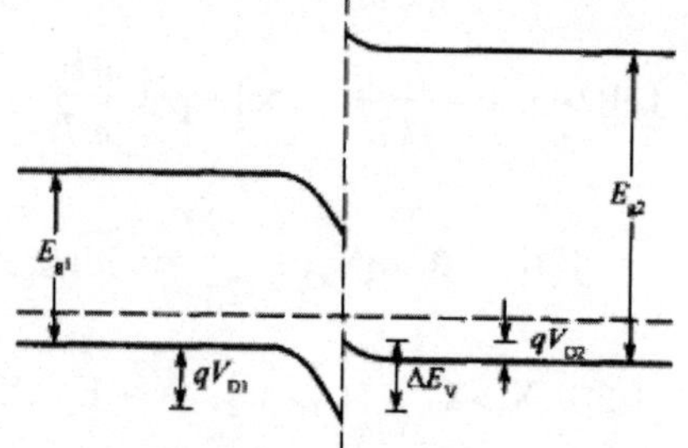

图3.39 $X_1>X_2$，$\phi_1>\phi_2$，$X_1+E_{g1}>X_2+E_{g2}>X_1$，$qV_{D2}<\Delta E_v$时的能带图

第3种情况能带图3.39的伏安特性关系式为

$$J=B'\exp(-\frac{\Delta E_c-qV_{D2}}{kT})\times[\exp(\frac{qV_1}{kT})-\exp(-\frac{qV_2}{kT})] \tag{3.23}$$

中，$B'=qNA2(\frac{kT}{2\pi m_n})1/2$，正向偏压的方向由材料1指向材料2。

（4）$X_1<X_2$，$\phi_1<\phi_2$，$X_1+E_{g1}>X_2$其能带图如图3.40所示。

第4种情况能带图的伏安特性关系式与第1种情况能带图的伏安特性关系式相同。

文献报道的pP异质结能带图都属于第1种情况，例如pP-Ge/GaAs， pP Si/GaP，pP-GaSb/ ZnTe，pP-PbS/Ge。

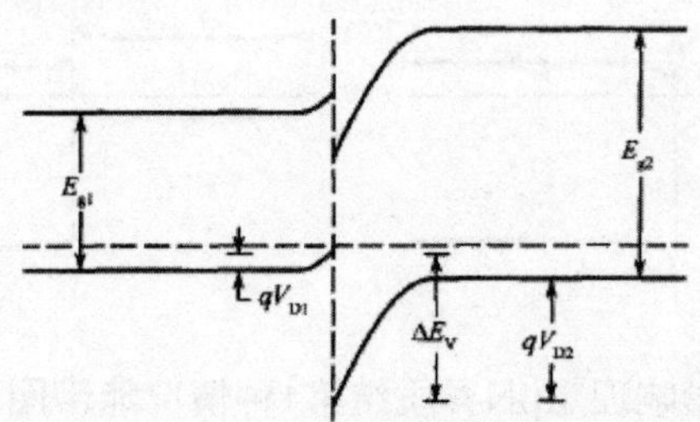

图3.40　$X_1<X_2$，$\phi_1<\phi_2$，$X_1+E_{g1}>X_2$时的能带图

（三）受界面态影响的能带图

受晶格失配的影响，异质结界面处的禁带中存在界面态，界面态分为施主型和受主型，施主型界面态带正电荷，受主型界面态带负电荷。当界面处的电荷量大到足以改变内建电场方向时，能带的弯曲方向也会发生改变，从而对能带图的形状产生影响。

对于nN异质结，界面态呈受主型，界面带负电荷，为满足电中性条件，界面两边必然出现正的空间电荷区，形成电子势垒，界面两边的能带都向上弯曲。

对于pP异质结，界面态呈施主型，界面带正电荷，为满足电中性条件，界面附近必然出现负的空间电荷区，形成空穴势垒，界面两边的能带都向下弯曲。.

对于反型异质结有两种情况：如果界面处的净电荷为负，则界面两边的能带都向上弯曲；如果界面处的净电荷为正，则界面两边的能带都向下弯曲。

下面给出受大量界面态影响而修正的能带图，为作对比沿用理想异质结的分类。

1．pN异质结能带图

理想pN异质结第1种情况能带图3.16修正后如图3.41所示。

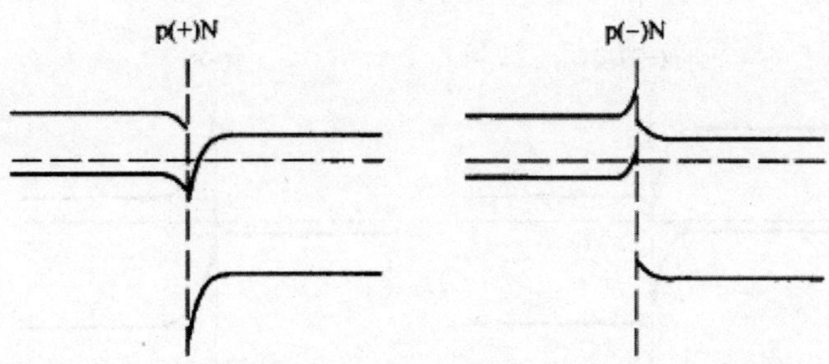

图3.41　受界面态影响理想pN异质结第1种情况能带图3-1修正后的能带图

理想pN异质结第1 种情况能带图3.17修正后如图3.42所示。

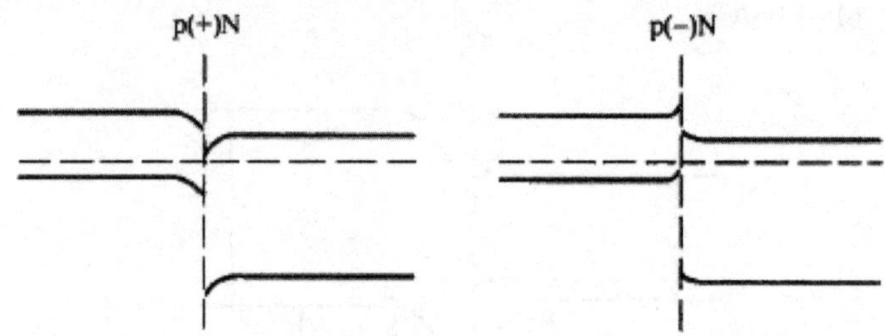

图3.42　受界面态影响理想pN异质结第1种情况能带图3-2修正后的能带图

理想pN异质结第2种情况能带图3.18修正后如图3.43所示。

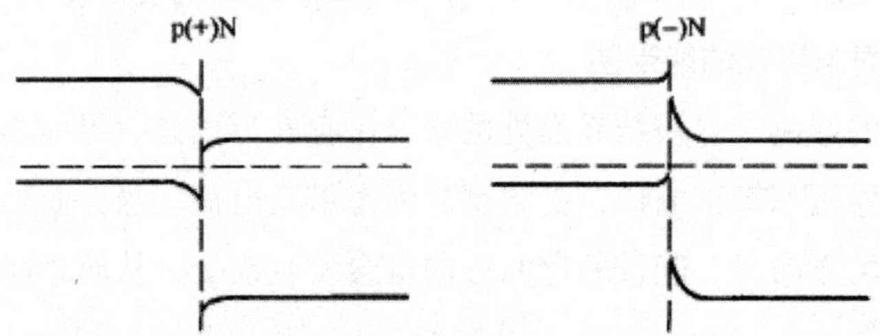

图3.43　受界面态影响理想pN异质结第2种情况能带图3-3修正后的能带图

理想pN异质结第3种情况能带图3.19修正后如图3.44所示。

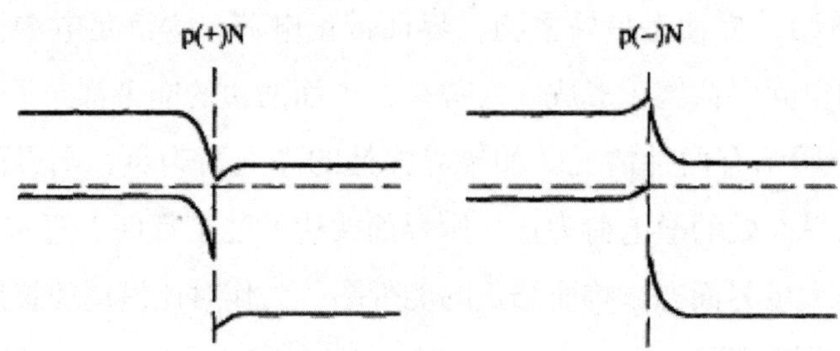

图3.44　受界面态影响理想pN异质结第3种情况能带图3-4修正后的能带图

理想pN异质结第3种情况能带图3.20修正后如图3.45所示。

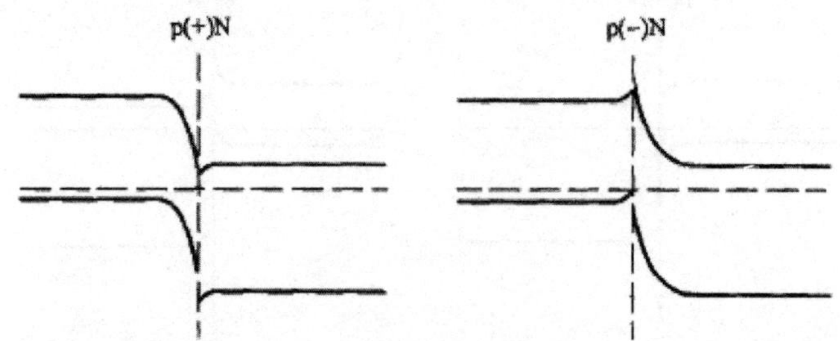

图3.45　受界面态影响理想pN异质结第3种情况能带图3-5修正后的能带图

2. nP 异质结能带图

理想nP异质结第1种情况能带图3.23修正后如图3.46所示。

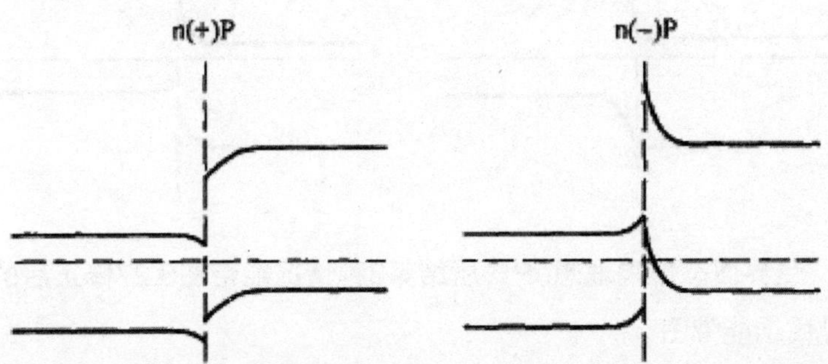

图3.46　受界面态影响理想nP异质结第1种情况能带图3.23修正后的能带图

理想nP异质结第2种情况能带图3.25修正后如图3.47所示。

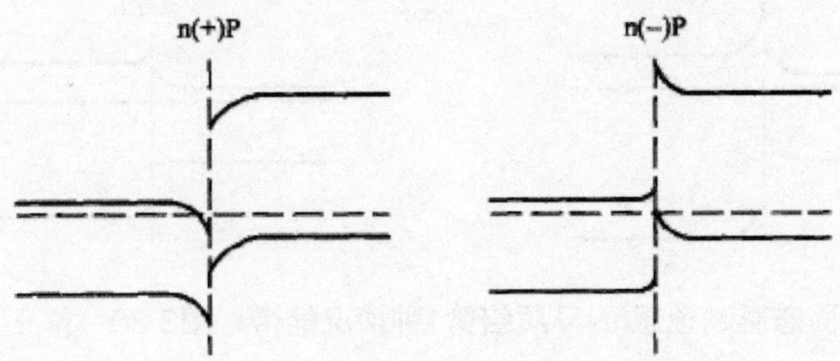

图3.47　受界面态影响理想nP异质结第2种情况能带图3.25修正后的能带图

理想nP异质结第3种情况能带图3.26修正后如图3.48所示。

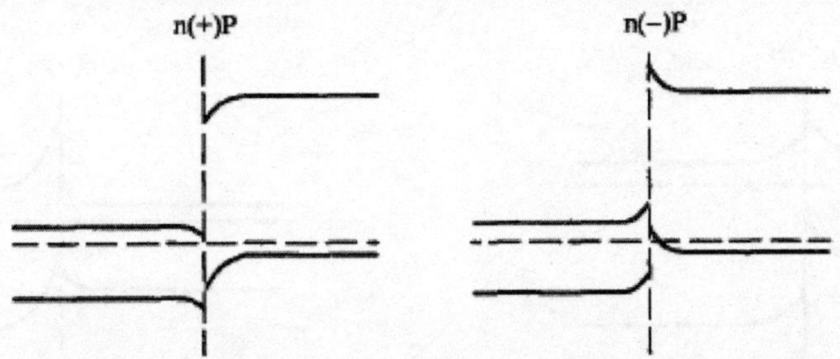

图3.48　受界 面态影响理想nP异质结第3种情况能带图3.26修正后的能带图

理想nP异质结第3种情况能带图3.27修正后如图3.49 所示。

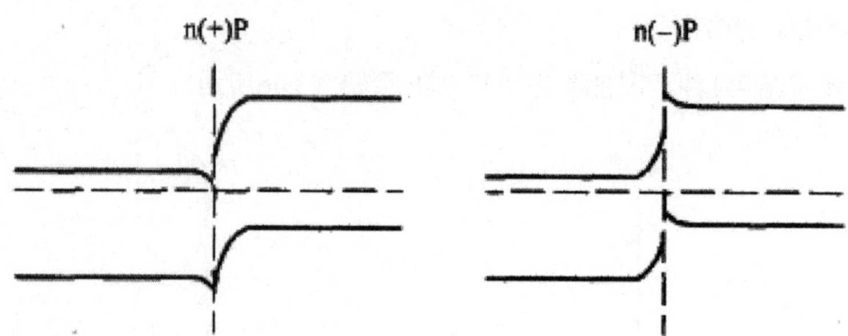

图3.49　受界面态影响理想nP异质结第3种情况能带图3.27修正后的能带图

3．nN异质结能带图

理想nN异质结第1种情况能带图3.30修正后如图3.50所示。

理想nN异质结第2种情况能带图修正后如图3.51所示。

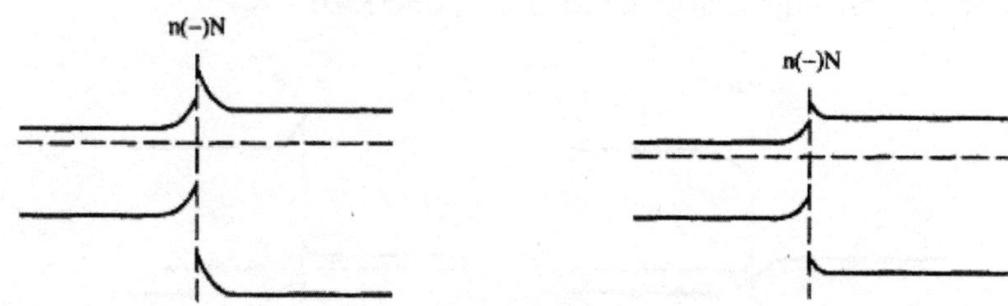

图3.50　受界面态影响理想nN异质结第1种情况能带　图3.30　修正后的能带图

图3.51受界面态影响理想 nN异质结第2种情况修正后的能带图

理想nN异质结第3种情况能带图3.34修正后如图3.52所示。

理想nN异质结第4种情况能带图修正后如图3.53所示。

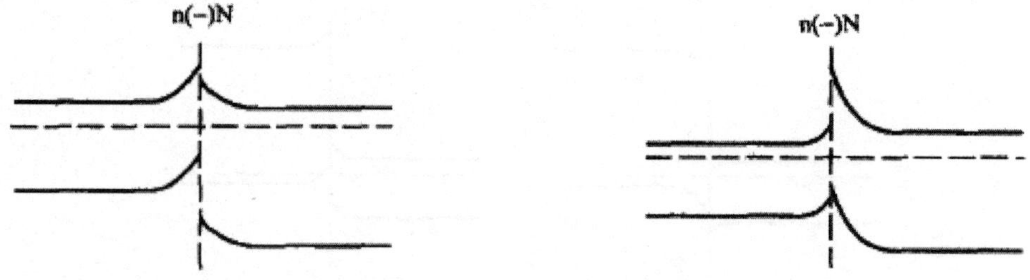

图3.52　受界面态影响理想nN异质结第3种情况能带图3.34修正后的能带图

图3.53　受界面态影响理想nN异质结第4种情况修正后的能带图

4．pP异质结能带图

理想pP异质结第1种情况能带图修正后如图3.54所示。

理想pP异质结第2种情况能带图修正后如图3.55所示。

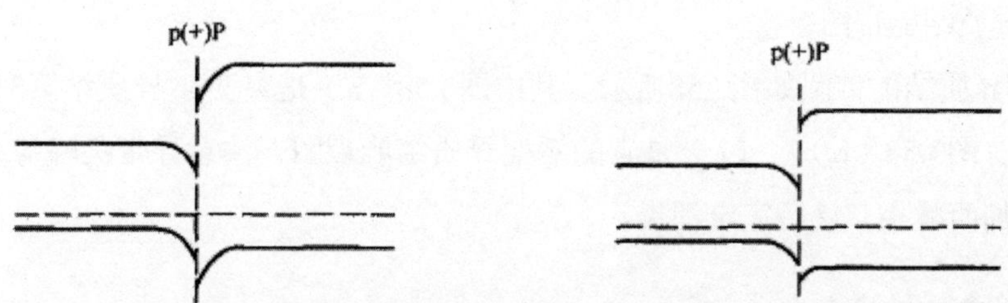

图3.54 受界 面态影响理想pP异质结第1种情况修正后的能带图

图3.55 受界面态影响理想pP异质结第2种情况修正后的能带图

理想pP异质结第3种情况能带图3.39修正后如图3.56所示。

理想pP异质结第4种情况能带图修正后如图3.57所示。

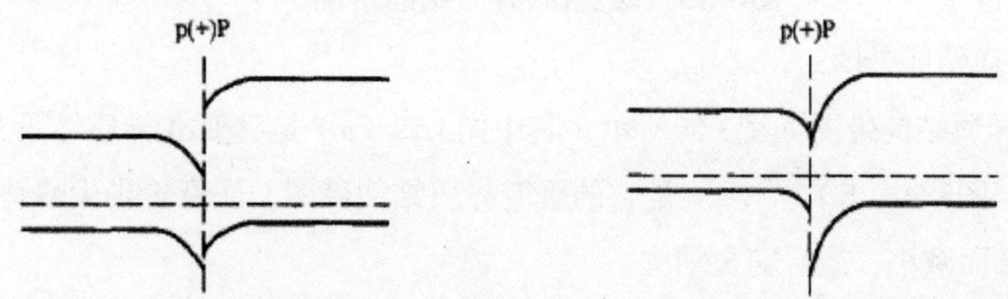

图3.56 受界面态影响理想pP异质结第3种情况能带图3.39修正后的能带图

图3.57 受界面态影响理想pP异质结第4种情况修正后的能带图

（四）缓变异质结能带图

缓变异质结是指两种材料界面处的组分是缓变的，反映到能带图，则是两种材料界面处的禁带宽度和电子亲和能是缓变的，因此导带带阶ΔE_c和价带带阶ΔE_v在缓变异质结中都是空间的函数。若用双曲正切函数表示ΔE_c缓变的规律[14]，则有

$$\Delta E_c(x)=\frac{\Delta E_c}{2}\left[1+\tanh\left(\frac{x-x_0}{l}\right)\right] \tag{3.24}$$

其中，对o是缓变区中心，l是缓变区长度。

如果缓变完全发生在宽带隙材料内，则有最简便的公式

$$\Delta E_c(x)=\Delta E_c\tanh\left(\frac{x}{l}\right)\ x\geqslant 0 \tag{3.25}$$

从式（3-25）可以看出，随着缓变区长度l不断增加，$\Delta E_c(x)$不断减小，尖峰势垒不断下降，以致完全消失，这就是异质结的缓变效应。然而随着缓变异质结正向偏压不断地增加，还会逐渐恢复与突变异质结相似的尖峰势垒。此外，使尖峰势垒消失的缓变区长度还与掺杂浓度有关，掺杂浓度越低缓变区长度越长，掺杂浓度越高缓变区长度越短。

1．pN异质结能带图

缓变pN异质结能带图如图3.58所示。其中图3.58（a）是突变pN异质结第3种情况②的能带图，图3.58（b）、（c）是它的缓变异质结能带图，注意导带尖峰势垒随着缓变区的增加而减小，最后完全消失。

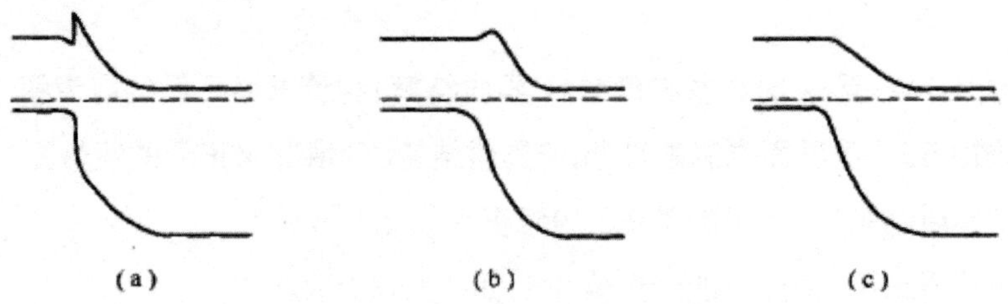

图3.58　缓变pN异质结能带图

2．nP异质结能带图

缓变nP异质结能带图如图3.59所示。其中图3.59（a）是突变nP异质结第3种情况②的能带图，图3.59（b）、（c）是它的缓变异质结能带图，注意价带尖峰势垒随着缓变区的增加而减小，最后完全消失。

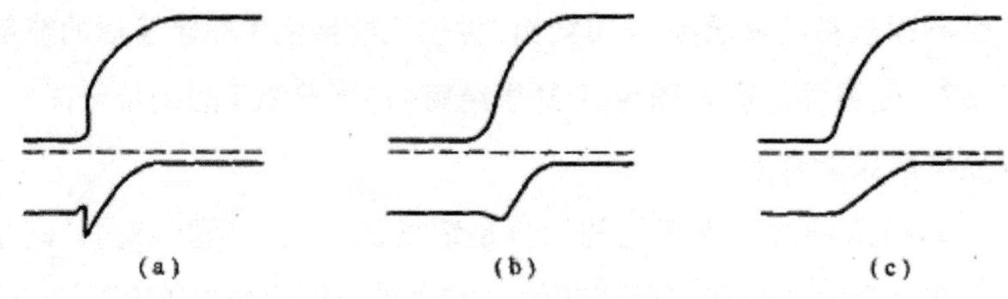

图3.59　缓变nP异质结能带图

3.nN异质结能带图

缓变nN异质结能带图如图3.60所示。其中图3.60（a）是突变nN异质结第1种情况①的能带图，图3.60（b）、（c）是它的缓变异质结能带图，注意导带尖峰势垒随着缓变区的增加而减小，最后使导带拉平，此时缓变同型异质结的行为和欧姆接触非常相似，没有任何整流作用。

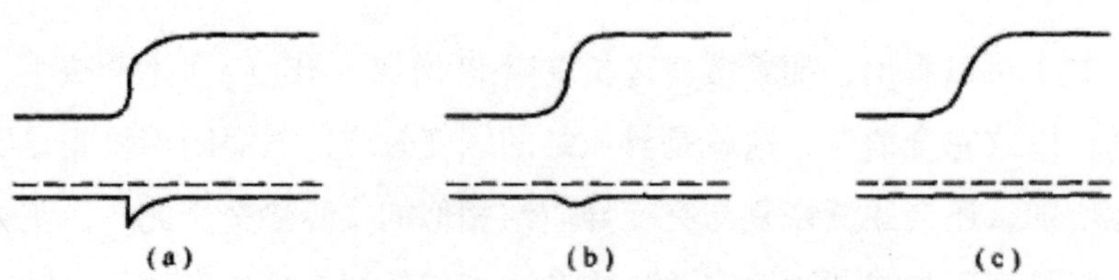

图3.60　缓变pP异质结能带图

三、异质结光电特性

异质结的光电特性通常分为两类：一类是由于吸收光子而产生光生电流或光伏电压；另一类是由于电流或电场激励而发射光子。异质结光子的吸收有许多方式，关键是入射光子的波长。对异质结光电特性的影响，通常有两个重要的吸收过程：①产生自由电子或空穴（即杂质或界面态光吸收）；②产生自由电子-空穴对（即电子从价带跃迁到导带的本征吸收）。由于这些过程在界面或异质结的扩散长度区域内产生的自由载流子，导致了异质结的光生电流。除了吸收光子产生自由载流子外，也能产生光伏电压。在某些情况下，自由载流子的辐射复合过程还能导致发射光子。

（一）反型异质结光电特性

反型异质结的伏安特性已在前面讨论过，当有光照射时应当进行修正。理想反型异质结的伏安特性如图3.61所示，图中实线表示无光照射时的状态，而虚线则表示有光照射时的状态。其伏安特性可以表示为

$$J = J_s[\exp(\frac{qV}{kT}) - 1] - J_R \tag{3.26}$$

其中，J_R是光生电流密度，Js是反向饱和暗电流密度，V是外加电压。在耗尽区没有载流子的复合或产生时，J_R与外加电压是无关的，它等于短路光生电流密度J_{oc}。异质结两端的开路光伏电压V_{oc}（即对应于J=0）可以用J_R和J_s表示为

$$V_{DC} = \frac{kT}{q}\ln(1 + \frac{J_R}{J_S}) \tag{3.27}$$

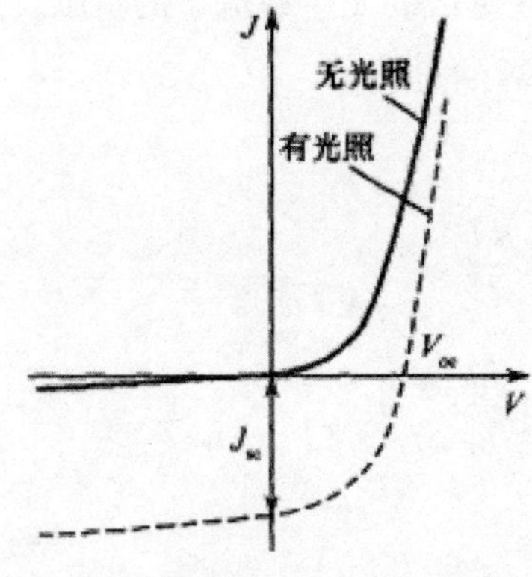

图3.61　理想反型异质结的伏安特性

1. 垂直入射异质结

对于反型异质结，最普遍的光照模式是光从宽带隙材料表面入射并且垂直结平面。垂直光入射模式如图3.62所示。在这种情况下高能量的光子被宽带隙材料吸收，而低能量的光子穿过宽带隙材料并且在界面附近被窄带隙材料吸收。这就是所谓反型异质结光谱响应的窗口效应。假设入射到宽带隙材料（E_{g1}表示宽带隙材料，E_{g2}表示窄带隙材料）前表面的光通量为F_0，由于光吸收而产生的光生电流密度J_R，由J_{R1}和J_{R2}两部分组成，它们分别对应于宽带隙材料和窄带隙材料的光生电流密度。

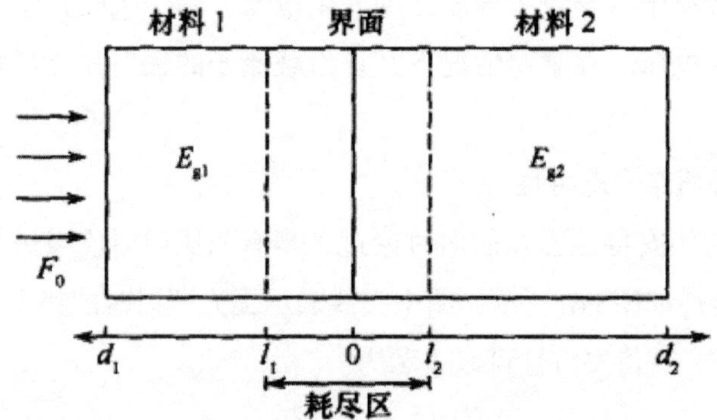

图3.62 垂直光入射反型异质结示意图（$E_{g1}>E_{g2}$）

据分析，在没有电注入载流子的情况下，光生电流密度J_{R1}和J_{R2}可以表示为

$$J_{R1} = J_{R11} + J_{R12} \tag{3.28}$$

$$J_{R11} = a_1 q F_0 \exp(-a_1 d_1)[\exp(-a_1 l_1) - 1] \tag{3.28a}$$

$$J_{R12} = a_1 q F_0 \exp(-a_1 d_1)\frac{a_1 L_1}{1 - a_1^2 L_1^2} \times [(\frac{C_1}{C_2} + a_1 L_1)\exp(a_1 d_1) - \frac{1}{C_2}(a_1 L_1 + \frac{S_1 L_1}{D_1})]\exp(a_1 d_1 \tag{3.28b}$$

J_{R11}表示来自宽带隙材料耗尽区的光生载流子的贡献，J_{u2}表示来自少数光生载流子扩散到宽带隙材料耗尽区边界的贡献。

其中

$$C_1 = \sinh\frac{d_1 - l_1}{L_1} + \frac{S_1 L_1}{D_1}\cosh\frac{d_1 l_1}{L_1} \tag{3.28c}$$

$$C_2 = \cosh\frac{d_1 - l_1}{L_1} + \frac{S_1 L_1}{D_1}\sinh\frac{d_1 l_1}{L_1} \tag{3.28d}$$

$$J_{R2} = J_{R21} + J_{R22} \tag{3.29}$$

$$J_{R21} = a_1 q F_0 \exp(-a_1 d_1)[\exp(-a_2 l_2)] \tag{3.29a}$$

$$J_{R12} = a_1 q F_0 \exp(-a_1 d_1) \frac{a_2 L_2}{1 - a_2^2 L_2^2} \times [(\frac{C_3}{C_4} - a_2 L_2) \exp(-a_2 d_2) - \frac{1}{C_4}(a_2 L_2 + \frac{S_2 L_2}{D_2})] \exp(-a_2 d_2) \quad (3.29b)$$

J_{R21}表示来自窄带隙材料耗尽区的光生载流子的贡献，J_{R22}表示来自少数光生载流子扩散到窄带隙材料耗尽区边界的贡献。

其中

$$C_3 = \sinh \frac{d_2 - l_2}{L_2} + \frac{S_2 L_2}{D_2} \cosh \frac{d_2 - l_2}{L_2} \quad (3.29c)$$

$$C_4 = \cosh \frac{d_2 - l_2}{L_2} + \frac{S_2 L_2}{D_2} \sinh \frac{d_2 - l_2}{L_2} \quad (3.29d)$$

表达式中a、α、d和l分别是量子效率、吸收系数、材料厚度和耗尽区宽度，L、D和S分别是少数光生载流子的扩散长度、扩散系数和表（界）面复合速度，下标1.2在此处分别代表宽带隙材料和窄带隙材料。必须注意式（3.28）和式（3.29）是在$a_1L_1 \neq 1$和$a_2L_2 \neq 1$的情况下才是有效的。

在没有界面态的理想情况下，反型异质结的短路光生电流密度等于J_{R2}，应用时必须对它进行修正。实际情况是大部分异质结在界面上都有大量界面态和陷阱，导致少数光生载流子的寿命非常短。这种情况可以看作界面处存在一个“准金属”层，它把异质结分成两个Schottky结：一个是宽带隙材料Schottky结，另一个是窄带隙材料Schottky结。这个模型能够定性地解释异质结的短路光生电流密度和开路光伏电压。假设窄带隙材料是p型，宽带隙材料是N型，pN异质结光伏特性的等效电路如图4-3所示。

由图4-3可得小信号条件下短路光生电流密度J_{SC}和开路光伏电压V_{OC}分别为

$$J_{OC} = J_{R1} + \frac{r_2}{r_1 + r_2} \beta J_{R2} \quad (3.30)$$

$$V_{OC} = J_{R1}(r_1 + r_2) + \beta J_{R2r2} \quad (3.31)$$

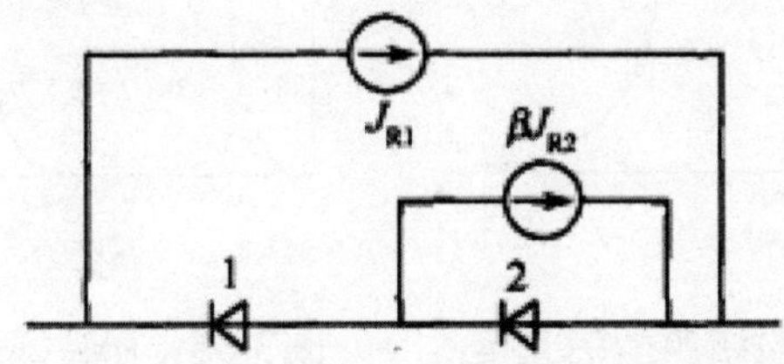

图3.63　pN异质结光伏特性的等效电路图

假设宽带隙Schottky二极管1无光照时的伏安特性为$J_2=J_{S1}[\exp(A_1V_1)-1]$，窄带隙Schottky二极管2无光照时的伏安特性为$J_2=J_{S2}[\exp(A_2V_2)-1]$，则式中$r_1=1/A_1V_1$，$r_2=1/A_2V_2$。当界面态具有一个限定的复合速度时，β是反映界面态情况的参数。式中J_{R1}和J_{R2}分别是宽带隙材料和窄带隙材料小信号情况下的光生电流密度，可由式（3.28）和式（3.29）求出。

在异质结中，光谱响应是最重要的光电特性之--，它被定义为入射的每个光子所产生的短路光生电流或开路光伏电压。从上述分析可以清楚看到，小信号情况下短路光生电流正比于开路光伏电压，因此光谱响应与测量模式无关，即或者是测量短路光生电流，或者是测量开路光伏电压。事实上，测量模式取决于异质结的内阻。

下面详细说明几个典型实例。

①pN-Ge/Si异质结：p型Ge的掺杂浓度是$1X10^{18}cm^{-3}$，N型Si的掺杂浓度是$5\times10^{15}cm^{-3}$，小信号光伏测量模式，从Si面垂直光照，测量温度是298K和85K。典型的光伏响应如图3.64所示。图中实线是温度在298K测得典型的光谱曲线，光谱响应区域为0. 75~2. 3μm，平坦响应区在1. 1~1. 7μm。图中虚线是温度在85K测得典型的光谱曲线。

②Ge/GaAs异质结：Ge和GaAs晶格匹配近乎完美，小信号光电流测量模式，从GaAs面垂直光照，室温测量。典型的光电流响应如图3.65所示。图中虚线表示pN-Ge/GaAs 异质结是从0.8~1. 4μm展宽的光谱，而图中实线表示nP-Ge/GaAs异质结的光谱，它是一个尖锐的峰，峰值在0.9μm，对应的光子能量接近于GaAs的禁带宽度。

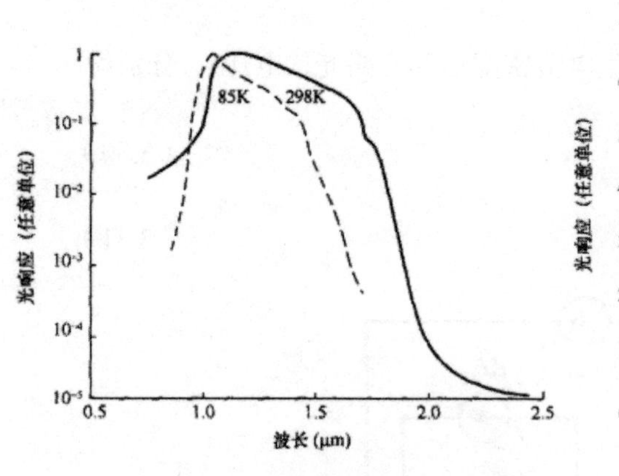

图3.64 pN-Ge/Si 异质结典型的光谱曲线

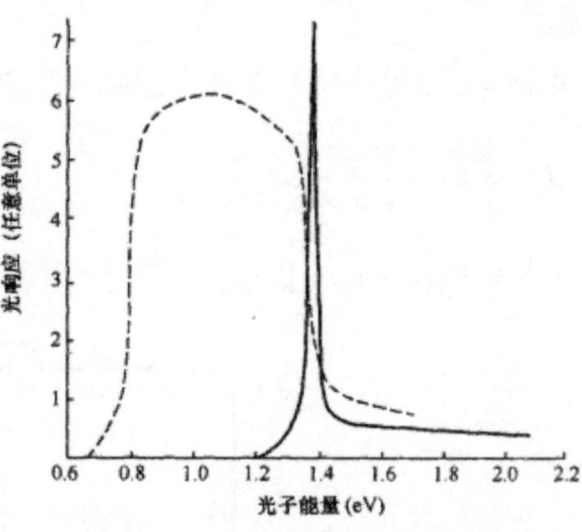

图3.65 nP-Ge/GaAs 和pN-Ge/GaAs异质结的室温光谱曲线

③nP-GaAs/GaP异质结：n型GaAs衬底的掺杂浓度是$2\times10^{17}cm^{-3}$，外延层P型GaP的掺杂浓度是5×10^{17}~$5\times10^{18}cm^{-3}$，小信号光电流测量模式，从GaP面垂直光照，测量温度范围为80~350K。典型的光电流响应如图3.66所示，光谱曲线的高响应区非常平坦，而两边的边界非常接近于GaAs和GaP的禁带宽度。

④pN-GaAs/GaAs，P_{1-x}异质结：小信号光电流测量模式，从GaAs，P_{1-x}面垂直光照，组分x从0.7变化到0. 95时，测得的光电流响应曲线如图3.67所示，光谱曲线的短波边从0.72μm（对应于x=0.7）变到0.83μm（对应于x=0.95），而长波边均为0. 88μm，光谱响应窗口宽度随组分x的增加而变小。

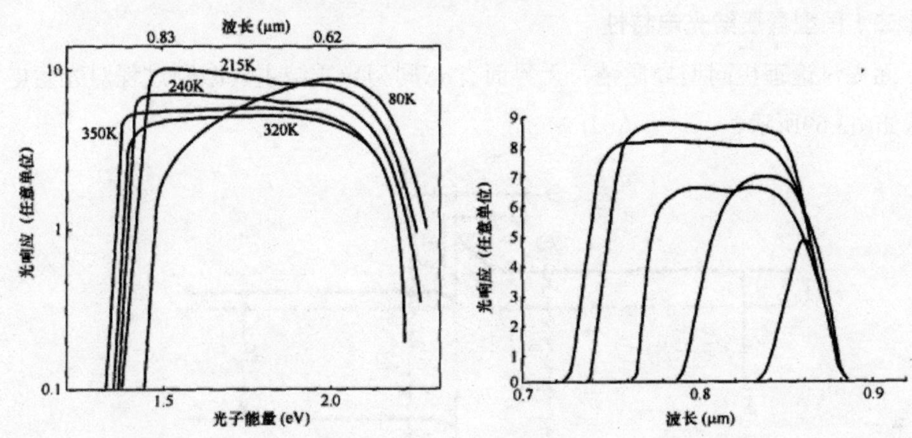

图3.66　不同温 度下的nP-GaAs/GaP异质结光谱曲线

图3.67　pN-GaAs/$GaAs_xP_{1-x}$异质结光谱曲线

2. 平行入射异质结

对于反型异质结，另一种光照模式是入射光平行于结平面，如图3.68所示。

由于入射的光信号要经历体材料的损耗，才能到达耗尽区，使平行入射模式的处理要比垂直入射模式困难得多。为了克服这个困难，通常是将入射光束通过一个狭缝，直接聚焦到耗尽区。上（1.）提到的光生电流密度JRI和JRe可以在平行入射模式的边界条件下，分别求解宽带隙材料和窄带隙材料的少数光生载流子连续性方程得到。平行入射模式的反型异质结光谱响应还没有很好的实验结果可以用来展示。

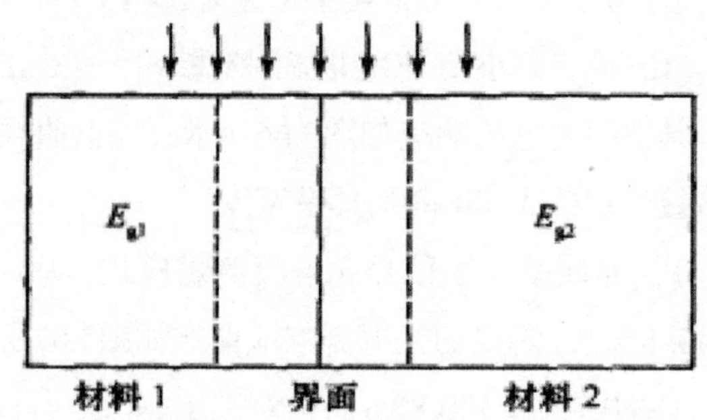

图3.68 平行光入射反型异质结示意图（E_{g1}> E_{g2}）

（二）同型异质结光电特性

下面先讨论理想同型异质结，无界面态nN同型异质结主要激励过程对光生电流的贡献如图3.69所示。

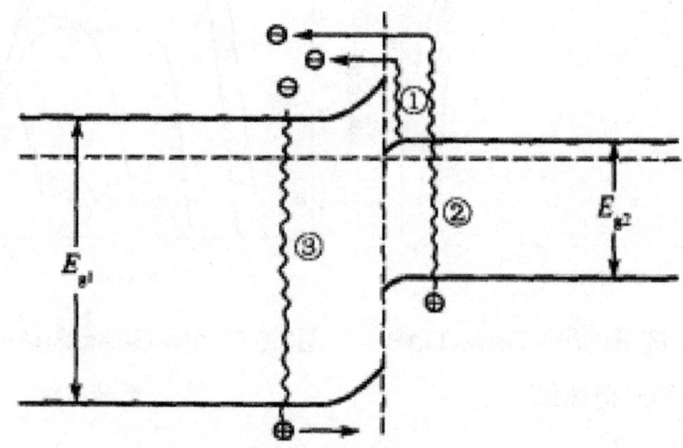

图3.69 无界面态nN同型异质结主要激励过程对光生电流的贡献

在界面附近，导致光生电流的主要激励过程有：

①窄带隙材料导带向宽带隙材料导带发射的光生载流子；

②窄带隙材料价带向宽带隙材料导带发射的光生载流子；

③宽带隙材料本征吸收在界面附近产生的光生电子–空穴对。

尽管窄带隙材料的光生电子空穴对也是–一个重要的激励过程，但它对光生电流的贡献需要两步才能完成，因此未包括在主要的激励过程之内。

于是nN同型异质结光生电流密度J_R可以表示为

$$JR = q\left(\frac{kT}{2\pi m_{n2}}\right)\frac{1}{2}\frac{G_1 L_{n2}^2}{D_{n2}}\left[\exp\left(-\frac{\Delta E_c}{kT}\right)\right] + q[G_2 L_{n2} + G_3 L_{p1}] \tag{3.32}$$

其中，G_1、G_2和G_3分别是激励过程1、2和3的光生载流子的产生率，L_{n2}、D_{n2}和

m_{n2}分别是窄带隙材料电子的扩散长度、扩散系数和有效质量，Lp是宽带隙材料空穴的扩散长度。小信号时光生电流密度JR与外加电压是无关，它等于短路光生电流密度J心，而开路光伏电压Vx由式（3.27）给出。

由于晶格失配和制备方法的不同，许多同型异质结都有大量的界面态。这些界面态带有大量的电荷（对于nN结是负电荷，对于pP结是正电荷），导致界面两边形成所谓的双耗尽层，双耗尽型nN异质结的典型能带图。如图4-10所示，在界面附近，对光生电流有贡献的各种激励过程有：

①界面态向宽带隙材料导带发射的光生载流子；

②界面态向窄带隙材料导带发射的光生载流子（与①反向）；

③窄带隙材料价带向宽带隙材料导带发射的光生载流子；

④宽带隙材料价带向窄带隙材料导带发射的光生载流子（与③反向）；

⑤宽带隙材料本征吸收在界面附近产生的光生电子空穴对；

⑥窄带隙材料本征吸收在界面附近产生的光生电子空穴对（与⑤反向）。

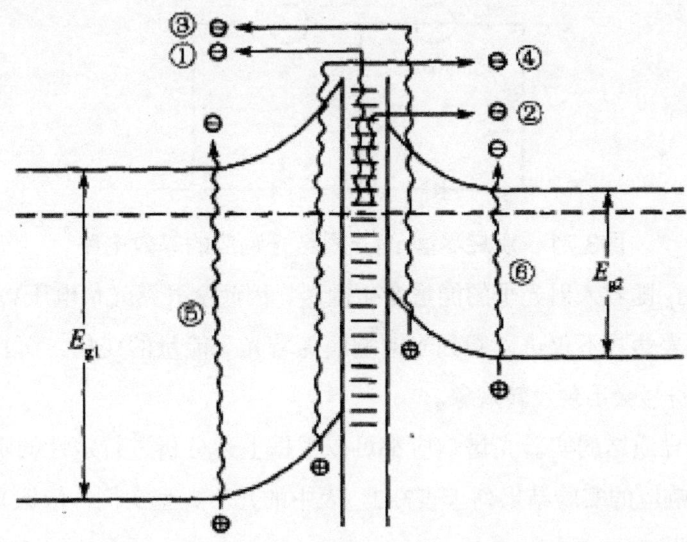

图3.70 双耗尽型nN异质结界面附近对光生电流有贡献的激励过程

下面分析有界面态的同型异质结的光电特性，双耗尽型同型异质结可以等效为两个背靠背的Schottky二极管，假设宽带隙材料形成的Schottky 二极管1和窄带隙材料形成的Schottky二极管2的电流和电压的关系分别为

$$J_1 = J_{S1}[\exp(A_1V_1) - 1] - J_{R1} \tag{3.33}$$

$$J_2 = J_{S2}[\exp(A_2V_2) - 1] - J_{R2} \tag{3.34}$$

其中，J_{R1}和J_{R2}分别是流经Schottky二极管1和2的光生电流密度，而当有外加电压V（$=V_1+V_2$）时，$J_{S1}[\exp(A_1V_1)-1]$和$J_{S2}[\exp(A_2V_2)-1]$分别代表无光照的情况下，流经Schottky 二极管1和2的电流密度。式中的J_{S1}和J_{S2}是反向饱和暗电流密度，它们是由多数载流子构成的，这是同型异质结和反型异质结不同的地方。

双耗尽型nN异质结光响应的等效电路如图4-11所示，开路光伏电压V_{OC}和短路光生电流密度Jx的表达式可以从式（4-8）和式（4-9）得到

$$V_{OC}=\frac{1}{A_1}In(1+\frac{J_{R1}}{J_{S1}})-\frac{1}{A_1}In(1+\frac{J_{R2}}{J_{S2}}) \tag{3.35}$$

$$J_{SC}=\frac{J_{R2}J_{S1}A_1-J_{R1}J_{S2}A_2}{J_{S1}A_1+J_{S2}A_2} \tag{3.36}$$

在小信号情况下，由于$J_{R1}\leqslant J_{S1}$和$J_{R2}\leqslant J_{S2}$，开路光伏电压减小到

$$V_{OC}=\frac{J_{R1}}{A_1J_{S1}}-\frac{J_{R2}}{A_2J_{S2}} \tag{3.37}$$

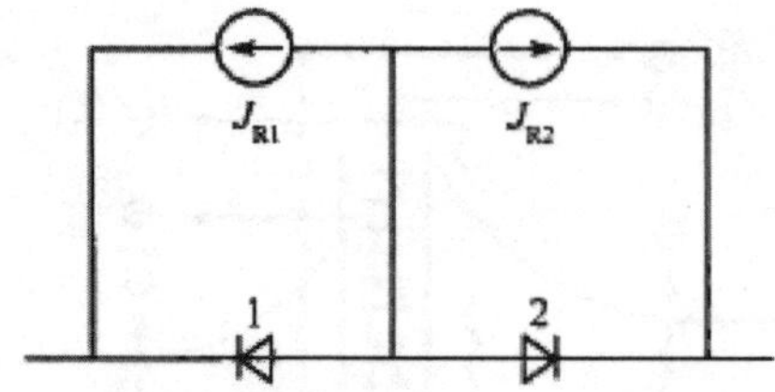

图3.71　双耗尽型nN异质结光响应的等效电路

由于J_{R1}和J_{R2}随着入射光子的能量变化剧烈，因此从开路光伏电压V_{OC}和短路光生电流密度J_{SC}的表达式不仅可以看到光谱响应随着光子能量的变化，而且可以看到光谱响应曲线的符号会出现反转现象。

许多同型异质结的实验光谱响应都可以根据上述分析进行定性的解释，部分同型异质结光谱响应的实验结果列于表3-2。表中的几个典型实例，依据光照模式分别在下面详细说明。

表3-2　部分同型异质结光谱响应的实验结果

异质结	测试模式	测量温度	光谱响应区域
nN-Ge/Si	光伏	300 K	0.6~2.1 μm，正峰在1.05 μm和2.0 μm，负峰在1.35 μm，符号反转在1.2 μm和1. 85 μm
nN-Ge/Si	光电流	300 K	0.73~2.3 μm，平坦区在0.73~1.14 μm，正峰在2.07 μm，负峰在1.5 μm，符号反转在1.33 μm和1.87 μm
nN-Ge/GaP	光伏	300 K	0.35~ 1.39 μm，符号反转在0.98 μm

异质结	测试模式	测量温度	光谱响应区域
nN-Ge/GaP	光电流	300 K	1.0~2.0 μm，峰值在1.8 μm
nN-Ge/GaAs	光电流	300 K	0.62~1.03 μm，在0.62~0.88 μm线性增加，之后急剧下降
pP-Ge/GaAs	光电流	300 K	0. 62~1. 03 μm，尖峰在0. 88 μm
nN- Ge/CdSe	光伏	300 K	0. 6~2. 2 μm，零偏时峰值在1.4 μm
pP-Si/GaP	光电流	300 K	0.48~1.1 μm，没有观察到符号反转
nN-Si/GaAs	光电流	300 K	0. 73~1. 2 μm，峰值在0. 88 μm
nN-Si/CdS	光伏	300 K	0.4~1.0 μm，平坦区在0.6~0.9 μm符号反转在0.53 μm
pP-Si/CdTe	光伏	300 K	0.6~1.1 μm，符号反转在0. 86 μum
nN-Si/ZnS	光伏	300 K	0. 25~ 1.25 μm，峰值在1.13 μm
nN-InSb/GaAs	光电流	300 K	0.8~1.38 μm，峰值在0.9 μm
pP-GaSb/ZnSe	光电流	300 K	0.54~0. 73 μm，峰值在0. 56 μm
nNGaAs/GaAsxP1-x	光伏	300 K	0. 59~0.95 μm，观察到符号反转
nN-CdSe/CdS	光电流	300 K	0.5~0.9 μm，双峰在0.52 μm和0.74 μm.

1. 垂直入射异质结

①nN-Ge/Si异质结：在同型异质结中，研究最多的是nN-Ge/Si，典型的光伏响应如图3.72所示间。n型Ge的掺杂浓度是5×101 e cm-1，N型Si的掺杂浓度是1.2×101 cm-3 ，小信号光伏测量模式，从si面垂直光照，测量温度是300K.光伏响应曲线分为3个截然不同的区域，它们分别对应Si.Ge和界面态的光生载流子，符号反转出现在1. 2pum和1. 85 μm，正峰在1.05 μm和2. 0）μm，负峰在1.35 μm。

②nN-Ge/CdSe异质结：小信号光伏测量模式，从CdSe面垂直光照，测量温度是300 K，零偏和不同正向（CdSe接正）偏置下的光伏响应如图3.73所示中。从图中可以看到，在零偏和o. 26 V正偏条件下没有出现符号反转点，而在正偏小于0. 26 V条件下（如图中的0. 14 V和0.21 V）出现符号反转点。也就是说，nN-Ge/CdSe异质结的光谱响应存在一个特殊的波长，在一定的偏置下光伏响应为零。一些同型异质结存在的一定偏置下光响应为零的关系有许多应用。

③nN-Si/CdS异质结：该异质结是把CdS真空蒸发到Si衬底上制备而成的。小信号光伏测量模式，从CdS面垂直光照，测量温度是300 K。光伏响应如图3.74所示凹。从样品的实验数据可以看出，以200℃衬底温度制备的nN-Si/CdS异质结光伏响应曲线，在0.53 μm有一个符号反转点，在0.6~0.9 μm是平坦区（对应于窄带隙材料Si），在

0.51μm有一个负峰（对应于宽带隙材料CdS），而以60C衬底温度制备的nN-Si/CdS异质结光伏响应曲线则没有符号反转点，在0.6~0.9μm区域更加平坦。

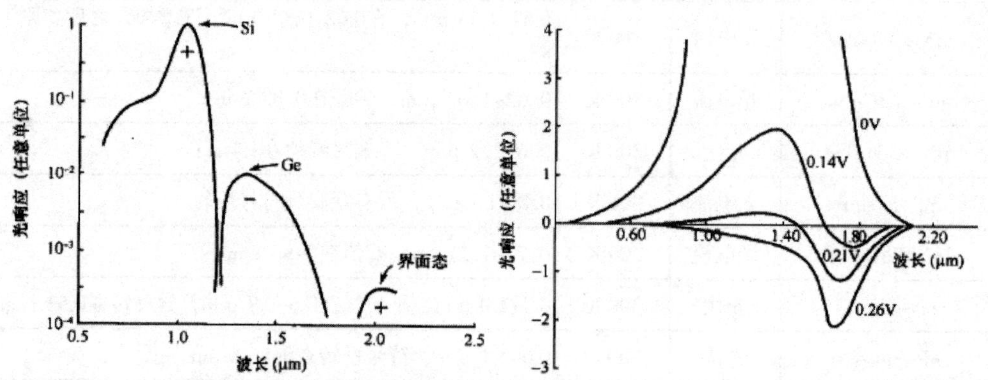

图3.72 nN-Ge/Si 异质结垂直入射室温光谱响应图

图3.73 nN-Ge/CdSe异质结在零偏和不同正偏下的光谱响应图

④nN-GaAs/GaAs.P..异质结：小信号光伏测量模式，从GaAs，P-面垂直光照，测量温度是300K。不同组分的光伏响应如图3.75所示。图中曲线1、2、3 和4对应的组分x分别等于0. 63、0.72、0.78和0.96。从图中可以看到正光伏响应区起主要作用，陡峭的低能边对应着GaAs，Pr-x的吸收，它随组分x的变化而移动，而负光伏响应区的负峰则对应于GaAs的吸收。

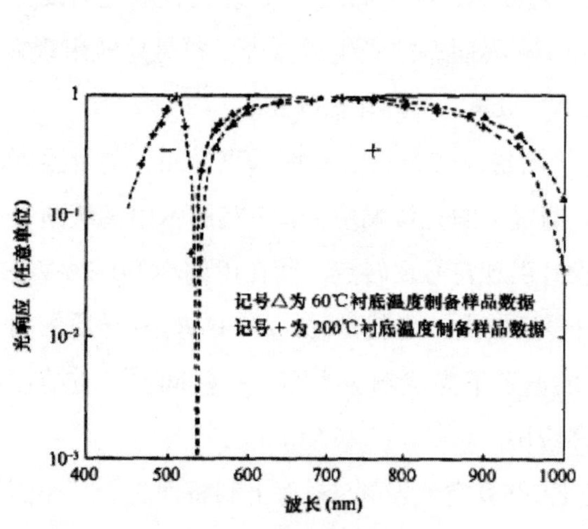

图3.74 不同衬底温度制备的nNsS/CuS异质结光谱响应图

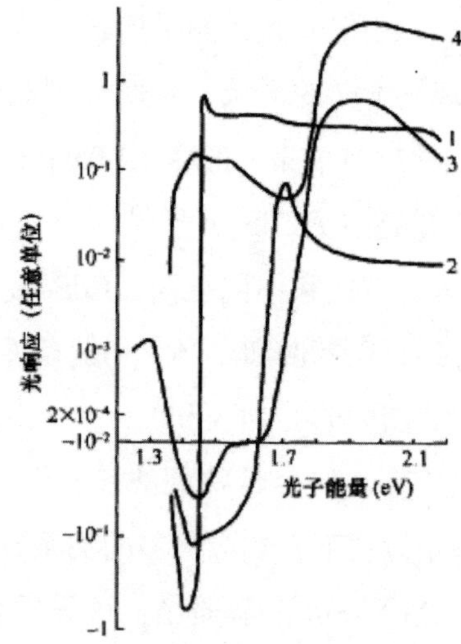

图3.75 不同组分的nN GaAs/GaAsP$_{1-x}$异质结光伏响应图

2. 平行入射异质结

可以用来展示的平行光入射模式的光谱响应图很少，nN-Ge/Si同型异质结就是其中之一。在无光和不同光强照射下测量的nN-Ge/Si伏安特性确认，用背靠背双Schottky二极管模型，处理有界面态的同型异质结是有效的。用合金法制备的nN-Ge/Si同型异质结，室温下小信号测得的典型光电流响应曲线如图3.76所示。实验样品中Ge和Si的载流子浓度分别是4.2 × 104 cm^{-3}和2.5 × 10-cm^{-3}。该图和图3.72非常相似。为了研究各种激励过程的分别贡献，用单色仪精细狭缝的光，扫描同质结附近的区域。由光谱图可以推断出这些激励过程是Si和Ge的本征吸收产生的光生电子-空穴对（参见图3.70中的⑤和⑥），界面态向Si导带发射的电子（参见图3.70中的①），Ge价带向Si导带发射的电子 （参见图3.70中的③）。从光谱曲线可以看到两个符号反转点。

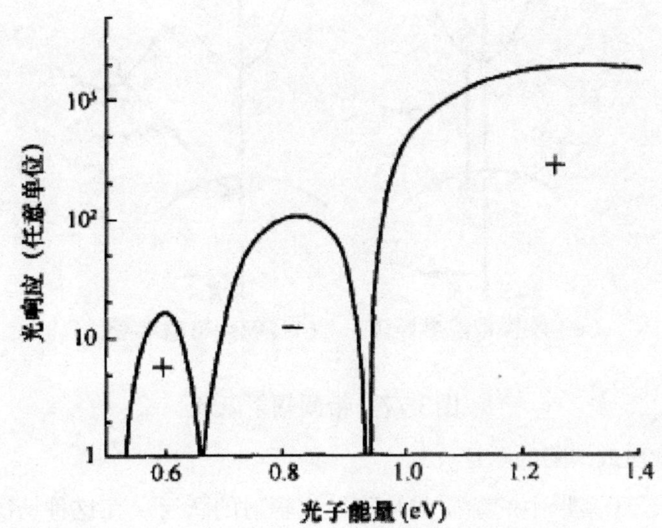

图3.76　平行入射nN-Ge/si异质结光电流响应图

然而用气相外延技术制备的nN-Ge/Si 同型异质结，光谱曲线却没有符号反转点，这是因为两种制备方法在异质结界面产生的态密度不同。

综上所述，影响同型异质结光谱响应曲线出现符号反转的因素很多，它不仅与制备方法、工艺条件、材料的组分、掺杂水平有关，还和同型异质结的偏置有关。

（三）发光辐射跃迁

光发射是光吸收的逆过程。假如向热平衡的半导体引入附加的少数载流子，在少子寿命时间内，少数载流子将与多数载流子发生辐射复合或非辐射复合，辐射复合则导致光发射（红外光、可见光或紫外光），而非辐射复合最终转换为热耗散掉。

根据引入少数载流子的方式，发光的类型通常可以分为光致发光、阴极发光和电注入发光。对于异质结来说，电注入发光是最重要的，它是借助于电流或电场来引入少数载流子的。辐射跃迁主要有带间跃迁、经由杂质或缺陷的跃迁、热载流子的带内跃迁。

1. 带间跃迁

导带的电子向价带的辐射跃迁，为保证系统的能量和动量守恒而发射光子。这种跃迁可以是直接复合，也可以是间接复合，间接复合伴随有声子的作用。这两种类型的带间跃迁如图3.77（a）、（b）所示。通常情况下，所发射的光子能量非常接近半导体的带隙，然而热载流子带间跃迁发射的光子具有更高的能量。

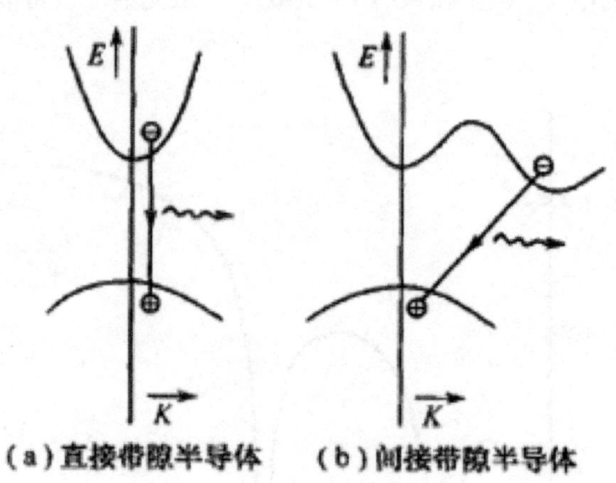

图3.77　带间辐射跃迁

2. 经由杂质或缺陷的跃迁

电子经由位于禁带中的杂质或缺陷发生辐射的跃迁。在这种情况下，复合可以发生在导带或价带与杂质能级之间，也可以发生在两个相反类型的杂质能级之间，如图3.78所示。这时放出的光子能量小于禁带宽度。

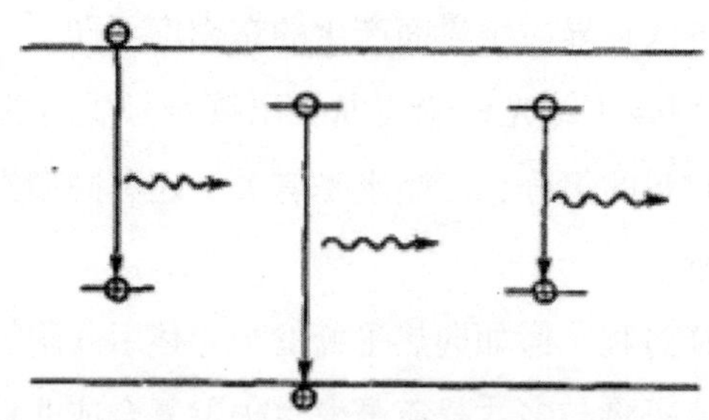

图3.78　经由杂质或缺陷的辐射跃迁

3．热载流子的带内跃迁

在强电场下产生的热载流子也可以在带内发生辐射跃迁。为了定量地分析发光辐射跃迁的过程需要引入相关参数：辐射复合载流子寿命和复合系数。辐射复合过程与载流子复合寿命τ，的关系为

$$\tau_r = \frac{1}{B(n_o + p_o + \Delta n)} \tag{3.38}$$

载流子的辐射复合寿命与平衡载流子浓度m$_o$和p$_o$、注入的少数非平衡载流子浓度O$_n$（或sp）及复合系数B有关。如果注入的少数非平衡载流子浓度很高（如双异质结激光器中有源区在高注入电流时的情况），即O$_n$≥n$_o$+p，则T，取决于激励水平，即

$$\tau_r = \frac{1}{B\Delta n} \tag{3.39}$$

表3.3给出了几种直接带隙和间接带隙半导体的复合系数B和辐射复合载流子寿命r.的计算值。表3.4给出GaAs在不同掺杂浓度下的复合系数B的实验值。根据平衡原理细致推算，复合系数B的大小约为10^{-10}（cm^3·s^{-1}）量级。随掺杂浓度增加，复合系数B呈现出微弱减小的趋势。

表3.3 不同半导体材料的复合常数B和辐射复合载流子寿命τ_r的计算值

	GaAs	GaSb	InSb	GaP	Si	Ge
B（cm^3·s^{-1}）	7.2×10^{-10}	2.4×10^{-10}	4.6×10^{-11}	5.4×10^{-14}	1.8×10^{-15}	5.3×10^{-14}
τ_r（s）（掺杂浓度10^{18} cm^{-3}	1.3×10^{-9}	4.2×10^{-9}	2.2×10^{-8}	1.9×10^{-5}	5.6×10^{-4}	1.9×10^{-5}
E_g（eV）（300 K）	1.435	0.72	0.18	2.26	1.12	0.65

表3.4 GaAs 在不同掺杂浓度下的复合系数B的实验值

导电类型	杂质	掺杂浓度（cm^{-3}）	B（cm^3·s^{-1}）
n	Te	2×10^{12}	2.3×10^{-11}
n	Si	1.2×10^{17}	7×10^{-11}
p	Ge	（2~8）$\times10^{18}$	6.4×10^{-11}
p	Ge	2×10^{17}~3×10^{19}	1.3×10^{-10}
p	Si	2×10^{17}	9×10^{-11}
p	Zn	1.2×10^{18}~1.6×10^{19}	（3.2~1.7）$\times10^{-10}$

对于GaAs，复合系数B的计算值为7.2×10^{-10} cm^9·$^{-1}$。而对于空穴浓度为1.2×10^{18}~1.6×10^{19} cm^9·$^{-1}$的P GaAs，B的实验值为（3.2~1.7）$\times10^{-10}$ cm^9·$^{-1}$。不同人计算的B值有较大差别，这是因为计算中没有考虑杂质对能带结构的影响及选取的有效质量数值不很精确。

由表3.3可见，间接带隙材料的B值比直接带隙的要小几个数量级。这说明要采用直接带隙材料，才能获得激射的高增益。即使有时也用间接带隙材料（如GaP）来产生受激发射，那也是因为有等电子杂质（如N取代P）的存在而满足动量守恒条件，或者复合是发生在电子空穴等离子体的“微滴”（drop-lets）上。

第四章　样品制备与测试技术

第一节　异质结样品的制备工艺

一、异质结制备方法

目前，二维材料异质结的制备方法是很多的，主要包括分子束外延（MBE）、金属有机化学气相沉积法（MOCVD）、化学气相沉积法（CVD）和定点转移法等。（1）分子束外延方法：其实是在超高真空的环境下，定向分子流或原子流经过源加热在单晶目标衬底上缓慢生长，其所生长的材料按基底晶面方向延伸。此方法的优点：可以精确控制外延层的厚度，生长速率缓慢，但需要选择晶格匹配的目标衬底。（2）MOCVD 方法就是使用气态原料的传输方式进行制备二维材料，优点：在较低的温度下制备异质结，大面积，均匀，高重复性，原子级精确控制，缺点：采用有机金属，对人体有危害，制备成本高。（3）而定点转移是转移CVD生长或者机械剥离的单层二维材料，我们通过微区转移的办法机械任意堆叠形成异质结，二维材料表面没有悬挂键，不考虑晶格匹配及热失配，材料丰富带隙可调控，方法简单，操作方便，也是目前我们实验室制备二维材料异质结最常用的一种方式。此种方法是通过添加一种力学强度高并且透明的载体材料发展而来。研究人员采用载玻片和PMMA材料为载体进行转移过程，制备二维石墨烯/硫化钼异质结。目前，Lee 课题组等人研究出来新的干法转移办法，使用载玻片和PDMS材料进行转移实验，成功制备了石墨烯/硫化钼异质结。此方法不需要使用化学溶液，有效避免材料表面的残留物，获得高质量的二维材料异质结。（4）在异质结的制备方法中，化学气相沉积法也发挥着重要的作用。例如Shim课题组等人"采用化学气相沉积法，首先转移所需要的石墨烯到氧化硅衬底。然后，直接生长硒化钼材料，得到了二维石墨烯/硒化钼垂直异质结。张永哲老师课题组通过CVD法生长出Gr-MoS_2、Gr-MoS_2-Gr 等面内异质结，大大满足我们二维材料异质结制备实验的需要。

二、实验

（一）等离子体刻蚀机

在等离子刻蚀机腔体里面，当辉光放电的时候，反应气体成为等离子体，与二维材料发生反应，气体刻蚀放在腔体里面的材料。图4.1为我们实验室的等离子体刻蚀机原理图，其型号是Diener Plasma-Surface-Technology，可以用来清洗衬底硅片和去除二维材料上面的残胶。我们使用氧等离子体来刻蚀光刻后没有被光刻胶覆盖的多晶石墨烯材料，使待用单晶衬底硅片更加洁净。

图4.1　等离子体刻蚀机原理图

（二）紫外曝光机

我们光刻使用的是紫外曝光机，可以将掩模版上面的图案转移到有光刻胶旋涂的目标衬底上。我们实验室的光刻机，其品牌是德国生产的SUSS MicroTec MJB4，设备的光刻精度是0.5 μm。在光刻胶厚度为1 μm下，其分辨率还能高达0.8 μm。此外，设备还拥有硬接触和软接触等模式，大大可以满足我们实验的精确要求。

（三）电子束蒸发镀膜系统

电子束蒸发镀膜系统是在高真空（腔体压强低于5 ×10-6mbar）下，电子枪发射出来的电子，经磁场加速改变原来的方向后，反复打在镀膜材料的表面，在高温下金属材料发生汽化，随后蒸镀金属在所需要的样品衬底上，完成工艺过程。图4.2为我们实验室的电子束蒸发镀膜系统（HHV FL400）原理图，同时还配置有inficon SQC310的膜厚控制仪，可以精确控制蒸镀到样品表面的金属材料厚度。

我们采用电子束蒸发镀膜系统来蒸镀二维材料异质结器件的电极，使用钛金充当电极材料，钛材料的作用是起到黏附的效果，在衬底上使金属电极更加牢固。

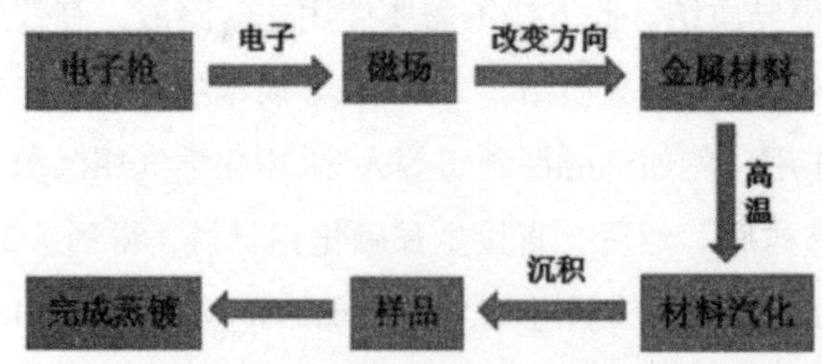

图4.2　电子束蒸发镀膜系统原理图

（四）拉曼光谱仪

拉曼光谱仪的原理是：挑选所用波长的激光去照射待测材料表面，就会激发材料中的电子，最后电子回到基态同时发出相应能量的散射光。入射光和散射光的频率有一定量的偏差，我们将其中的变化称为拉曼位移。该拉曼位移量与二维材料本身的结构有关系。采用光谱相对强度和拉曼位移来表征测试材料的拉曼光谱。从拉曼光谱图，可以得知待测材料的带隙、内部电子能级等相关方面的信息。

（五）原子力显微镜

原子力显微镜（AFM）的原理简介：待测样品和探针之间产生作用力，使悬臂梁发生一定程度的弯曲。当入射激光打到探针上，反射到探测器上的位置就会不同，以此图像传感器显示出样品表面形貌，获得材料的厚度和表面粗糙度等信息。

（六）半导体器件分析仪

使用半导体器件分析仪对二维材料异质结器件进行I-V与I-Vg等电学方面的测试。其原理如图4.3所示，我们实验室的半导体分析系统有半导体器件分析仪（Agilent B1500A）和探针台，其最小电流电压分辨率为0.1 fA/0.5 μV。通过半导体器件分析仪，二维材料异质结器件外加一大小合适的电压，就可以得到二维材料异质结的输出特性曲线。如果在异质结器件栅端加电压，测试源漏之间的电流来获得器件的转移特性曲线，由该曲线可以得到测试二维材料的载流子掺杂等情况。

图4.3　半导体器件分析仪测试原理图

三、表征与测试

（一）拉曼光谱（Raman）

拉曼光谱常用于表征石墨烯与TMDCs等多种二维材料的性质。我们知道单层石墨烯的特征G峰大概在波数1580 cm^{-1}，而2D峰在波数2700 cm^{-1}。如果石墨烯有一些缺陷的话，在波数为1350 cm^{-1}左右就会出现D峰，即为缺陷峰。其中，sp^2杂化碳原子的面内振动产生了单层石墨烯的G峰，iTO声子在布里渊区的谷间非弹性散射产生了特征2D峰。然而，特征光谱D峰的出现是缺陷和iTO声子之间的散射造成的。大家一致认为单层石墨烯I_G/I_{2D}的比值小于0.5，双层石墨烯I_G/I_{2D}的比值等于1，并且3层及以上石墨烯I_G/I_{2D}的比值大于532 nm和785 nm的激光器，在功能上还是很全面的。我们使用拉曼光谱图来表征石墨烯和其他二维材料的性质。.

（二）光致发光光谱（PL）

当特定波长的激光入射到材料上，就会使电子被激发，电子在此时的状态是不稳定的，就会自发地回到相对稳定的基态。同时把能量以发光的形式释放出去，产生光谱，即为光致发光光谱。本实验测量了二硫化钼材料及硒化钨材料的光谱图，测量材料的发光强度。可以得到二维材料的带隙或者缺陷等方面的信息，为二维材料异质结制备作铺垫。

（三）微观形貌AFM及KPFM测试

AFM测试可以得到二维材料（Graphene、MoS_2、WSe_2）等 样品的表面形貌及粗糙度信息，精确判断二维材料的层数。KPFM测试可以得到二维材料异质结的内建电场及相应材料的功函数，为研究异质结能带结构提供指导。

（四）电学性能测试

通过对二维材料异质结电学测试，可以获得异质结器件的输出和转移曲线，从而判断二维材料的载流子迁移率、电极与材料是否达到欧姆接触与二维材料费米能级的栅压调控等方面的信息。实验中，我们一.起使用探针台和半导体器件分析仪（B1500A）。为了达到静电屏蔽的作用，采用黑箱子罩住整个探针台，使其处于黑暗状态。半导体器件分析仪可以在样品上加电压和测量异质结器件的输出电流。尼康显微镜下，在二维材料异质结器件的电极上把探针扎上，然后进行器件电学方面的测试。

第二节 实验设备

一、实验表征技术

（一）X射线衍射（XRD）

x射线衍射技术可以简便、快捷地分析所测试样的物相。用一束X射线辐照试样，合过程试样晶体中的电子产生振动，同一原子内不同电子散射波相互干涉形成原子散射波，各其次，在原子散射波相互干涉，在某一方向上一致加强，即形成了晶体的衍射线，衍射线的方向和以彻底强度反映了试样内部晶体结构和相组成。对照标准卡片（jointcommitteeonpowderdif-E墨烯基fraction standards）进行物相鉴定。采用Bruker D8 Advance 型X射线术射分析仪，采用铜射线源（波长为λ=0.15418nm），管电压为40 kV，管电流为30 mA，扫描速率为49/min。

（二）紫外-可见（UV -Vis）漫反射光谱

对材料漫发射光谱的分析可以获得材料的带隙，跃迁模式等信息。以BaSO4片为背底测试固体粉末的吸收光谱，以空白FTO作参比样品测试FTO上样品的吸收光谱，甲基橙的降解过程中可见光吸收强度值的变化使用液体石英池测试。采用SHIMADZU3600PLUS型紫外-可见（UV-Vis）漫反射光谱仪，扫描速度为200 nm·min^{-1}，步长为5 nm。

（三）氮气吸脱附测试（比表面积及孔径分布测试）

在定温定压，粉体表面只能存在一定量的气体吸附，通过测定一系列相对压力 下相应的吸附量、脱附量，可得到吸脱附等温曲线，根据这条曲线我们可以得到材料的比表面二维异质结复合材料的设计、制备与应用积和孔径分布。采用美国Micromeritics公司ASAP 2020型氮气吸脱附测试仪，77 K下，利用Brunauer - Emmett - Teller（ BET）公式计算其比表面积，利用Barrett-Joyner-Halen-da（BJH）模型测试其氮气吸脱附曲线及平均孔径。

（四）扫描电子显微镜（SEM）及能谱（ EDX）

用一束电子束在样品表面逐行扫描，同时控制电子束扫描电流和显示器相应的偏电流。采用HitachiSU-8200型场发射扫描电子显微镜，加速电压为15kV，样品的元素的含量与分布使用Oxford能量色散X射线谱仪表征。

（五）透射电子 显微镜（TEM）

透射电子显微镜的分辨率极高，场发射透射电子显微镜分辨率可达0.1 nm。透射电子显微技术是采用波长极短的电子束作为辐照源，基于电磁透镜聚焦成像原理。将样品分散在乙醇中，随后，将悬浮液滴在超薄碳膜支持的铜网上，晾干后测试。采用日本电子株式会社JOEL -2010型透射电子显微镜，加速电压为200 kV。

（六）高分辨透射电子显微镜（TEM）及能谱（EDX）

采用美国FEI公司TecnaiG2F30型场发射高分辨透射显微镜，加速电压为300kV。样品微区的元素的含量与分布使用QUANTA200FEG型能谱仪表征。

（七）X 射线光电子能谱（ XPS）

基于光电效应利用X射线激发物质表面化学元素表面原子的内层电子，并对这些电子的能量分布进行分析。由于同一原子的内层电子在不同的环境状态中，电子的结合能不同且是一定的。因此，可根据电子结合能的不同，来对样品表面元素进行定性、定量以及价态分析。采用美国PHI公司QuanteraSXM™型X射线光电子能谱仪，

AlKa（1486.6eV）作为激发光。测试结果以碳的C 1s （284. 6 eV）作内标，对数据进行校正。

（八）傅里叶变换红外光谱（FT-IR）

红外光谱中吸收峰的位置、强度反映了物质分子结构上的特点，以某--频率的红外光谱辐照样品，如果样品中某个基团的频率与这束光谱的频率相同就会发生共振，这个分子基团就会吸收这种频率的红外线，仪器将这种现象记录下来，从而就可以推测样品中所含有的官能团，通过红外光谱可以鉴定物质的化学基团和化学键组成等。采用美国PE公司frontier 型傅里叶变换红外光谱仪，利用KBr压片法，扫描范围为450~4000 cm^{-1}，分辨率为1cm^{-1}。

（九）激光共聚焦显微拉曼光谱（Raman）

采用英国Renishaw公司的Micro - Raman型拉曼光谱仪，使用325 nm激发波长的激光器。

（十）原子力 显微镜（AFM）

采用德国Bruker公司的Multimode VII型原子力显微镜，使用敲击模式（ tapping model）。

（十一）荧光光谱仪

物质经固定波长入射光照射后，分子从基态被激发到激发态，并在很短时间内从激发态返回基态，发出波长长于入射光的荧光。根据荧光强度的变化可以判断出在复合体系中电子迁道电移的情况。采用英国爱丁堡仪器公司的FLS980型荧光光谱仪，激发波长为380nm。

（十二）电子顺磁共振波谱（ESR）

通过ESR/DMPO自由基捕获实验来研究光催化反应过程中所产生的活性自由基，进而推测光催化反应机理。采用日本电子株式会社的JES-FA200X-Band型电子顺磁波谱仪，以DMPO为自由基捕获剂，分别在开关灯前后（λ_{uv} = 365 nm，$\lambda_{vis} \geq 420$ nm）检测自由基信号的变化，即生成、累积和淬灭情况。测定羟基自由基信号以水为溶剂，捕获超氧自由基的信号以DMSO作为溶剂。

二、光催化评价装置

（一）光催化产氢装置

光催化产氢反应采用北京泊菲莱公司的LabSolarII型制氢反应装置，如图4.1所示。光源采用Microsolar 300型氙灯，配有AM 1. 5C滤光片。H_2产量采用美国Agilent公司的7890A型气相色谱仪测定，色谱柱为0.5nm分子筛，载气为Ar气，检测器为热导池研光（TCD），柱温为50℃，汽化室和热导检测器的温度均为150C，每60min取样一次。

图4.1　Labsolar I型光佳化分解水产氢系统

（二）光催化降解氮氧化物（NOx）装置

氮氧化物光催化降解反应产物分析采用美国Thermo Scientific公司的42i- HL型氮氧化物分析仪，动态检测一氧化氮（NO）、二氧化氮（NO_2）及总氮（NO_x）浓度。实验装置是自主搭建的光降解NO反应系统，如图4.2所示。

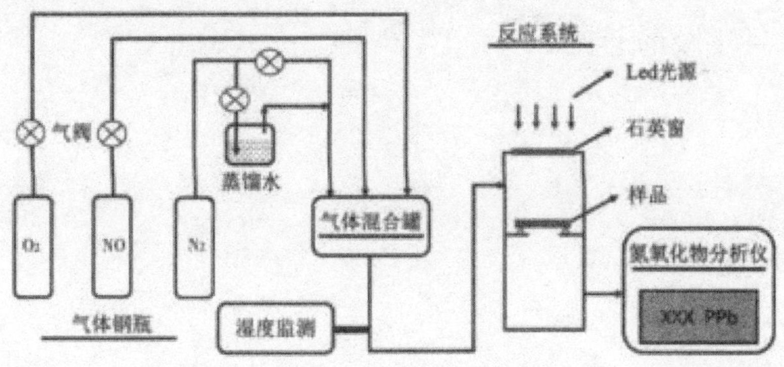

图4.2　光催化降解NO_x反应系统

三、光电化学测量技术

（一）基础光电测试

基础光电测试包括线性扫描伏安（LSV）.电流-时间（i-t）等测量。测量以三电极体系在CHI660E电化学工作站上完成，其中铂电极作为对电极，饱和银/氯化银电极作为参比电极。测试之前Ar气鼓泡半小时以上，进行脱气处理。光电测试时，采用美国Newport公司818P –040–25型光源，光源强度为100 W · cm^{-2}，配备AM 1.5G滤光片，使用标准硅电池对光强进行校正。测试体系下，相对饱和银/氯化银电极施加的电位通过Nernst方程，可以换算到标准氢电极条件下的电位：

$$E(RHE)=E(SCE)+0.059\times pH+0.197$$

（二）交流阻抗测试（EIS）

交流阻抗测量在CHI660E型电化学工作站进行，采用三电极测量系统。测量频率范围为0.1 Hz ~ 100 kHz，偏压为5 mV。

（三）莫特–肖特基测试（M–S）

M–S测量在IVIUM电化学工作站进行，采用三电极测量系统。测量频率为1000 Hz，电压测量范围为–0.6~0.7 V。

（四）光电转化效率（IPCE）

IPCE测试是在自行搭建的测试设备上进行，测量模式为直流模式。其中偏压由电化学工作站（CHI660E）施加，单色光由Newport 300W Oriel产生，使用Newport 1918 –c pow–ermeter记录电流信号。测试中，首先使用标准Si电极对光源强度进行校正，然后再测试该光强下电极产生的光电流，按以下进行计算：

$$IPCE=\frac{i_{S2mple}}{i_{S1}}\times IPCESi$$

第五章　基于二维材料表面纳米结构构筑及其光催化应用

根据结构组分，二维光催化纳米材料可以归类为以下三种：金属氧化物光催化剂，金属硫化物光催化剂和非金属光催化剂。迄今为止，总体有两大类方法用于制备二维材料，一是“自上而下”通过剥离层状材料，二是“自下而上”利用小分子的自组装得到二维材料。通过调控二维材料的层数、形貌以及结晶度，可以最大程度上提高二维材料的光催化效率。

第一节　复合纳米材料中二维材料作为基底的优势

二维材料在其平面内具有无限重复的周期结构，因此可看作是具有宏观尺寸的纳米材料。二维材料作为复合材料基底的优势总结如下：

（1）大比表面积。对于一般催化反应来说，反应通常发生在催化剂的表面，即只有表而最外层原子参与对反应物的吸附和活化。因此，提高材料的表面原子比有利于更多的表面原子提供反应活性位点与反应物分子接触。与体相材料相比，二维材料本身即具有更高的原子比，从而获得更多的表面活性位点。另一方面，表面原子比随着材料层数的减少而增加，在单原子层材料中达到最大值。例如，单层石墨烯材料其理论比表面积可达2630 $m^2 \cdot g^{-1}$，要远远大于其他碳基材料。

（2）丰富的表面不饱和配位原子。在催化反应中，由于表面原子的悬挂键对反应物分子有较强的吸附能力，通常反应物的吸附和活化过程倾向于发生在表面配位原子处。与体相材料相比，二维材料表面配位不饱和原子比例更高。

（3）优异的面内电荷传输能力。光催化反应过程中，光生载流子的分离与迁移能力直接影响着材料的催化性能。随着二维材料厚度的减少，所得到的二维材料的电子结构将有异于体相材料，电子的态密度会由于表面的变形而增加，有利于光生载流子在面内的高速迁移，电子和空穴可以在二维结构中快速到达反应位点，从而有效避免其复合。同时，二维材料的平面结构有效缩短了光生载流子从材料内部迁移到表面反应位点之间的距离，降低了体相内光生载流子的复合。

（4）复合催化剂的理想基底。将二维材料作为基底，可以支撑其表面组装或者生长其他活性单元，防止活性组成单元的团聚和脱落，不仅促进了光催化反应过程中的反应物分子的吸附，而且可以为活性组成单元提供光生电子或者空穴，促进光生载流子的分离和迁移。

第二节　基于二维米材料表面纳米结构构筑的主要方法

在二维材料表面构筑纳米异质结构，设计多组分复合光催化剂已经被证实是一一条有效的途径来提高材料光催化性能。目前来说，基于二维材料制备复合光催化材料的方法主要分为以下两大类：一是原位生长方法，二是异位组装方法。

原位生长主要包括直接在二维材料表面生长低维纳米材料，或者基于其他低维纳米材料合成二维材料。利用原位生长方法，比如水热法、溶剂热法、原位水解法，通过一步生长或者多步生长构筑二维材料复合光催化剂。Tu等人通过果位还派水解的方法，合成了三明治结构的二维石墨烯/TiO_2复合材料。在石墨表面原位生长的TiO_2颗粒能有利于界面接触，促进了光生电子从TiO_2到石墨烯的迁移，在光还原CO_2合成CH_4和C_2H_6方面表现出优异的性能，而且光还原效率要高于市售P25材料（图5.1）。异位组装则主要涉及预合成一些组分、结构设计好的纳米材料，然后通过共价键或者非共价键作用与二维材料进行复合。

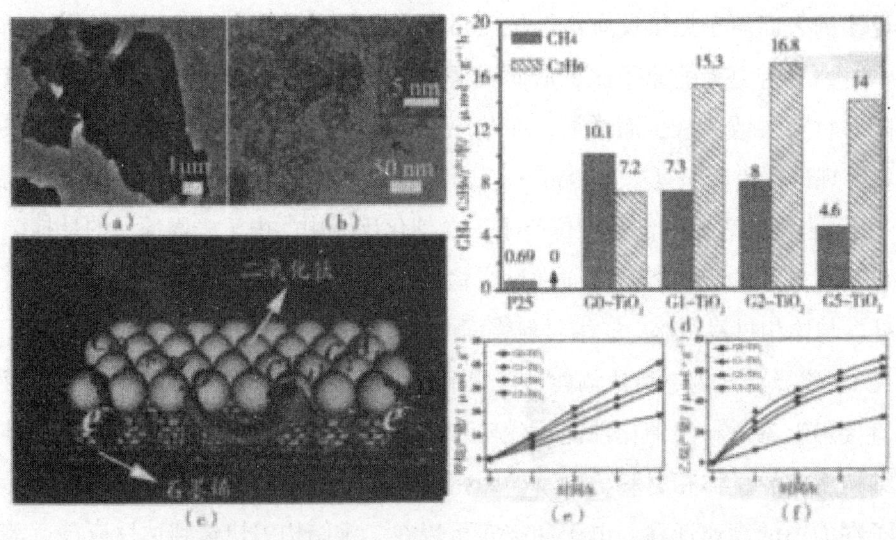

图5.1　样品石墨烯/TiO_2的表征及性能

第三节　基于二维纳米材料表面构筑助催化剂纳米结构

构筑复合光催化剂的主要目的是将具有相匹配电子结构的不同材料复合来拓展光响应范围，调控载流子传输路径促进光生载流子的分离。众所周知，助催化剂可以提供光生电荷的捕获位点，从而促进载流子分离。通常来说，贵金属（如Pt，Pd，Au，Rh等）、贵金属氧化物（RuO_2和IrO_2）以及过渡金属化合物（如Co-Pi，NiO_x，CoO_x等）具有良好的催化性能，因此常被用作助催化剂来修饰二维材料。除此之外，不同于传统的颗粒状助催化剂，单原子金属和水溶性分子也被用作助催化剂来修饰二维光催化材料以提升光催化性能。以二维金属氧化物为例，有很多二维光催化材料正是将Pt，RuO_2，Au，$Rh(OH)_3$等纳米颗粒内嵌人金属氧化物片层之间。近日，Oshima等人报道了一种新方法将Pt金属团簇插层嵌入$KCa_2Nb_3O_{10}$纳米片层。由于Pt团簇在表面分布均匀而且尺寸小于1 nm，$Pt/KCa_2Nb_3O_{10}$。复合材料全分解水性能优于所有已报道的二维材料（图5.2）。

Bi等人报道了使用水溶性的三氟乙酸分子作为助催化剂修饰$K_4Nb_6O_{17}$，纳米片，通过促进空穴迁移来提升光催化产氢效率。相比空白实验，修饰后的复合材料产氢效率提高了32倍。

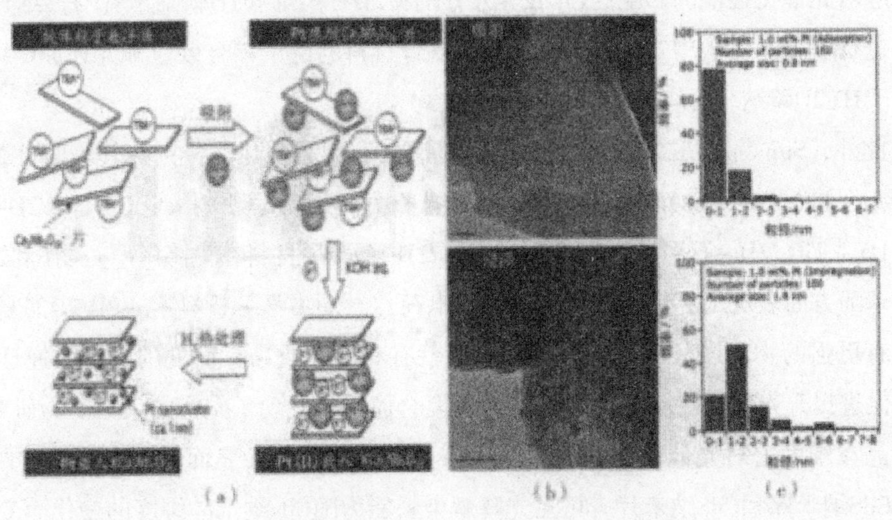

图5.2　样品$KCa_2Nb_3O_{10}$的制备与表征

第四节　基于维度控制在二维纳米材料表面构筑纳米结构

对于设计二维复合光催化材料，选择不同维度的组分也是一个影响光催化性能的因素，各组分的维度与界面接触直接影响着光生电子传输的效率。根据维度和尺寸的差异，二元二维复合材料可以分为以下三种：零维/二维（0D/2D）异质结，一维二维（1D/2D）异质结和二维/二维（2D/2D）异质结。对于0D/2D异质结来说，小尺寸的二维纳米片可以垂直生长或是包裹在大尺寸的零维材料表面，抑或是小尺寸的零维材料直接负载于二维材料表面。同样，1D/2D异质结和2D/2D异质结也有不同的界面接触类型。相对于0D/D和1D/2D异质结材料，2D/2D异质结材料有着更好的界面耦合，更有利于光生载流子的分离和传输。有研究证明，通过调控尺寸和形可以有效调节光催化性能。Zhang等人发现在C/ TiO_2，复合体系中，2D-石墨烯/TiO_2较1D-CNT/TiO_2，有着更有效的界面接触，高效地促进了光生电子-空穴财的分离。从可见光电流响应来看5%石墨烯/TiO_2，较其他样品有着最大的光电流，也就意味着电子有效地传输到了石墨烯表面，降低了光生电子-空穴对的复合。为了进一步探究维度效应对光催化性能的影响，Liang等人分别将2D石墨烯和1D碳纳米管与二维TiO_2纳米片进行复合。实验中2D/2D石墨烯/TiO_2复合材料的电子耦合效应和光还原CO_2能力均高于1D/2D碳纳米管/ TiO_2复合材料（图5.3）。

此外，Sun等人以二维石墨烯材料为基底，利用溶剂热法分别在其表面负载0D-TiO_2纳米颗粒，1D- TiO_2纳米管，2D- TiO_2纳米片。实验发现，相比0D- TiO_2/2D-石墨烯和1D - TiO_2/2D -石墨烯材料，2D - TiO_2/2D-石墨烯材料在光降解罗丹明B和2，4-二氯苯酚方面表现出更优异的性能。界面电荷传导动力学分析显示，2D/2D的复合结构具有更强的物理以及电子耦合效应，这就有利于异质结界面处的电荷快速迁移，从而促进提升光催化性能。在石墨烯-CdS复合体系中发现了同样的现象。为研究CdS纳米晶在维度上对光催化性能的影响，Bera等人在石墨烯表面分别负载CdS纳米颗粒，CdS纳米棒和CdS纳米片。可见光降解染料能力随Cds纳米晶维度的变化而变化，相比较，CdS纳米片/石墨烯降解能力是CdS纳米颗粒/石墨烯的4倍，是CdS纳米棒/石墨烯的3.4倍。

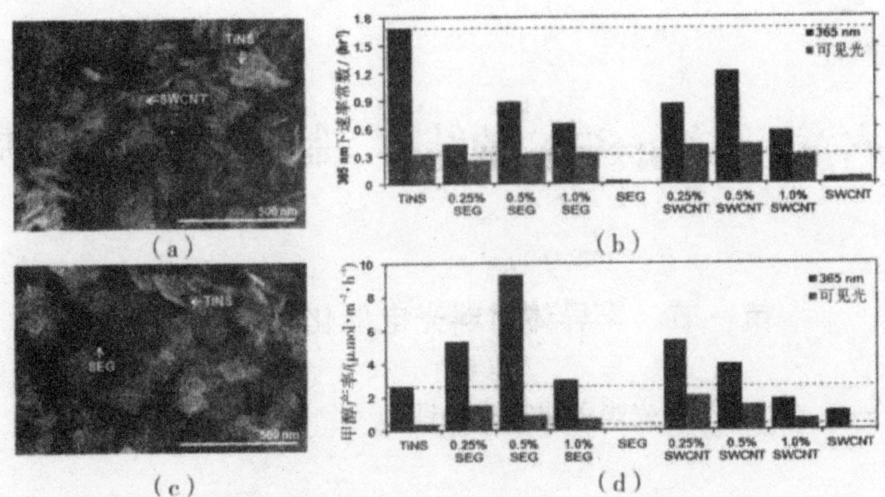

图1–7　样品1D碳纳米管、2D石墨烯/TiO_2的表征及性能

（a）1 wt. % SWCNT－ TiN的SEM图；（b）1 wt. % SEG － TiNS的SEM图；

（c）乙醛光氧化动力学常数图谱；（d）CO_2光还原生成CH_4图谱

第六章　二维g-C_3N_4的结构、制备及其光催化应用

第一节　半导体材料光电催化产氢研究进展

一、半导体材料光电催化产氢机理

根据半导体物理能带理论可知，半导体的能带结构由一个充满电子的最高占有能带，价带（Valance Band， VB）和一个最低的未占有能带，导带（Conduction Band， CB）组成，价带和导带之间的区域为禁带（Band Gap，Eg），（如图6.1所示）。当用能量大于或等于半导体禁带宽度的光波（hv≥Eg）照射半导体时，价带中电子（e^-）吸收光子能量受到激发，跃过禁带进入导带，同时在价带中形成相应的空穴（ht），从而产生电子–空穴对。高活性的电子–空穴对产生后，极易发生在半导体内体相复合或迁移到半导体表面后表面复合，以热能或其他能量方式耗散。只有光生电子迁移至半导体表面与吸附在半导体表面的电子受体发生还原反应，或空穴迁移至.半导体表面与吸附在其表面的电子给体发生氧化反应，才能实现半导体对反应的有效催化。

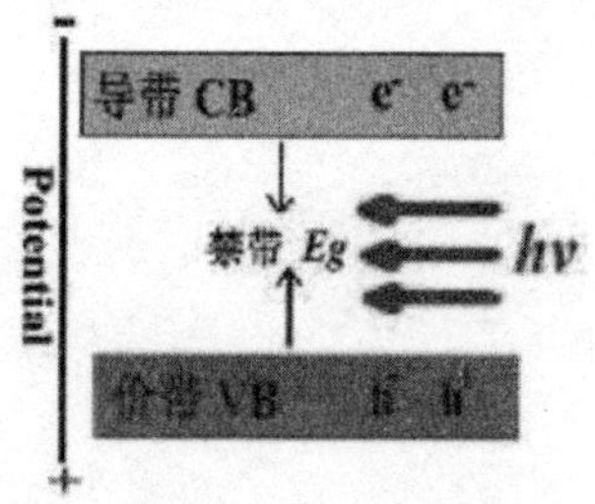

图6.1　半导体能带结构示意图

半导体材料通过吸收太阳能，激发产生光生电子–空穴对，以实现光电催化目标反应。水热力学稳定，要使其分解为氢气和氧气，耗能较大（见反应6.1）。但是，水是一种弱电解质，可以部分电离产生H^+和OH^-，从而可以利用半导体中光生电子的强还原性在一定电势下把H^+还原成H_2，而利用光生空穴的强氧化性则可以把OH

氧化成（O_2，从而实现水的分解。其中，H^+H的还原电极电势（H/H2）为0 V（vs. NHE），水的氧化电极电势（O_2/H_2O）为1.23 V（vs.NHE）（见反应6.2和6.3）。这就意味着，理论上将H_2O分子分解为H_2和O_2需要1.23eV的能量。在实际应用中，由于半导体能带弯曲及表面过电势的影响，对半导体禁带宽度的要求往往要比理论值高[4]，即导带电势（EcB）比H+的还原电势更负，而价带电势（E_{CB}）比水的氧化电势更正的半导体材料。

2 H_2O（1）→$2H_2$（g）+ O_2（g）（ΔG_0= 237.2 kJ/mol）（1.1）

$2H^+$（aq）+ $2e^-$→+ H_2（g）（E^0=0 V vs.NHE）（1.2）

H_2O（1）→1/2 O_2（g）+ $2H^+$（aq）+ $2e^-$（E^0=1.23 V vs.NHE）（1.3）

利用半导体直接光解水制氢的原理就是，选择合适的半导体材料，（i）吸收太阳光产生光生电子–空穴对，（ii）电子和空穴复合或分离并移至半导体表面，（iii）光生电子把H^+还原成H_2，光生空穴把H_2O氧化成为O_2，实现太阳能的吸收和转化，其原理如图6.2所示。其中，前两步与催化剂的结构和电子特性有重要联系，高结晶的的材料有利于光生载流子的分离和迁移，而结晶度降低出现的缺陷往往.会成为光生电子–空穴对的复合中心。而第三步反应速率则可以由半导体表面的共催化剂（贵金属Pt、Rh，金属氧化物NiO、RuO_2）提升，主要是由于共催化剂可以为反应提供活性位点，降低反应能垒。因此，设计内部与表面性能优异的光催化剂材料是获得高效率光电产氢的关键。

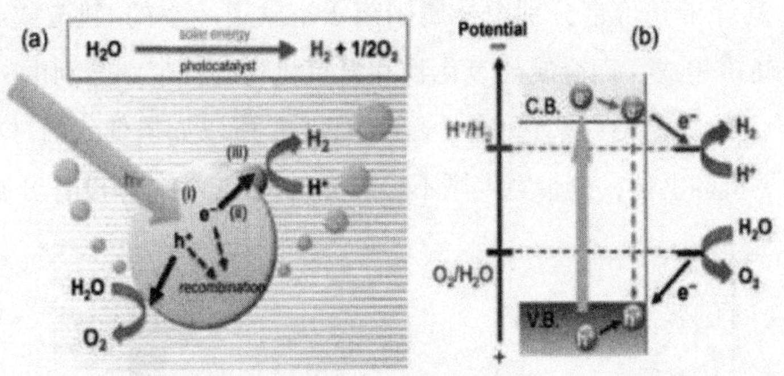

图6.2　半导体光催化剂分解水示意图

二、光催化产氢半导体材料

①无机半导体材料.

光解水制氢所用催化剂经历了从TiO_2、金属硫化物、金属氧化物及其复合物、层状金属氧化物及其改性产物、Z型反应体系到新型可见光催化剂的发展过程。已开发的光催化剂主要是以TiO_2为代表的无机半导体材料，可以分为紫外光催化剂和可见光催化剂。

1）紫外光响应的光催化材料主要包括具有d区过渡金属以及p区金属构成的一元或多元氧化物。光解水材料体系主要有：①Ti基材料$M_xTi_yO_z$，如TiO_2、$SrTiO_3$、$CaTiO_3$、$La_2Ti_2O_7$、$K_2Ti_4O_9$、$PbTiO_3$等；②氧化铌及铌酸盐类，Nb_2O_5、$Sr_2Nb_2O_7$、$SnNb_2O_6$、$K_4Nb_6O_{17}$、$Ca_2Nb_4O_{11}$等；③氧化钽及钽酸盐类，Ta_2O_5、$MTaO_3$（M=Li，Na，K）、$MTaO_4$（M=In，Cr，Fe）、La：$NaTaO_3$、MTa_2O_6（M=Sr，Ba，Ni，Mn、Sn、Co）等；④过渡金属W、Mo、V基材料，Ca_2NiWO_6、$PbWO_4$、$AMoO_4$（A=Fe、Co、Ni）、$BiVO_4$等；⑤p区金属（Ga，In，Ge，Sn，Sb等）氧化物，$ZnGe_2O_4$、Ba_2In_2Os、$M_2Sb_2O_7$（M=Ca，Sr）、MIn_2O_4（M=Ca，Sr）等；这些材料在进行适当的改性（如贵金属负载，元素掺杂等）后，在牺牲剂存在下表现出良好的产氢和产氧活性。

由此可见，用于光催化产氢的无机半导体材料，通常由过渡金属元素和非金属元素构成，包括金属氧化物、金属硫化物、氮化物、氧硫化物和氮硫化物及其复合物等。其中大部分过渡金属都具有d^0和d^{10}电子排列且显示最高氧化态（图1.3，红色区域为Ti^{4+}，Zr^{4+}，Nb^{5+}，Ta^{5+}，W^{6+}等，绿色区域为Ga^{3+}，In^{3+}，Ge^{4+}，Sn^{4+}，Sb^{5+}等），而氧、硫和氮等非金属元素（蓝色区域）则显示它们的最低价态。对大部分金属氧化物，其导带和价带分别由金属阳离子空轨道（空的d轨道或sp杂化轨道）和氧原子的2p轨道组成。而金属硫氧化物和氮氧化物的价带则分别由S^{3P}（O^{2p}）和N_2（O^{2p}）组成，大约位于+3V或者更高（vs. NHE），所以如果催化剂材料的导带底位于光解水产氢更负的电位，禁带宽度则不可避免的大于3eV，即没有可见光响应。

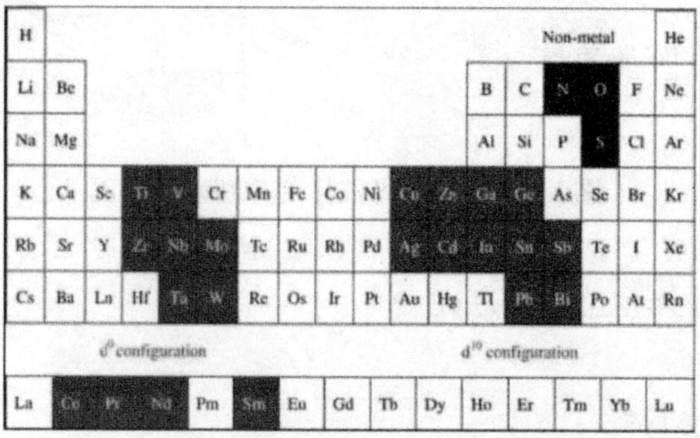

H													Non-metal				He
Li	Be											B	C	N	O	F	Ne
Na	Mg											Al	Si	P	S	Cl	Ar
K	Ca	Sc	Ti	V	Cr	Mn	Fe	Co	Ni	Cu	Zn	Ga	Ge	As	Se	Br	Kr
Rb	Sr	Y	Zr	Nb	Mo	Tc	Ru	Rh	Pd	Ag	Cd	In	Sn	Sb	Te	I	Xe
Cs	Ba	Ln	Hf	Ta	W	Re	Os	Ir	Pt	Au	Hg	Tl	Pb	Bi	Po	At	Rn
		d^0 configuration									d^{10} configuration						
La	Ce	Pr	Nd	Pm	Sm	Eu	Gd	Tb	Dy	Ho	Er	Tm	Yb	Lu			

图6.3 光解水催化剂主要元素组成

2）为了最大限度地利用太阳光，开发具有可见光响应的光催化材料势在必行。研究思路为：①在导带和价带之间的带隙中，通过掺杂方式形成一个或多个杂质能级，可以有效地减小半导体禁带宽度，使之光吸收边带红移，尽可能地利用可见光。目前常见的掺杂方式有：金属/非金属掺杂及其共掺杂；形成固溶体等方法。②根据不同半导体能带位置不同，具有一定的电势差，可以选择合适的半导体复合构建异质结，以有效地拓展吸光范围，提高材料的光催化效率。

如形成二元及多元复合金属氧化物异质节；金属-半导体复合异质结；催化剂协助等。这些改性手段旨在使半导体材料具有合适的禁带宽度，且导带价带位置具有足够的过电势，以实现在可见光驱动下光催化分解水制氢。

但是，传统半导体材料仍存在，光响应范围窄、能带位置不合适、光腐蚀、催化剂不稳定等缺点，见图6.4。因此，在传统半导体材料研究的基础上，仍需突破以往对催化材料进行复合、掺杂、敏化等手段，拓展催化材料对可见光响应的思路，研究和开发新型可见光催化材料。

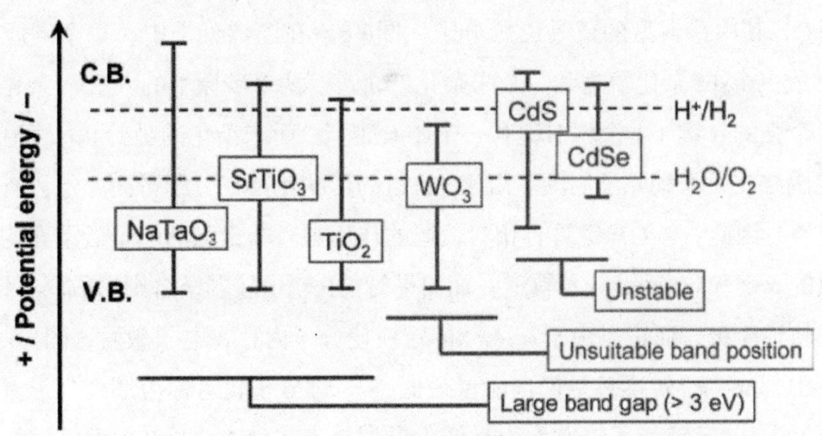

图6.4　几种半导体光催化剂的带隙结构与面临的困境

②有机半导体材料

有机半导体材料主要是指具有共轭分子结构表现出半导体特性的有机物，与传统无机半导体基于共价键结合不同，有机半导体分子间以较弱的范德华力结合，这对其电子特性有及其深远的影响。根据其复杂程度，有机半导体材料可以分为三类：独立的小分子及其小分子有机复合物；聚合物；生物大分子，如图6.5。与无机材料相比，有机半导体材料实现了真正廉价、大面积兼容和低温制造技术，此外无机半导体器件需要高纯度晶体基质，有机半导体器件则可以制作在玻璃、塑料薄膜或金属箔上，而不用考虑晶格匹配或应力缺陷等问题。基于有机半导体的发光二极管、光伏器件、光电探测器和晶体管引起了科学界的极大研究兴趣。

有机半导体材料以其电子和物理特性正在改革普遍的光伏发电，透明显示，有效和廉价的固态白光照明，真正灵活、坚固耐用的电子器件等领域。

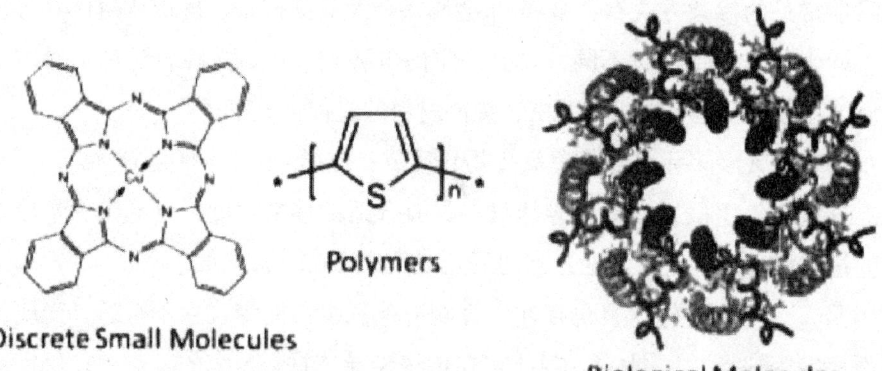

图6.5　几种不同类别的有机半导体材料

所有的有机半导体导电都是依赖共轭的π电子体系，即分子结构中存在交替的C–C和C=C，其中最典型的就是乙烯分子，图6.6。在乙烯分子中，每个碳原子都是sp^2杂化形成三个sp^2 杂化轨道和一个未杂化P_z轨道。两个碳原子的六个sp^2杂化轨道最后形成五个强的σ键（4 个C–H键和一个C–C键），而未杂化的哑铃状p_z轨道则形成C–C π键围绕在每个碳原子周围。由于p_z轨道的形状使其在分子平面上下只有很小的电子云重叠，因此，C–C π键具有相对较弱的作用力。非常强的电子云重叠构成的σ键形成强的σ键和σ*反键分子轨道，而由平行的P_z轨道较弱结合则形成弱π键和π*反键分子轨道能级，而正是由于π–π*的转换使分子内存在电子激发，图1.6。 在π共轭体系中，π–π*转换总是优选能量最低，π 键分子轨道称为最高分子占据轨道（HOMO），π*反键分子轨道称为最低未占据轨道（LOMO）。与无机材料相比，HOMO和LUMO类似于无机半导体材料中的价带和导带， HOMO和LUMO之间的差称为带隙。因此，有机半导体中π共轭的程度对其电子特性有重要影响，提高共轭长度可以引起很大程度的电子离域，提高导电性。在聚苯胺材料中，提高共轭程度（更多的共轭苯环）还可以降低HOMO–LUMO分离，吸收光谱发生红移。因此，共轭程度的大小不仅可以基于分子层调控材料的电子自由程度从而改善其电子传输特性，还可以调控材料的光学性能。

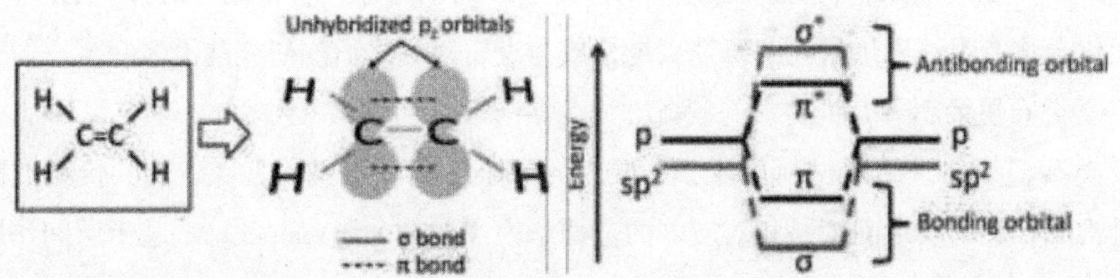

图6.6　左图为Z烯分子的成键图，右图为有机分子的能级图，其中带隙为π－π*能隙

目前研究比较多的聚合物包括聚噻吩、聚苯胺、聚吡咯、聚邻甲氧基苯胺等。从分子结构来看，主要是以苯环等小环化合物为重复单元的聚合物，而小分子则是大环化合物。尽管苯环、噻吩、吡咯等小芳香环的π成键轨道和反键轨道之间的能级差较大，但随着重复单元的增加，π 键相互重叠增大，导致大π键的成键轨道和反键轨道的能级差减小，使其带隙小于以符合半导体材料的应用范围。由于有机分子容易通过改变基团和聚合度来调整带隙，因此有机半导体在宽光波长吸收范围以及光催化领域存在潜在应用。近年来，Wang研究 小组发现有机半导体材料，石墨相氮化碳（g-C_3N_4）并在可见光下实现了水的分解。这项创新性的工作为人工共轭聚合物半导体在能量转化领域的应用开辟了一条新途径。

第二节　类石墨烯g-C_3N_4的光催化研究现状

一、类石墨烯二维材料简介

①类石墨烯材料的结构和性能

石墨稀是碳原子以sp^2杂化连接成六角网格结构，晶格呈蜂窝状的单原子层二维碳材料。石墨烯特殊的物理化学结构使其具有许多革新性能：突出的力学性.能（约1100 GPa）、极高的载流子迁移率（15000 cm^2 /（V–s））、超大热导率（约5000 J/（m·K·S））以及超高比表面积（理论计算值2630 m^2/g）等，且具有分数量子霍尔效应、量子霍尔铁磁性和激子带隙、量子隧道效应等现象。石墨烯的革新性能令其成为物理、化学、光电子、催化与能源等众多领域的研究热点。

类石墨烯结构是由具有与石墨类似的层状晶体结构的化合物，通过物理剥离或者化学合成，得到的单原子（分子）层或者由单原子（分子）层多层堆积至几纳米厚的准二维纳米结构。二维类石墨烯材料具有与其化学结构类似的优异性能，激起人们对新型二维纳米材料如金属硫族化合物、硅烯、锗烯、氮化硼（BN）、III-V族二元化合物等类石墨烯材料的研究兴趣，成为继石墨烯之后的研究前沿之一。

②类石墨烯超薄二维材料的制备方法

类石墨烯二维纳米材料母体，在层内的原子之间是由坚固且稳定的共价键或离子键构成，层与层之间则是相对较弱的范德华力（40–70 meV/atom）。基于层间作用力较弱、层间距较大、层间易发生相对移动的结构特点，可以由其块体材料通.过机械剥离或者化学剥离的方法制备出超薄的二维纳米片。

机械剥离法是用来制备二维材料的经典方法。2004年，Geim等人用胶带粘离方法实现了石墨烯的分离（图6.7），之后被应用于制备各种单层或者几层的二维纳米材料，如BN、MoS_2等。该方法可以得到晶格缺陷密度低的高质量单层纳米片，用于基础理论研究。不过，机械剥离操作流程耗时、低产率、再现性差、容易受到胶带的污染。

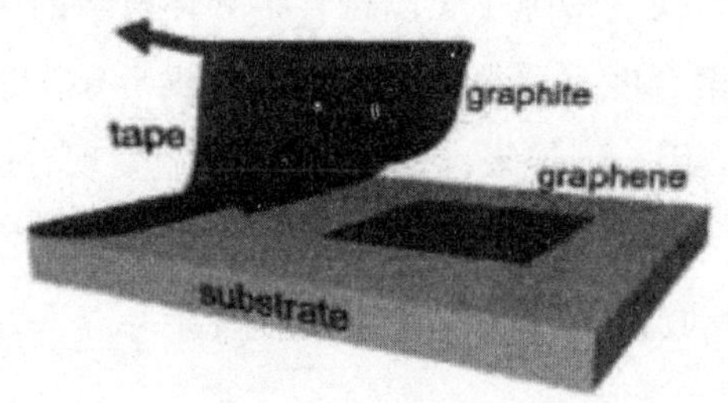

图6.7　机械剥离石墨烯的示意图

溶液超声剥离法是将块状材料分散在有机溶剂或表面活性剂水溶液中，在超声的辅助下，溶剂与块状化合物相互作用破坏了块状化合物层与层之间的范德华力进行剥离。其中，二维纳米片的表面能被最小化，剥离出二维材料纳米片会稳定悬浮在溶剂中，然后借助离心操作将未剥离的块状化合物和剥离的二维材料纳米片进行分离，得到纳米片溶液。Coleman 等人最早利用液相超声剥离的方法制备了石墨烯，之后，这种方法被成功的应用在剥离其他层状化合物得到二维纳米片，例MoS_2、WS_2、$MoSe_2$、$NiTe_2$、h-BN等（图6.8）。这种方法有很多优点，如可控、环保、成本低、能耗低、产量高。因而可以用来大规模的生产二维纳米片。

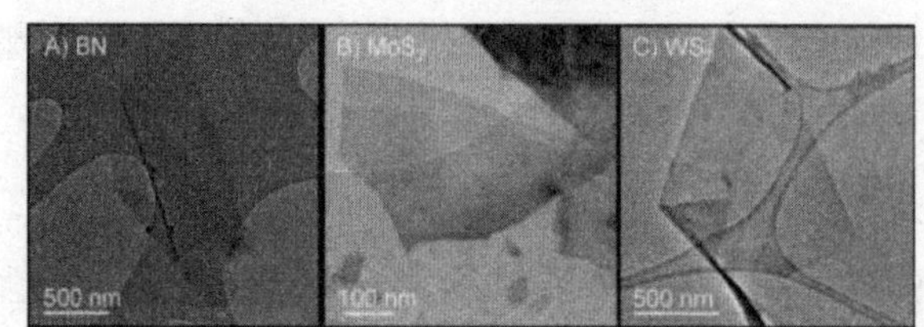

图6.8　液相剥离制得的BN，MoS2andWS2纳米片

其中，可以用于剥离的溶剂有很多种。需要根据不用的层状化合物选择合适的溶剂。溶剂的选择需要参考其表面张力，只有在溶剂的表面能和层状化合物的表面能相符合时，剥离的焓变值才会最小，同时，剥离所需要的能量也最小，剥离的二维纳米片在溶剂中分散浓度也最大。很多溶剂被用来实验对不同层状化合物的剥离效果。

在对二维材料的液相超声剥离中，我们不仅可以通过溶剂的作用来实现剥离，还能够在层状材料的层与层之间选择性的插入一些小分子、离子或者有机物实现超声剥离，图6.9。如在层间提前加入锂离子，再利用超声的方法进行剥离，能够得到单层或多层的二维纳米片。

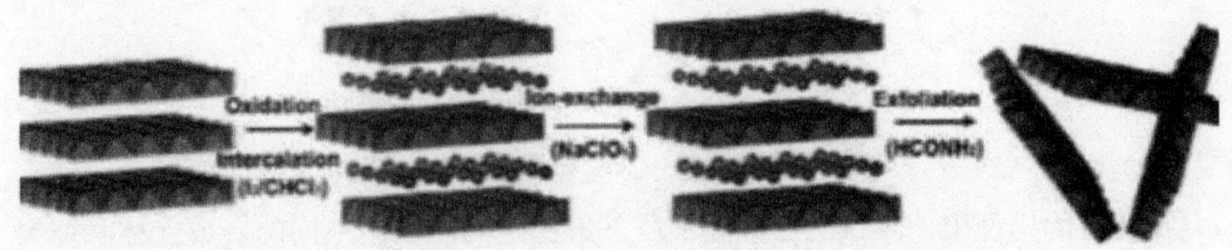

图6.9　离子嵌入剥离制备二维纳米片过程示意图

二、g-C3N4的结构和制备方法

在1834年，Berzelius 和Liebig首次成功合成了聚合物型C_3N_4，并且命名这个聚合物为“melon”。这是有关于氮化碳最早的实验。1922 年，Franklin 通过加热硫氰酸汞制得不同含氢量的melon产物，并且提出了这种melon并不是单一组分，而是不同聚合度和不同结构聚合物的混合物。170 年后，各种g-C_3N_4的不同制备基本上都是基于各种含碳氮的化合物。例如，Kouvetakis等在 400-500℃分解前驱体三聚氰胺得到了一种无定形CN化合物，并分析了其成分，该化合物显示一个宽的石墨层特征峰。

由于氮化碳具备化学惰性和难溶解性，使得科学家对这一化合物的认识和相.关研究都十分缓慢。20 世纪80年代，闪锌矿固体弹性模量计算公式提出后，美国伯克利大学物理系教授A. Y. Liu和M. L. Cohen根据β-Si_3N_4的晶体结构，用C替换Si，通过计算预言了一种弹性模量可以与金刚石相比拟的碳氮化合物β-C3N4。

1996年，Teter 和Hemley采用最小能量赝势法对C_3N_4 重新进行了计算，认为C_3N_4可能具有5种结构，分别为α-C_3N_4，β-C_3N_4， c-C_3N_4（立方），p-C_3N_4（赝立方）和g-C_3N_4（类石墨），其结构如图6.10所示。

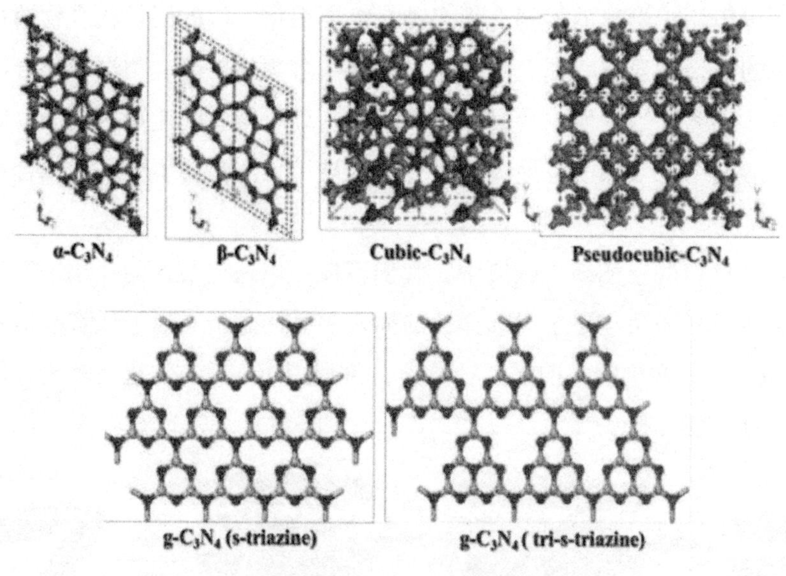

图6.10　C_3N_4构型图

在所有的构型中，g–C_3N_4在常温常压下最稳定。而根据不同的合成前体和缩聚温度，三嗪和3–s–三嗪是构成g–C_3N_4同素异形体的两种结构单元。由于两种结构中含氮孔的大小不同，使氮原子所处的电子环境不同，所以二者的稳定性也不同。Kroke等人通过密度泛函理论（DFT）计算认为，基于3–s–三嗪结构的g–C_3N_4的能量比三嗪结构的能量更低（约低30kJ/mol），因此，3–s–三嗪结构的g–C_3N_4更稳定。因而近年来，应用于催化研究的g–C_3N_4都是基于3–s–三嗪结构单元。

在g–C_3N_4中，C、N原子均为sp^2杂化相间排列，以σ键连接成六边形结构，面内由C_3N_3环或C_6N_7环构成，环之间通过末端的N原子相连而形成一层无限扩展的平面，层间C、N杂化形成π共轭的类石墨烯片状结构，片与片层层推叠，层间距为0.326 nm，如图6.11。g–C_3N_4可看作N杂原子原位取代的石墨烯（层间距0.335 nm）结构，由于电负性更大的N原子的取代，影响了离域电子和碳氮原子层间的结合能，其层间距变小。

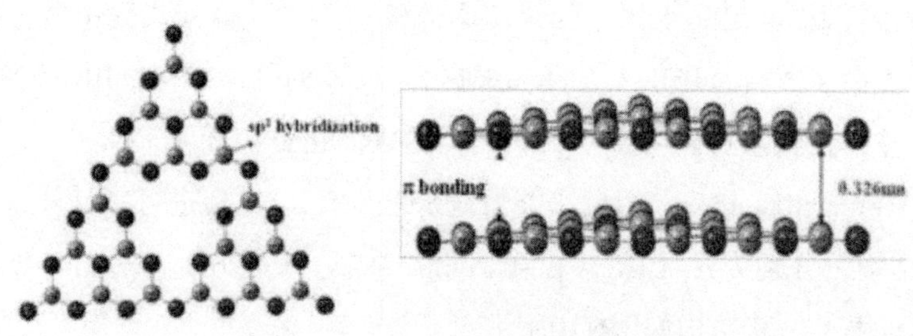

图6.11　g–C_3N_4面内层间结构图

目前热解有机物法是制备g-C_3N_4最常用的方法，该方法通过富氮有机前驱体的直接热缩聚过程来制备块体g-C_3N_4，方法简便并且可以大量制备。高温高压下，三聚氰胺和三聚氰酰氯的固相缩聚反应是制备g-C_3N_4的传统方法。此外，直接加热氰胺、双氰胺、三嗪基化合物，如三聚氰胺$C_3H_6N_6$、蜜勒胺$C_6H_6N_{10}$、蜜白胺$C_6H_9N_{11}$等，也可以简单快捷的合成块体g-C_3N_4。

通过氰胺（二聚氰胺或三聚氰胺）单体高温缩聚是近年来合成体相g-C_3N_4较成熟的方法之一。这种以液态单体（氰胺）为前驱体的热解法是一种直接且简便的方法，通过前躯体与硬模板结合也可以制备特定形貌的纳米结构g-C_3N_4，如纳米球、介孔材料等。Wang等人热解氰胺合成出g-C_3N_4，通过DSC分析了前驱体的热解过程。如图6.12所示，其热解过程是一个加聚和缩聚的反应过程，首先前驱体在137℃下单氰胺发生反应生成双氰胺，当温度到达235℃左右，双氰胺聚合转化为三聚氰胺，之后温度达到350℃后三聚氰胺脱氨缩聚，形成蜜白胺（melam，$C_6N_{11}H_9$），加热到390℃左右，蜜白胺通过重新排列形成稳定中间产物蜜勒胺（melem，$C_6N_{10}H_6$）。在密闭玻璃反应体系中，400℃停止反应， 可分离出稳定的蜜勒胺中间产物。当温度高于520℃时，蜜勒胺进一步聚合成g-C_3N_4聚合物。

g-C_3N_4聚合物以3-s-三嗪环为基本结构单元，C-N片层的边缘以C-NH_2或2C-NH形式连接氢原子。当温度高于600℃时生成的物质不稳定，材料开始发生轻微的分解，温度高于700℃时，材料全部分解成NH_3和$C_xN_yH_z$气体。因此，550-600℃是体相g-C_3N_4的最佳合成温度。

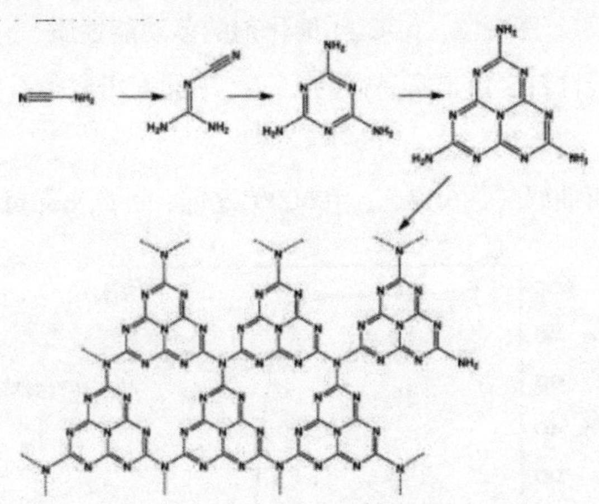

图6.12　由氰胺合成g-C_3N_4的反应过程

热解有机物这种方法相对易操作，反应条件温和，不仅实现了大批量生产，而且，其前驱体也来源丰富，是合成g-C_3N_4最受欢迎的一种方法。 后来科学家又研究了以尿素或者硫脲作为前驱体，并成功合成了g-C_3N_4。该方法不仅操作简便，易于掺杂和改性，还可以通过控制反应条件来得到具有不同缩聚度和含氮量的产物。

另外，也有人通过在制备过程中加入模版，来得到各种具有特殊纳米结构的g-C_3N_4，包括微球、纳米线、纳米管、空心球等。如Zimmerman 等通过三聚氯氰和叠氮化锂的固相反应合成了纳米空心球结构的g-C_3N_4。Lu等通过三聚氯氰、叠氮化钠和锌在220℃和400 MPa下 固相反应制备了g-C_3N_4纳米带。Antonietti研究小组以多孔硅和介孔氧化硅为模板，以氰胺为原料制备不同尺寸的mp g-C_3N_4纳米颗粒。

三、g-C3N4的性质和应用

g-C_3N_4是以3-s-三嗪结构为基本结构单元组成的芳香共轭环二维片层材料，以其独特的结构和电子特性，如共轭特性、亲核性能、Bronsted 碱功能、Lewis 碱功能以及易形成氢键（图6.13），表现出优越的物理和化学性质。

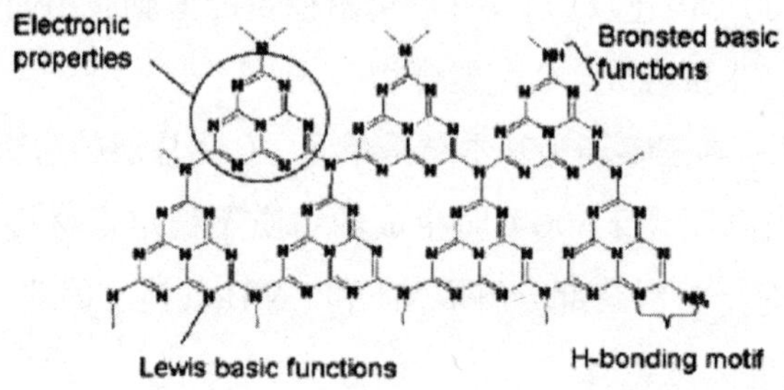

图6.13　g-C_3N_4催化剂的多功能性质

①g-C_3N_4作为碳材料，由丰富易得的C、N、H元素组成类石墨烯结构，具有良好的耐磨性。

②根据热重分析曲线（图6.14），在600℃之前，g-C_3N_4保持良好的热稳定性。

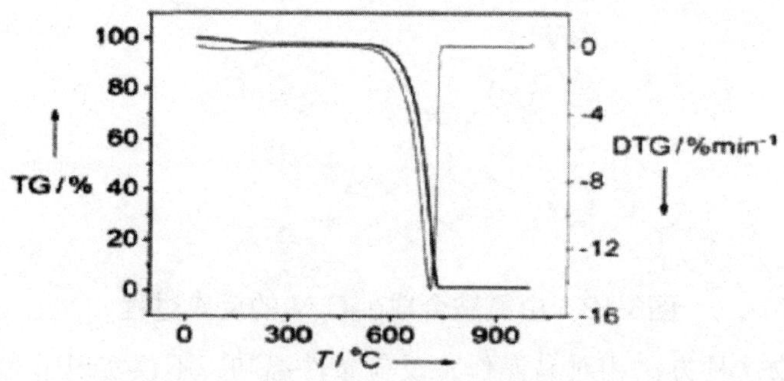

图6.14　g-C_3N_4的热重曲线图[（76]

③g-C_3N_4具有良好的化学稳定性，不溶于水、乙醇、乙醚、甲苯、DMF、THF等溶剂，并且也不与这些溶剂发生化学反应，可以在PH=1-14 环境中稳定存在。测试g-C_3N_4在常见溶剂中稳定性和耐久性的实验发现，把g-C_3N_4依次放入在水，丙酮，乙醇，乙腈，二氯甲烷，吡啶，二甲基甲酰胺，冰醋酸和0.1mol/L的氢氧化钠溶液中，30天后干燥样品，由IR表征数据说明，处理过后g-C_3N_4结构与原始的g-C_3N_4结构相比，无明显差异。

④g-C_3N_4具有荧光特性。室温下，g-C_3N_4 发出蓝色荧光，发光范围在430~550 nm，在465nm左右有最大荧光峰，且荧光光谱强度与缩聚程度及层间堆积有关。

⑤通过UV-vis吸收光谱，g-C_3N_4显示了典型半导体的吸收特性。其光谱带宽约2.7ev，该值远远高于水的理论分解值1.23 ev， 对应的光响应波长在460nm（在可见光区有吸收）。另外， Wang等人通过DFT计算得到了g-C_3N_4的带隙结构（图1.15），sp^2 杂化的N_{2p}轨道构成g-C_3N_4的最高占据分子轨道（HOMO），而C_{2p}杂化轨道则组成其最低未占据分子轨道（LUMO）。更为重要的是，它具有合适的能带位置，其中价带（即HOMO）位于+1.57 V，导带（即LUMO）位于-1.12 eV。即导带（CB）下端的电势-1.12 V，低于H^+/H_2电对的电势，说明光生电子具有很强的还原能力，可以还原水产氢；而价带（VB）上端的电势+1.57 V，高于O_2/H_2O电对的电势，说明光生空穴可以氧化水产生氧气。所以g-C_3N_4可以利用可见光，同时进行光解水产氢和产氧。

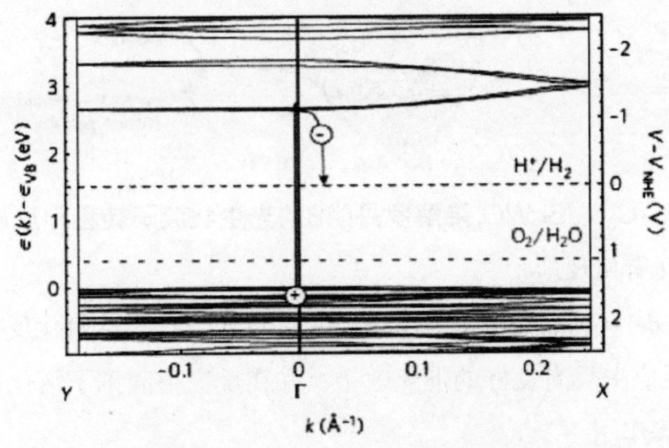

图6.15　g-CzN4的价带结构[49]

g-C_3N_4可以在温和的条件下由一系列含碳富氮的前驱物（氰胺、三聚氰胺等）进行大量制备，其高度的稳定性及独特结构和电子特性，使其在传感、催化剂载体、气体活化、能量储存、催化有机反应、光催化降解有机染料、光解水制氢等方面具有潜在的应用价值。.

①g-C_3N_4光解水制氢

g-C_3N_4作为聚合型非金属半导体材料，因其优异的物理和光电性能成为当今研究的热门材料。g-C_3N_4具有典型的半导体能带结构，禁带宽度为2.7 ev，且导带底端的电势-1.12 V，低于H^+/H_2电对的电势，因此可用作利用可见光催化产氢材料。

Wang等人首次采用由热解氰胺制备的g-C_3N_4在可见光下（入>420 nm）分解水制氢。实验以三乙醇胺作牺牲剂，Pt作助催化剂，且催化活性正比于光吸收强度，反应可发生的最大波长为590 nm。另外，吸收波长与缩聚程度有关，缩聚温度升高，带宽降低，吸收边向长波移动。因此，缩聚度不同的g-C_3N_4催化剂其活性也不同，550℃煅烧的样品催化活性最高。

②g-C_3N_4光降解有机染料

2009年，Zou等 人采用两步加热法在不同温度下煅烧三聚氰胺合成g-C_3N_4并将其用于光降解甲基橙（MO）的实验，并在体系中发现了羟基自由基（·OH），过氧基（O_2·或HOO·）和空穴，通过空穴氧化或者是经过光致电子经多步还原O_2得到的·OH被认为是主要的氧化剂。实验结果表明，g-C_3N_4样品具有很高的催化活性，其催化机理如图6.16。

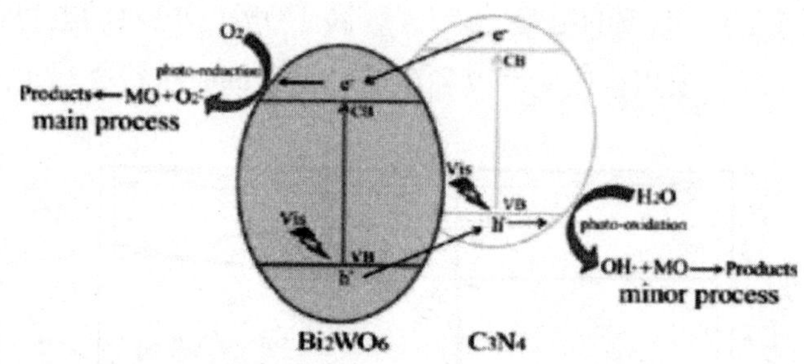

图6.16　g-C_3N_4/Bi_2WO_6降解罗丹明B的光生载流子转移和反应机理图

③g-C_3N_4催化有机反应

g-C_3N_4在Friedel-Crafts酰基化、Diels-Alder 反应、选择性氧化反应、腈和炔的环化、CO_2的活化反应中具有良好的催化效果，并在反应中起到了活化反应底物、电子转移、形成氢键等作用。

四、影响g-C3N4光催化效率的因素

g-C_3N_4光催化是一个复杂的多相催化反应过程，影响其催化效率的因素众多。除了受催化反应体系本身影响外，反应温度、反应压力、光照强度、PH值、电解质溶

液等外界因素也对材料催化效率也有重要影响。在此，我们主要讨论催化材料本身的因素：禁带宽度和能带位置，光生载流子的分离和迁移效率。

①g-C_3N_4的禁带宽度及其能带位置对其催化效率有重要影响作用。一方面，禁带宽度大小直接决定了其吸收光的波长范围，其光吸收波长阈值λg与禁带宽度Eg的关系为：λg= 1240 /E_g，即禁带宽度越小，吸收光的波长范围越宽，越有利于最大限度的利用太阳光。此外，光生电子-空穴对的数量与激发波长范围成正比，与带宽的影响相一致。另一方面，某些反应（如水的氧化、还原反应）需要在一定的电极电势才能发生，因此g-C_3N_4的能带位置对其光催化效率也有重大影响，其导带电势（E_{CB}）比HT的还原电势（EH^+/H_2= 0 V，vs.NHE）越负越有利于水的还原；价带电势（E_{VB}）比水的氧化电势（E_{o2}/H_2O= 1.23 V，vs.NHE）越正越有利于水的氧化。

②g-C_3N_4受光激发产生光生电子-空穴对，电子和空穴在催化剂内的复合和迁移是相互竞争的，即复合率越低，则迁移到催化剂表面参与反应的电子和空穴越多，催化效率就越高。g-C_3N_4 的晶体结构、晶粒尺寸、形貌、分散程度和表面特性等因素对其光生电子-空穴对的复合率及迁移率影响巨大。通常来说，小尺寸光催化剂的催化效率远优于大尺寸的块体材料。催化剂尺寸变小，可以有效地缩短光生电子和空穴从催化剂内部向表面转移的路径，降低光生电子与空穴的复合率。同时，比表面积大的催化剂，反应活性位点多，有利于反应物的吸附和脱附，而且表面容易产生大密度表面态和缺陷态，这些表面态和缺陷态可以形成电子或者空穴捕获中心，有利于促进了光生电子-空穴的分离。此外，微量杂质元素掺入晶体时，可以使催化剂晶体中形成少量的杂质或缺陷，可能有助于抑制电子-空穴的复合。

第三节　g-C_3N_4在光催化领域存在的问题和改进方法途径

目前，光催化剂g-C_3N_4还存在一些问题，如块体材料的比表面积积小、分散性差、光生载流子复合率较高、量子效率低、导电性差、禁带宽度较大等。针对这些问题，人们围绕g-C_3N_4开展了研究，旨在改善其表面状态和电子结构，提高其光催化效率。

一、纳米结构修饰

研究表明，纳米结构修饰可以改善催化剂尺寸大小、形貌和表面状态。介孔材料由于具有以下的特性：较大的比表面积，孔径单一分布，具有高度有序的孔道结构，且孔径尺寸可在较宽范围变化。因此，在许多应用中其性能要优于块状，材料。同样mp g-C_3N_4也具有优越的结构特点：大的比表面积，开放的结晶孔道，特殊的半导体特性。这种结构可以加强光捕获力，提高光生载流子的传输。因此，它的光电催化性能远远优于块状g-C_3N_4。

合成介孔g-C_3N_4最重要的方法是模板法，分为软模板法和硬模板法，如图1.17所示。其中，软模板法利用自然倾向于界面能降低来安排两性表面活性分子和客体材料，通常在水热条件下使用蒸发诱导自组装，有机模板剂的成分和性能对介孔结构十分关键。通过双氰胺自缩聚反应，成功合成mpg-C_3N_4的模板剂有TritonX-100，P123，F127，Brij30，Brij58，Brj76，ionic liquids（ILs）等。然而，由于模板材料的分解先于g-C3N4的形成，因此只有选择特殊的模板和适当的设计才可以合成特定孔径和表面积的材料。此外，在模板聚合物中还有一定量的碳渣，显著降低材料氮含量，影响产品催化活性。Shen 等以Triton X-100为模板剂，三聚氰胺和.戊二醛为前躯体成功制备了孔径3.8nm的mp g-C_3N_4。制备的介孔材料由于有C-N和N-H基团，因此具有极性特征，并且保留了征材料的催化活性和热稳定性。

硬模板法是采用初级纳米孔二氧化硅模板形成稳定的复制g-C_3N_4纳米线或纳米微球阵列，然后用氟氢化铵或者氢氟酸除去模板的方法。模板剂和反应前体的选择十分关键，模板剂有胶体硅球、各种结构的介孔硅、二维六方介孔分子筛SBA-15和三维立方KIT-6介孔二氧化硅等，前躯体包括各种含碳富氮有机化合物，如蜜勒胺（$C_6N_7(NH_2)_3$）、乙二胺（$CH_2-NH_2)_2$）、三聚氰胺（$C_3N_3(NH_2)_3$）、双氰胺（$CN-NH_2)_2$）、铵氰胺（$NH_4[N(CN)_2$）、氰胺（$CN-NH_2$）等。A.Vinu 等以SBA-15为硬模板，乙二胺和四氯化碳为前躯体，通过纳米浇铸法合成出介孔g-C_3N_4材料，该材料具有二维六方有序结构，孔径2.9 nm，比表面积140 m^2/g。但是，该方法存在危险，而且并非环境友好型方法。

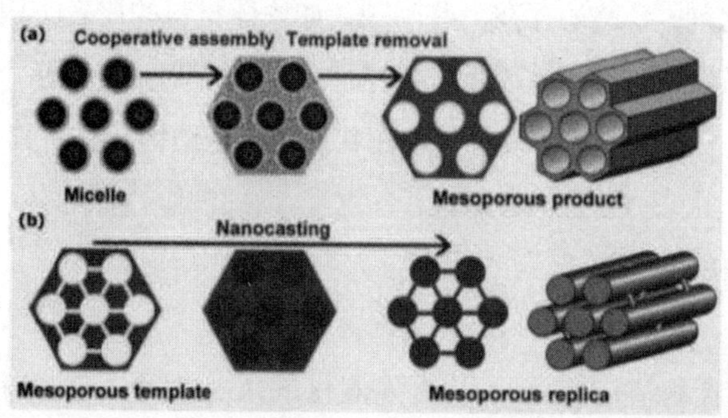

图6.17　合成mpg-C3N4的流程图a软模板法b硬模板法

此外，二维材料类石墨烯结构都具有特殊的电子传递性能，在光电、催化领域方面得到广泛应用。Zhang等通过简单地“绿色”液体剥离法，将块状g–C_3N_4在水中超声剥离形成超薄g–C_3N_4纳米片，如图6.18。其在水中有较好的稳定性，液体剥离法制备得到的超薄纳米片与块状g–C_3N_4具有相同的晶体结构和化学计量比，此方法不经过高温处理及氧化过程，简便易行且环保。

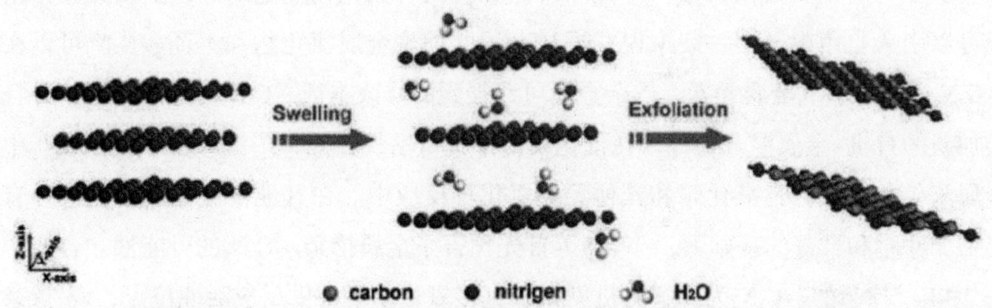

图6.18　从大块g–C_3N_4液相剥离成超薄g–C_3N_4片的机理图

二、带隙工程

禁带宽度及其能带位置对半导体催化剂的催化效率有重要影响作用，因此改善和调整的g–C_3N_4带隙是提高其催化效率的有效途径。通常，化学掺杂即在本征材料体系中选择性的引入杂原子，是改变半导体电子结构及其表面性能的有效策略。对g–C_3N_4的带隙改造可以分为非金属元素掺杂和金属元素掺杂。

近来，B、F、P、S等非金属元素已用来掺杂g–C_3N_4以修改其电子结构和提高其光催化性能，不仅用于光催化产氢还被用于C–H键的氧化、光催化氧化苯酚、氧化环己烷、光降解有机染料等。选择适当的反应前体共缩聚是在设计位点原位掺杂原子的关键。由于F的电负性比N大，掺杂的N原子可以和C原子成键，使C的sp^2杂化部分转化为sp^3杂化，引起材料的层面无序，因此F原子经常用来掺杂C材料以修饰其特性，如石墨烯、活性炭、碳纳米管、石墨等。Wang等以NH_4F为反应前体掺杂g–C_3N_4，并通过控制NHF的浓度控制复合物中F的含量。制备的F掺杂g–C_3N_4材料带隙变窄，光响应范围红移，另外，本征g–C_3N_4的电子结构也发生了变化，响应的产氢速率提高了2.7倍。

金属元素掺杂是利用物理或化学方法，将金属引入到催化剂晶格结构内部，而晶格中引入的新元素电荷会使晶格发生一定程度的改变，调整其电荷分布状态或者改变其能带结构。此外，金属元素掺杂还可以在晶格中形成缺陷，这样就会影响光生电子和空穴的运动状况，并成为光生电子-空穴对的浅势捕获阱，延长电子与空穴的复合时间，降低复合概率，最终改变催化剂的光催化活性。由于金属掺杂不仅能改变半导体结构和表面状态，而且能细微地调变其组成和性能，因此，是制备高效光催化材料的有效手段。

除了与非金属元素掺杂一样减小带隙和扩大可见光响应范围外，金属元素掺杂还可以引入自由电子。一般来说，通过高温共缩聚金属氯化物和本征$g-C_3N_4$可以在$g-C_3N_4$体系中引入金属元素。掺杂金属可以强烈的修改本征$g-C_3N_4$的电子结构，并且增加新的有机-金属混合物种，在催化反应中提供活性位点，广泛应用于模拟H_2O_2中金属酶催化、选择性氧化笨和其他烃类氧化等反应中。在其他富氮π共轭的大环有机物如卟啉和酞菁的基础上，Wang等首先预言了金属掺杂$g-C_3N_4$的可能性。合成的Zn^{2+}和Fe^{3+}掺杂的$g-C_3N_4$为降解有机染料和直接氧化苯酚提供反应活性位点；Fe 掺杂$g-C_3N_4$由于两者的相互作用，随着掺杂Fe含量的增加带隙逐渐减低；由于Zn的3d轨道和N的2p轨道的d-p排斥，Zn/ $g-C_3N_4$的光吸收也发生了明显的变化，催化产氢速率提高了10倍。此外，过渡金属元素，Co，Ni，Mn， Cu等掺杂M $g-C_3N_4$材料都表现出了带隙变窄、可见光响应范围变宽的特性。

三、复合形成异质结

①贵金属沉积

金属-半导体复合异质结主要是以光沉积、含浸等方法将贵金属负载在$g-C_3N_4$的表面。贵金属与$g-C_3N_4$以价键连接形成金属-半导体的复合结构，这种结构可以有效地促进电荷的转移，提高材料导电性，从而提高光催化活性。此外，贵金属沉积改性光催化剂还可以使体系中的电子分布发生了改变，影响催化剂的表面性质，进而改善其光催化活性。一般来说，沉积贵金属的功函数高于催化剂的功函数，当两者在表面通过价键联结时，电子就会不断从光催化剂向沉积金属迁移，金属表面将获得多余的负电荷，进而使电荷更快地传输，且金属与半导体之间的结合牢固，不易被破坏，从而大大提高光生载流子的传输速率。已见报道的贵金属主要包括Pt、Ir、Au、Ru、Rh、Ag等，一些常见金属、半导体材料的功函数和其相对水分解电势的能带位置见图6.19。其中有关Pt的报道最多，效果较好，但是成本过高。

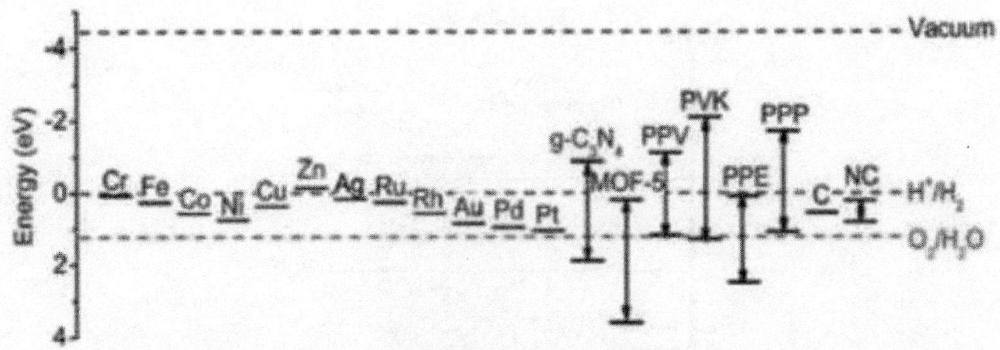

图6.19　常见金属、半导体材料的功函数和其相对水分解电势的能带位置图[98]

②半导体复合异质结

在光催化领域，单一半导体光催化剂往往存在许多缺陷，如带隙能较大，不能够吸收可见光，光生载流子的复合率高等。聚合物半导体g-C_3N_4也存在可见光响应范围较窄，光生电子-空穴对易复合等问题。Ge Lei等通过化学浸渍法将CdS量子点与g-C_3N_4复合，研究结果表明，CdS量子点与g-C_3N_4的协同作用提高了光生载流子的分离效率，同时提高了可见光催化产氢效率。Sun等通过煅烧三聚氰胺和醋酸锌的混合物制备了g-C_3N_4-ZnO 复合光催化剂，研究发现，g-C_3N_4-ZnO复合催化剂拓宽了两种单一半导体的光吸收范围，并且提高了催化降解有机污染物的效率，且与单纯的ZnO半导体相比稳定性也得到改善。此外，研究者们还将g-C_3N_4聚合物半导体与其他无机半导体进行复合，如TiO_2、WO_3、Bi_2WO_6、BiOBr等，制备得到的复合材料光催化性能都优于其单一半导体，g-C_3N_4与TiO_2复合的异质结提高催化效率作用机理见图6.20。

除了与上述的金属半导体的复合，研究还发现，一些不含金属的半导体也能够显著提高g-C_3N_4可见光催化活性。如Ge等通过原位聚合方法将导电聚合物聚苯胺（PANI）与g-C_3N_4复合，电子和空穴能够快速在两相界面之间传输并且有效抑制了电子-空穴对的复合，进而提高了可见光催化降解有机物的活性。一般来说，石墨烯具有良好的电子传递性能，往往在催化反应中与催化剂具有协同作用，因此常被用作催化剂载体。Liao等将石墨烯与g-C_3N_4复合，结果发现制备得到的Graphene/C_3N_4复合光催化剂的电子-空穴对的分离效率明显提高，且光催化产氢效率约为g-C_3N_4的3倍。与石墨烯类似，碳纳米管也能够加速g-C_3N_4光催化剂电子-空穴对的分离，进而提高其光催化活性。

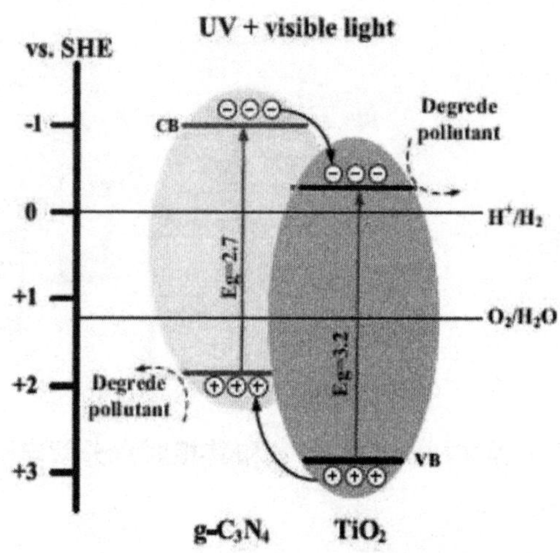

图6.20　g-C_3N_4/TiO_2异质结提高催化效率作用机理图

第四节　g-C_3N_4基异质结构光催化剂的研究

一、传统g-C3N4基异质结构光催化剂

通常，异质结的定义为：两种不同的半导体间的界面，这两种半导体有不同的带结构，这会使能带结合。常见的传统异质结光催化剂是I型和II型异质结光催化剂。

（一）传统g-C3N4基1型异质结光催化剂

如图（6.21a）所示，为1型异质结光催化剂的结构。半导体A的导带（CB）和价带（VB）分别比相对应的半导体B的导带（CB）高，比B的价带（VB）低。因此，在光照下，电子积聚在半导体B的导带（CB）上，空穴将积聚在半导体B的价带（VB）能级上。由于I型异质结光催化剂的电子和空穴都在同一个半导体（B）上聚集，所以导致电子-空穴对不能有效分离。此外，由于在氧化还原电位较低的半导体上发生氧化还原反应，致使光催化剂的氧化还原能力显著降低。Li 等研究使用了湿浸渍法来构建二元结构的$CdIn_2S_4$/ g-C_3N_4光催化剂。成功构建了由H_2O_2和$CdIn_2S_4$/ g-C_3N_4异质结组成的新型高效可见光催化体系。如图（6.21b），g-C_3N_4的导带（CB）电位比H_2O_2的导带（CB）电位负，并且g-C_3N_4比$CdIn_2S_4$的价带（VB）电位更正，因此，g-C_3N_4的导带（CB）上的电子（e^-）和价带（VB）上的空穴（h^+）可以由接触电场驱动，并分别转移到$CdIn_2S_4$的导带（CB）和价带（VB）上，从而降解RB19染料。

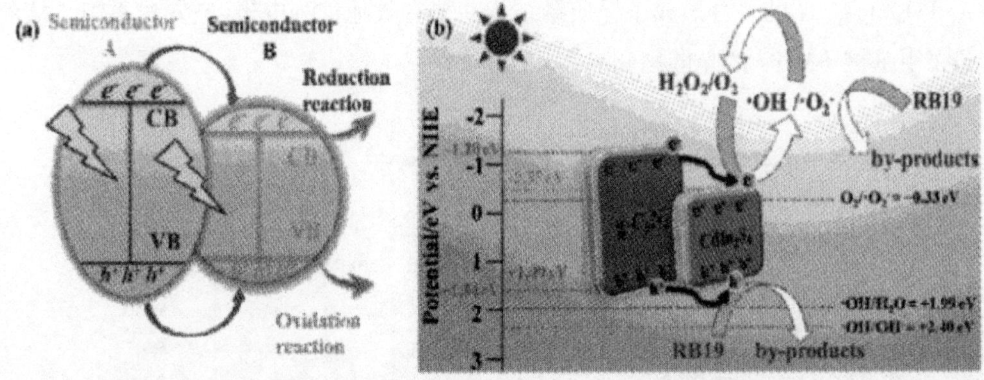

圈6.21　（a）I 型异质结光催化剂，（b）$CdIn_2S_4$/ g-C_3N_4和H_2O_2降解RB19的光催化机理

（二）传统g-C3N4基II型异质结光催化剂

在传统II型异质结光催化剂（图6.22b）中，半导体A的导带（CB）和价带（VB）都高于半导体B。因此，光生电子将在光照射下从半导体A的导带（CB）转移到半导体B导带（CB），而光生空穴在光照射下从半导体B的价带（VB）迁移到半导体A的价带（VB），使电子–空穴对的空间分离。所以，传统的g-C_3N_4基的II型异质结系统由于交错带的结构在半导体组分间，可以有效地分离光生电子–空穴对。Konstantinos 等制备了经久耐用的β – Fe_2O_3/ g-C_3N_4纳米复合材料。

在可见光照射下，测试其对苯酚.甲基橙和罗丹明B的光催化降解的活性的研究。从图（6.22b）中可以发现，g-C_3N_4中的导带（CB）电子（e^-）的还原电位更为负，而β – Fe_2O_3中的导带（CB）中电子（e^-）的还原电位小于$O_2/O_2^{-\cdot}$的电位。因此，可以减少g-C_3N_4导带（CB）中的e^-与O_2反应形成$O_2^{-\cdot}$。g-C_3N_4价带（VB）的空穴（h+）的氧化电位不能直接氧化表面羟基或吸附的水分子来生成OH˙。g-C_3N_4中价带（VB）的空穴（h+）的电位足以直接氧化MO。在光催化中，β – Fe_2O_3和g-C_3N_4的重叠带结构驱动电荷进行有效地分离，由于导带（CB）和价带（VB）能量的不同，β – Fe_2O_3增强了在可见光区的光吸收，产生更多的电荷载流子，同时促进电荷转移和分离。经研究结果表明，复合β – Fe_2O_3/ g-C_3N_4纳米材料具有较高的光催化活性并且具有较高的稳定性。Xiu 等使用简单的化学吸附方法制备石墨状g-C_3N_4修饰Ag_3PO_4纳米颗粒。包覆在Ag_3PO_4表面石墨状g-C_3N_4可以有效抑制Ag_3PO_4在水溶液中的溶解，从而提高其结构的稳定。Ag_3PO_4与g-C_3N_4耦合形成了II型异质结光催化剂可以提高其光生电子–空穴对的分离效率。如图（6.22c，d）所示，在光照条件下7wt% g-C_3N_4/Ag, PO，光催化剂的光催化性能是Ag_3PO_4的4倍。复合材料光催化活性的增强的主要是由于Ag_3PO_4和g-C_3N_4的复合形成了异质结结构并能有效地抑制电子-空穴对重组，从而促进了甲基橙（MO）的光催化分解。

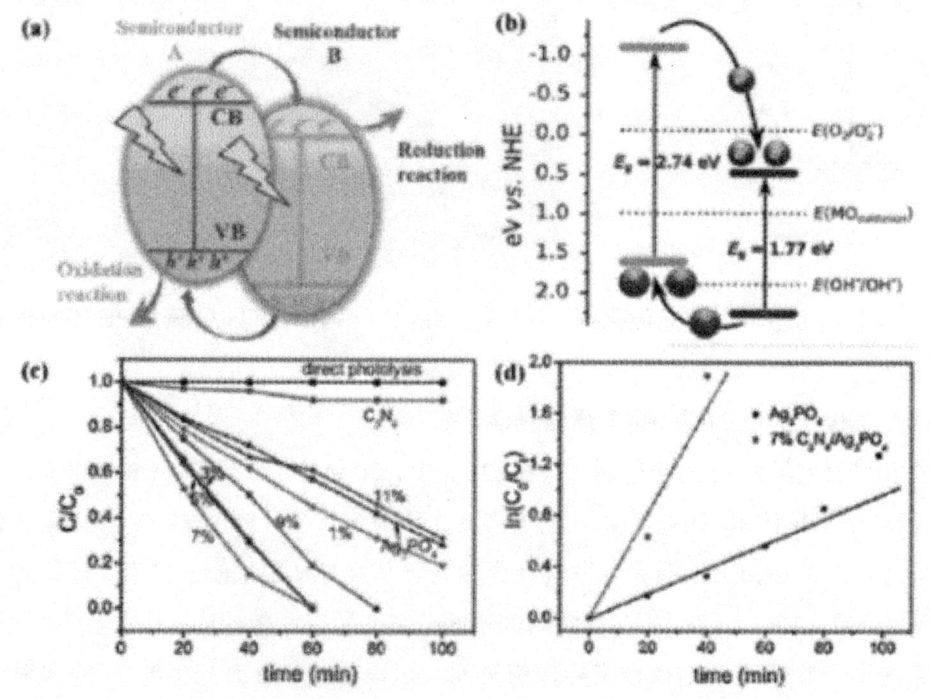

图6.22　（a）II型异质结光催化剂，（b）β－Fe_2O_3/ g-C_3N_4的带边位置，（c）g-C_3N_4/ Ag_3PO_4在可见光照射下光催化降解MO，（d）反应动力学方程

二、g-C3N4基有电子介质Z型异质结

如图（6.23a）所示，贵金属纳米粒子充当电子介质的z型电荷转移。半导体A中较低的导带（CB）的光生电子可以先转移到电子介质上。然后，电子介质上的激发电子可以再转移到半导体B的价带（VB）中并与半导体B的光生空穴重新结合。最终，能够实现半导体A和半导体B的光生电子-空穴对的有效地分离，使半高氧化性的空穴和高还原性的电子存在。Lin等通过煅烧由三聚硫氰酸和三聚氰胺两种对称前驱体聚合生成的中间体来调控棒状g-C_3N_4纳米材料。制备的g-C_3N_4纳米棒/ Ag_3PO_4复合光催化剂。用600 mg棒状g-C_3N_4改性的复合光催化剂，其制氧量为110.1 μmol·L^{-1}·g^{-1}·h^{-1}是块状Ag_3PO_4的2.5倍（图6.23c，d）。当光催化反应开始时，导带（CB）产生的电子由g-C_3N_4转移到Ag_3PO_4，空穴离开Ag_3PO_4的价带（VB）并转移到g-C_3N_4的价带（VB），这与传统的异质结过程发生的路径相同。随着光照时间的增加，由光

激发电子将Ag^+还原为金属Ag。当金属银纳米粒子生成并沉积在Ag_3PO_4表面时，二元g-C_3N_4/ Ag_3PO_4光催化体系转变为三元g-C_3N_4/Ag/ Ag_3PO_4复合体系。Ag纳米粒子的存在为Ag_3PO_4的导带（CB）和g-C_3N_4材料的价带（VB）上的空穴提供了一个电子-空穴复合中心，而Ag_3PO_4材料的价带（VB）上的空穴揭示了增强的氧化性能，并使氧从水分解中释放出来，这将会提高光催化制氧性能（图6.23b）。

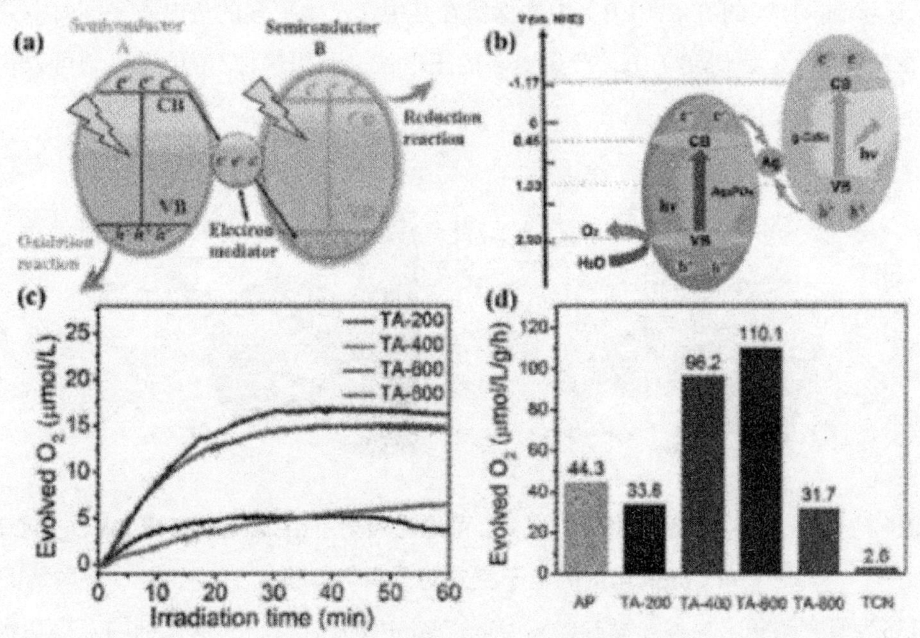

图6.23　（a）全固态（ASS）Z光催化剂，（b）提高制氧能力的Z型示意图，（c，d）Ag_3PO_4存在下TCN及不同改性g-C_3N_4 / Ag_3PO_4纳米复合材料的制氧性能

三、g-C3N4基直接z型异质结

研究人员最近还发现了一种没有电子介质的新型电荷转移路径，这种转移跨越了两个紧密接触的半导体之间的界面回。光生电子在半导体A上较低的导带（CB）.上的可以直接转移到半导体B的价带（VB）上，与空穴复合，如图（6.24a）所示。这种电荷转移被称为直接Z方案转移机制。直接Z型光催化剂与其他类型的电子转移机制不同，仅由两个半导体在界面上有直接接触而组成。直接Z型光催化剂不需要电子或空穴介质。因此，Z型光催化系统的构建成本可以极大地降低。此外，通过构建直接Z型光催化剂，还可以克服金属基介质负载引起的光屏蔽效应。由于上述优点，直接Z式光催化剂在多种光催化领域中得到了广泛的研究应用。

You等采用简易无模板法制备了新型g-C_3N_4纳米棒/ $InVO_4$空心球复合材料。g-C_3N_4纳米棒表面均匀地分布着空心球状$InVO_4$均匀地分布，形成了Z型异质结。由于这种独特的形貌和结构，使材料有着高转移效辜和高分离效率，从而提高了可见光催化活性并提出了一种Z型模式的转移机制来解释光生载流子的迁移过程。如（图6.24b）所示，可见光照射激发g-C_3N_4和$InVO_4$，同时，导带（CB）中的光生电子将从$InVO_4$迁移到g-C_3N_4的价带（VB）中并保留在其中，产生更多的负电位；同时空穴将保留在$InVO_4$的价带（VB）中，产生更多的正电位。利用这种Z型传递机制可以获得较高的电子-空穴对分离效率。

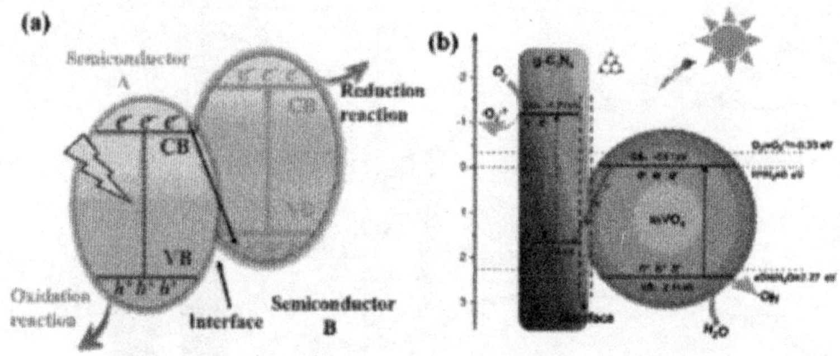

图6.24　（a）直接Z 型光催化剂，（b）可见光照射下g-C_3N_4纳米棒/$InVO_2$空心球光催化剂的电子空穴对分离与转移机

Lin等研究制备了一种新型g-C_3N_4 /MoS_2/ Ag_3PO_4复合材料光催化剂的来提高水分解的制氧性能，他们使用改性石墨碳氮化物（g-C_3N_4）纳米片和高导电性的二维二硫化铝（2D MoS_2）纳米片，同时与正磷酸银（Ag_3PO_4）偶联，制备出双直乙型g-C_3N_4 / MoS_2/ Ag_3PO_4（CMA）复合光催化体系。如图（6.25a）最佳CAM－20的产氧速率为232.1 μmol·L^{-1}·g^{-1}·h^{-1}，是块状Ag_3PO_4的5倍。光催化制氧过程中产氧速率的增强可以归因于高的可见光吸收、光激发电子-空穴对更有效分离以及光照下串联双直Z型结构的特定电荷转移途径的协同效应。提出了光催化机理（图5b）。与传统的异质结光催化剂中激发态的光生载流子从高能级向低能能级迁移的电荷转移机理不同，传统的异质结光催化剂导致光催化剂氧化还原能力降低。片状MoS_2引入Ag_3PO_4和g-C_3N_4有利于形成双电荷Ag_3PO_4－MoS_2和MoS_2－g-C_3N_4的直接Z型路径。在光照条件下，在Ag_3PO_4导带（CB）的上光生电子可以先直接与MoS_2的价带（VB）上的空穴结合，而MoS_2导带（CB）中的激发电子则更倾向于与g-C_3N_4的价带（VB）上的空穴结合，电子在g-C_3N_4的导带（CB）上聚集，活性孔穴在Ag_3PO_4的价带（VB）上保留，以改善光催化分解水的性能。由于具有宽光谱可见光吸收的高导电性MoS_2半导体的存在，所构建g-C_3N_4 / MoS_2/ Ag_3PO_4双直接Z型结构能显著提高了电荷转移效率，抑制了电子-空穴复合，使太阳驱动的由水分裂产生的氧的释放明显增强。

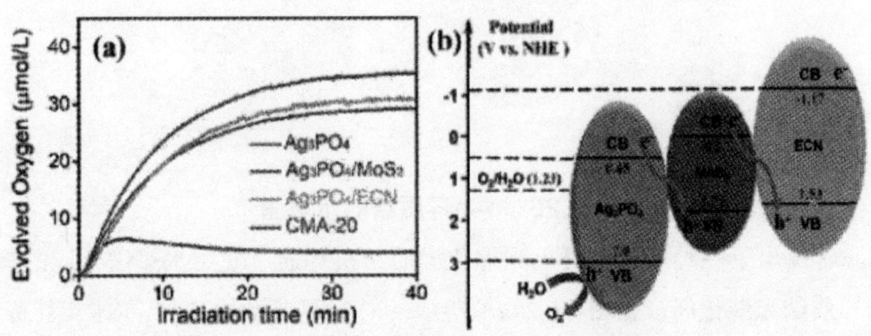

图6.25　（a）不同复合材料和纯Ag_3PO_4上的光催化制氧性能，（b）g-C_3N_4 / MoS_2/ Ag_3PO_4复合材料直接Z型制氧机理

四、g-C3N4基p-n型异质结

p-n型异质结光催化剂是一种能够通过提供额外的电场来加速电子-空穴在异质结界面上的迁移，致使光催化性能提高的异质结结构。一般来说，g-C_3N_4是一种典型的n型半导体，因为它含有- NH/NH_2基团作为给电子体。如图（6.26a）所示，p型半导体的费米能级（$E_{F,\ p}$）靠近价带（VB）附近，而n型半导体的费米能级（$E_{F,\ n}$）位于导带（CB）附近。从图（6.26b）可以看到，一个内置电场在两个半导体的接触界面处形成（从n型半导体到p型半导体）。这是由于当p型半导体和n型半导体相互接触时，费米能级会发生偏移，界面上的电子将从n型半导体转移到p型半导体。所以，n型半导体的界面带正电荷，p型半导体的界面带负电荷。这是p-n异质结系统或简单的p-n结的典型特征。在光照下，在界面内置电场作用下，p型半导体的导带（CB）中的光生电子将转移到n型半导体的导带（CB），光生空穴则向相反方向转移。所以，光生载流子可以在p-n异质结的界面处得到有效分离，有利于光催化性能的提高。在能带排列和内部电场的协同作用下，p-n异质结光催化剂的电子-空穴分离效率比II型异质结光催化剂更高。

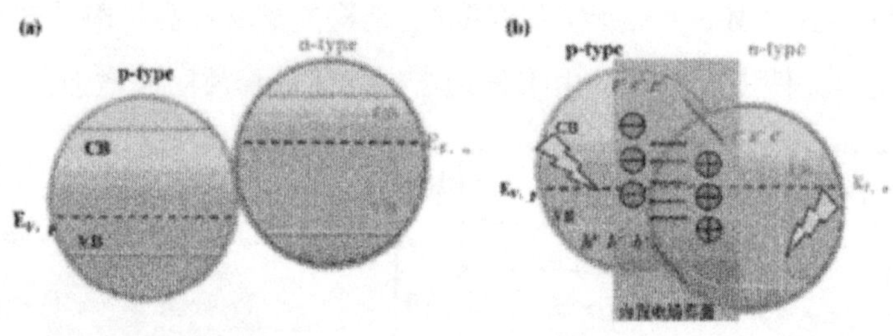

图6.26　p–n异质结的示意图

Tian等提出了一种可能的可见光催化异质结机理通过使用水热法合成的具有p–n结构的异质结光催化剂。如图（6.27a）所示， C_3N_4是典型的n型半导体，其费米能级（$E_{F,\ n}$）位置接近导带（CB）附近，而Cu_2O是p型半导体，其费米能级（$E_{F,\ p}$）位置接近价带（VB）。显然， C_3N_4和Cu_2O的能带结构是横跨了两个层，不适合构建异质结从而分离光生电子和空穴。然而，当Cu_2O沉积在C_3N_4表面，电子从C_3N_4向Cu_2O扩散，空穴从Cu_2O向C_3N_4扩散，形成一个内部电场，直到C_3N_4和Cu_2O的费米能级达到平衡。同时， Cu_2O和C_3N_4的能带位置也随费米能级的变化而发生变化，最终形成了C_3N_4和Cu_2O的能带结构重叠。当可见光照射时， C_3N_4和Cu_2O都能被激发并产生光生电子–空穴对。在内部电场的作用下，光生电子向正电场（n– C_3N_4）移动，空穴向负的电场（p–Cu_2O）移动。因此，光生电子在n– C_3N_4区积累，空穴在p– Cu_2O区积累（图6.27b）。上述几点因素都能有效地抑制光生电子–空穴对的复合，从而提高光催化活性。

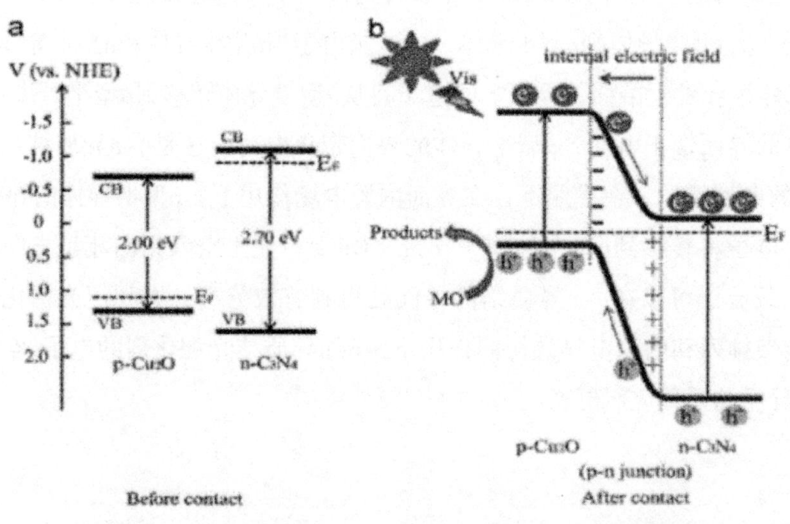

图6.27　可见光照射下 C_3N_4 – Cu_2O异质结的示意图

第七章　二维g-C_3N_4材料表面构筑为助催化剂及其光分解水研究

第一节　研究背景

目前来说，g-C_3N_4材料在太阳能光催化分解水制复领域已经进行了深入的研究并取得长足的进步但是由于g-C_3N_4材料存在本征够缺陷，因此，通过具有独特性能的第二相修饰来弥补g-C_3N_4材料本身更有意义。对于量子点材料来说，由于具有独特的光物理特性，不仅容易调节其光致发光，也可以作为光敏剂来拓展材料的光吸收，并起到电子受体的作用，受到研究人员广泛的关注。近来，已经多有报道将量子点材料与TiO_2, CdS，Fe_2O_3，$BiVO_4$和Cu_2O等半导体材料结合，来提升材料整体的可见光吸收以及降低光生载流子的复合。碳量子（CDQs）作为量子点材料中重要的一类，因为有独特的π－π共轭结构，导致其具有独特的电学特性，被研究人员广泛用于修饰半导体纳米材料来抑制光生载流子的复合。Liu等人报道，利用CQDs表面敏化g-C_3N_4N材料，将复合材料的可见光吸收拓展至600 mm，在光催化分解水中得到了很高的量子效率。Gao 等人通过理论分析发现CQDs修饰g-C_3N_4材料的光催化机制是二者之间可以形成型范德华异质结，CQDs起到光敏化剂的作用。以上研究充分说明了将CQDs与g-C_3N_4材料耦合是提升g-C_3N_4基光催化剂性能一条行之有效的途径。

进一步来说，在分解水反应过程中，还有一个必须面对的问题就是贵金属助催化剂。目前来说，铂（Pt）和氧化钌（RuO_2）是应用最广泛也是最高效的产氢产氧助催化剂。由于贵金属的价格昂贵以及低储量，发展非贵金属助催化剂就显得尤为重要。

在此，我们首先研究在维g-C_3N_4材料表面构筑碳量子点助催化剂，通过复合工艺拓展材料光吸收，促进光生电子的转移，进而提g-C_3N_4材料的光催化产氢效率；进一步，我们选用二元磷化物，即磷化钴镍（CoNiP）作为非贵金属助雅化利代替Pt类贵金属助催化利采用据极债的方法，设计制备二维g-C_3N_4材料表面修饰单分做CoNiP团簇，使CoNiP以团簇的形式在g-C_3N_4表面沉积，并具有良好的单分散性。利用廉价的非贵金属磷化物作为助催化剂在保证产氢速率提高的前提下，降低光催化产氢反应成本。

第二节　实验部分

一、碳量子点修饰g-C3N4样品制备

碳量子点制备：取1 g柠檬酸钠粉末研磨均匀后置于50 mL水热釜中，250 ℃下反应4 h。随炉降温后，刮出水热釜中粉末，分散于少量去离子水中离心，弃掉沉淀物收取上清液，将上清液转移至透析袋中，将透析袋置于500 mL装满去离子水的烧杯中，每8h换水一次，连续透析3天。离子交换完毕后，取出透析袋中液体，冷冻干燥得到碳量子点粉末。

$g-C_3N_4$材料制备：取10 g尿素置于坩埚中，密封后放在马弗炉中以10℃ · min^{-1}的升 温速率升至550℃，保温4 h。随炉降温后得到黄色粉末即为$g-C_3N_4$材料，记作OCN。

碱处理$g-C_3N_4$材料制备：取1g上述$g-C_3N_4$材料分散于50 mL0.1 mol .L^{-1}的氢氧 化钠溶液里，分散均匀后将上述分散液转移至100 mL水热釜中，130℃下反应4 h。随炉降温后，将釜中残余$g-C_3N_4$材料取出用去离子水清洗至中性，干燥备用，记作CNO。

氧化处理$g-C_3N_4$材料制备：取1 g上述$g-C_3N_4$材料分散于45 mL去离子水里，随后 加入5 mL过氧化氢溶液（30%），搅拌均匀后将上述分散液转移至100 mL水热釜中，130℃下反应4 h。随炉降温后，将釜中残余$g-C_3N_4$材料取出用去离子水清洗2遍，干燥备用，记作CNHO。

碳量子点修饰$g-C_3N_4$复合材料制备：将上述碳量子点配置成1 mg . mL–的溶液，取 100 mg上述OCN或CNO或CNHO样品分散于50 mL去离子水中，用HCl调pH至4.5，然后取适量碳量子点溶液滴加人上述分散液中，搅拌2 h后，离心干燥。将干燥后的样品在 350℃下真空热处理2 h，随炉降温后取出样品，留置备用，记作CCDA或CNOCA或CNHOCA。

二、CoNiP 团簇修饰g-C3N4样品制备

CoNiP材料制备：分别取250 mg硝酸钴（$Co(NO_3)_2$）晶体和250 mg硝酸镍（Ni

（NO_3）$_2$）晶体溶于5 mL水中，搅拌溶解后真空干燥直至完全干燥成固体。将干燥固体取出，研磨成粉状，转移到瓷舟端，置于管式炉中，氩气气氛下550℃保温1 h。待样品随炉降温后，将瓷舟中样品整理至一端，并在另一端放置 500 mg次亚磷酸钠（NaH_2PO_2），再次将瓷舟置于管式炉中，氩气气氛下300℃保温1 h。随炉降温后，取出黑色样品用去离子水清洗3遍后干燥，留置备用，记作NCP。

CoNiP团簇修饰g-C_3N_4复合材料制备：将Co（NO_3）$_2$晶体和Ni（NO_3）$_2$晶体配置成混合水溶液，取100 mg OCN置于离心管中，加入0.5 mL上述溶液（溶液浓度根据负载量变化而变化），放置在漩涡振动机上振动，同时加热离心管，直至OCN粉末团成微球。将微球取 出研磨均匀，转移到瓷舟一端，置于管式炉中，氩气气氛下550 ℃保温1 h。待样品随炉降温后，将瓷舟中样品整理至一端，并在另一端放置500 mg NaH_2PO_2，再次将瓷舟置于管式炉中，氩气气氛下300℃保温1 h。随炉降温后，取出灰色样品，用去离子水清洗3遍后干燥，留置备用，NCP占整体质量1%的样品记作1NCPCN。

三、光催化产氢测试

以三乙醇胺为空穴牺牲剂，称0.18光值化利粉末加人100 mL20 vol.%三乙醇胺水溶液的反应器中，磁力搅拌使催化剂均匀分散于溶液中。然后将反应器和系统连接起来。反应前将系统压力抽至0 01 MPa并保持30 min以上，以保证气密性良好。待其真空度稳定后，开启光照，每隔60 min取样。

四、光电极制备

样品光电极制备过程：取50 mg所需样品粉末分散在0.75 mL乙醇中制备成浆料，然后用刀刮法在2 cm x 4 cm规格的FTO玻璃上制膜。待电极干燥后，空气中200℃下煅烧10 h以加强粉末与FTO的结合。

第三节　二维g-C_3N_4材料表面构筑碳量子点助催化剂

为使碳量子点能够在g-C_3N_4表面尽可能均匀分散，本部分课题均采用静电吸附结合的方法。由于碳量子点的表面Zeta电位为负值，因此我们首先用HCl溶液调节g-C_3N_4分散液pH，以更有利于静电吸附过程。

一、碳量子点修饰二维g-C3N4复合材料的表征与性能分析

首先采用TEM研究了碳量子点/ g-C_3N_4，复合光催化剂的形貌等性质。从图7.1中可以看出，g-C_3N_4纳米片经过碳量子点修饰以后，后续热处理并没有改变原g-C_3N_4的片层结构，反而片层进一步变薄。 碳量子点尺寸约在2 nm左右，均匀修饰在g-C_3N_4表面，也没有发现明显的量子点团聚现象，这可以认为g-C_3N_4与碳量子点之间由于π-π共轭作用更容易形成相互作用，从而避免了量子点的团聚。

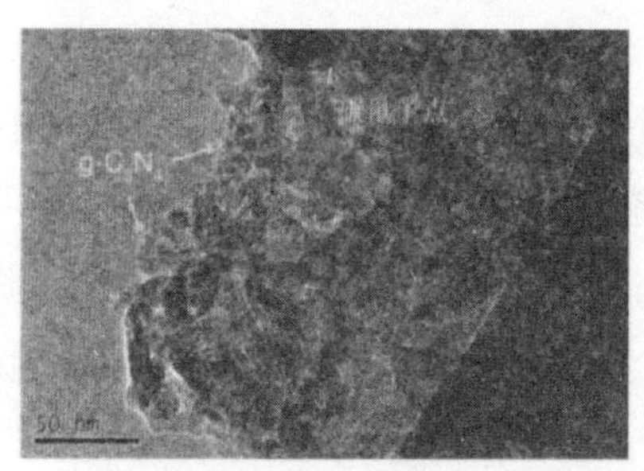

图7.1 CCDA的TEM图片

图7.2所示是和碳量子点/g-C_3N_4复合光催化剂的XRD谱图。XRD物相分析是研究晶体结构的有效手段之一。从图中可以看出，g-C_3N_4和碳量子点/ g-C_3N_4复合光催化剂均产生了两个明显的g-C_3N_4的特征衍射峰，对应卡片号为JCPDS 087 -1526，这与文献报道相一致。在碳量子点/ g-C_3N_4复合光催化剂体系中，2θ = 27.5° 处的晶面衍射峰强度较OCN有所降低，这可能是由于后续的热处理过程中，层间结构有所打破形成了薄层结构，从而弱化了层间的分子堆垛作用，减弱了其衍射强度。另外，通过碳量子点修饰CNHO得到碳量子点/ g-C_3N_4样品的衍射峰型没有发生明显的变化，是由于低修饰量的碳量子点在g-C_3N_4表面分布均匀，未能在复合材料的衍射峰上有所体现。

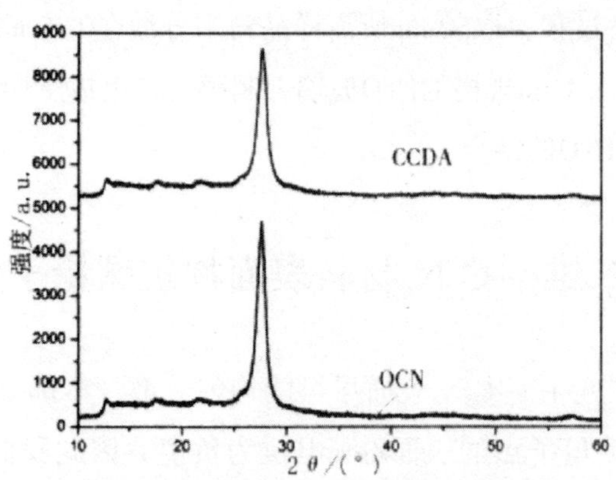

图7.2 OCN和CCDA的XRD图谱

通过研究光催化材料的光学性质可以探究其吸光特性，图7.3所示为g-C_3N_4和碳量子点/ g-C_3N_4复合光催化剂的紫外可见漫反射光谱图。从图中可以看出，复合光催化剂碳量子点/ g-C_3N_4的带边发生了大约40nm的红移，并且其在紫外以及可见光区域的吸收强度均有较大程度的增加，这是由于表面修饰碳量子点拓展了复合材料的整体的光吸收，这些特征有利于复合光催化剂全光谱下活性的提高

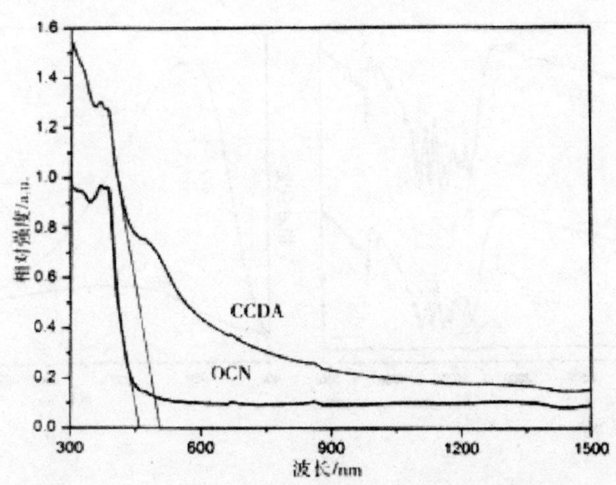

图7.3 OCN和CCDA的紫外吸收漫反射图谱

为了进一步研究碳量子点/g-C_3N_4复合光催化利体系中碳量子点与g-C_3N_4之间的相互作用，采用FTIR光谱和光致发光谱进行了研究。图7.4（a）是g-C_3N_4和碳量子点/ g-C_3N_4复合光催化利的FTR光谱图。在g-C_3N_4的红外光谱中，可以观察到g-C_3N_4的几组官能团的特征吸收峰，3080~3280 cm^{-1}波数范围内的氨基伸缩振动峰，1637 cm^{-1}处的C=N伸缩振动峰，1308 cm^{-1}处的C—N伸缩振动峰以及809 cm^{-1}处的三嗪环振动峰。纯的碳量子点只是在3500 cm^{-1}附近出现了信号峰，可以认为是羟基的伸缩振动峰。在碳量子点/ g-C_3N_4复合光催化剂的FTIR中，g-C_3N_4的红外光谱中出现的特征吸收峰都有一对应，而且在由碳点修饰后发现，在 34000 cm处弱的轻基信号峰也有所加强，说明碳点与g-C_3N_4之间形成了很好的相互作用。

根据之前的文献报道，通常来说，光致发光现象从本质上来说是光生载流子重新复合发射出荧光导致的，因此可以通过荧光光谱来研究光反应过程中光生载流子的分离和迁移的过程，进而考察光生电子的寿命。图7.4（b）所示是g-C_3N_4和碳量子点/ g-C_3N_4复合光催化剂的PL光谱图。从图中可以明显地看出，相较于纯g-C_3N_4，碳量子点/ g-C_3N_4复合光催化剂的荧光发射强度显著降低，并且主峰发生明显的红移，从原来的460 nm处红移至500 nm处，这说明，碳量子点修饰g-C_3N_4后，二者之间由

于π-π堆积作用，导致复合材料的发射波长红移，而且由于碳具有较大的功函数，g-C_3N_4受激发后，光生电子容易转移至碳点表面，从而降低了光生载流子复合的概率，也就是从图中呈现出的碳量子点/ g-C_3N_4复合光催化剂具有低的光致发光强度。

综合以上分析，我们发现，碳量子点不仅有利于提高复合材料的光吸收，更可以促进光生载流子的分离，降低载流子复合的概率。

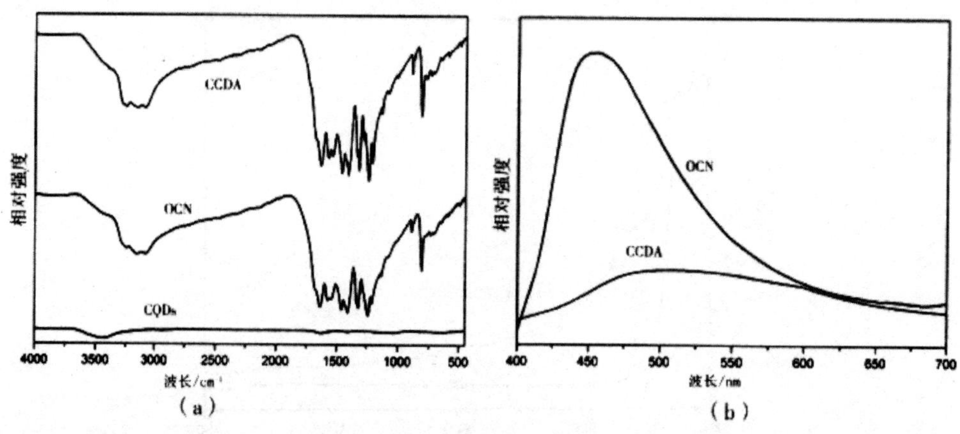

图7.4 样品光谱图

（a）CQDs，OCN和CCAD的红外光谱图（b）OCN和CCAD的荧光光图谱

通过测定光催化产氢性能，对g-C_3N_4和碳量子点/ g-C_3N_4复合光催化剂的催化活性进行了研究，实验中Pt助催化剂添加量为测试样品质量的3%。将碳量子点/ g-C_3N_4光催化剂系列产氢速率常数以柱状图的形式绘制于图7.5（a）中，图中CCDA-1，CCDA-2，CCDA -3和CCDA-4对应的碳量子点修饰量分别占样品总质量的0.1%，0.5% ，1%和2%。从图中可见，所有被碳点修饰后的g-C_3N_4光催化剂均表现出比OCN更高的产氢速率，当碳量子点/ g-C_3N_4质量比为1%时，表现出最高的产氢活性，大约为原g-C_3N_4的1.6倍。同样，当碳量子点/ g-C_3N_4质量比为2%时，其复合体系碳量子点/ g-C_3N_4的产氢速率随着碳点的增加反面下降，说明碳点的添加量对复合光催化剂的催化活性有直接影响。从图7.5（b）可以看出碳量子点/ g-C_3N_4样品具有稳定的产氢性能，3h过程中产氢量呈现良好的线性增长。进步，我们使用420 nm截止滤光片再次测试OCN和CCDA -3的产氢活性。我们发现，在可见光照射下，复合光催化剂性能提升仅1.25倍，而在全光谱下性能提升了1.6倍。由此说明，碳点在复合催化剂中的提升作用，更大程度是作为电子受体，使电子在碳点表面富集，然后流向助催化剂Pt生成氢气，通过提升可见光吸收对性能的提升有限。

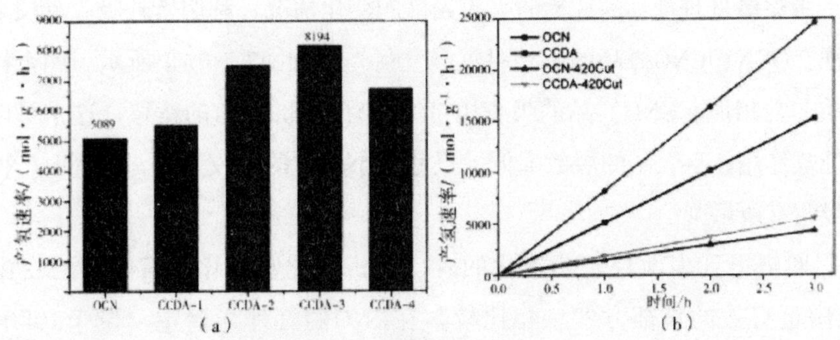

图7.5 样品产氢测试

二、g-C3N4预处理对复合材料性能的影响与分析

通过上述测试我们发现，碳点对复合材料的产氢性能具有提升作用，但提升作用极其有限。因此，我们认为只利用π-π共轭作用进行电荷传递作用有限，若能在二者之间形成键合，则将对传质具有更大的促进作用。我们由FTIR 光谱图知道，制备得到的碳点富含羟基，若能使g-C_3N_4材料表面羟基化，在后续的真空热处理过程则较容易将二者形成键合，从而增强碳点与g-C_3N_4之间的传质作用。因此，首先我们使用碱溶液对g-C_3N_4表面进行羟基化处理，然后用碳量子点进行修饰，最后通过真空热处理工艺得到样品CNOCA。

利用XRD方法来考察碱处理前后g-C_3N_4纳米片的衍射峰强度变化，结果如图7.6所示。从图中可见，碱处理后的样品CNO较原始g-C_3N_4样品，只是在27.5° 处的行射强度有所降低，此处为（002）晶面石墨层状结构的堆叠峰，由于水热碱处理过程对层状结构有所破坏，弱化了层间的分子堆垛作用，减弱了其行射强度。

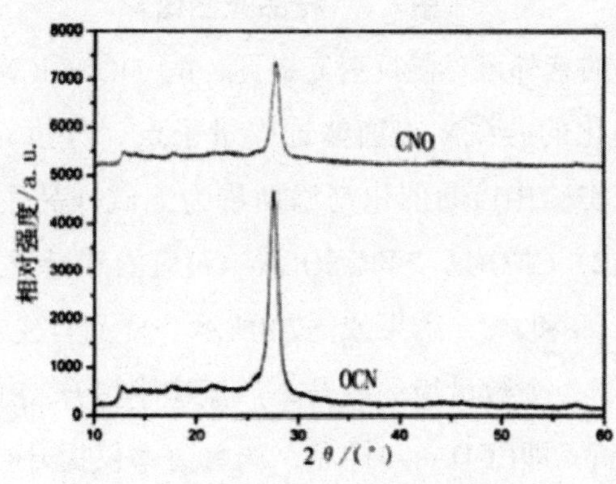

图7.6 OCN和CNO的XRD图谱

为了考察碱处理前后$g-C_3N_4$的吸收光谱的变化情况，利用紫外吸收漫反射图谱进行了表征。OCN和CNO样品的紫外可见漫发射光谱如图7.7（a）所示，两个样品的光吸收性质非常相似，CNO样品的吸收边带大约有10 nm左右的蓝移，这个可以理解为由于碱处理作用，$g-C_3N_4$的层数降低、尺寸变小导致的吸收蓝移，但同时CNO在紫外光区的吸收有所增强。

我们期望得到表面羟基功能化的$g-C_3N_4$，因此鉴定化学官能团的变化情况，FTIR光谱是有效的表征方法。相比较，在CNO的红外光谱中，位于3080 ~ 3280 cm^{-1}，1637 cm^{-1}，1308 cm^{-1}处的峰均与文献报道一致，是$g-C_3N_4$的官能团特征吸收峰，值得注意的是809 cm^{-1}处的三嗪环振动峰减弱，说明碱处理过程不仅破坏了层间结构，还在一定程度上破坏了层内结构，导致信号峰强度降低。此外，我们发现在CNO的谱图中，在3430 cm^{-1}处较OCN出现了明显的信号峰，这个峰就是羟基的伸缩振动峰，说明了我们通过碱处理工艺可以有效丰富表面的羟基，为下一步与碳点表面羟基形成相互作用奠定基础。

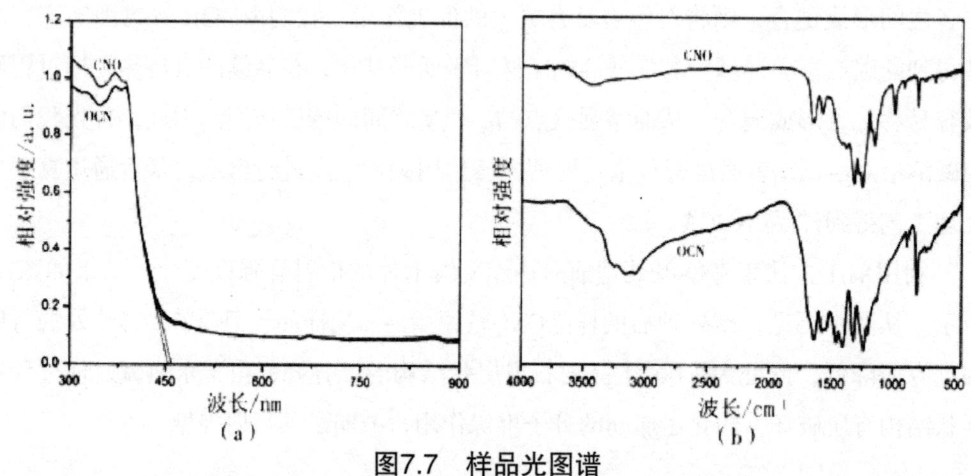

图7.7　样品光图谱

（a）OCN和CNO的紫外可见漫反射光谱图（b）OCN和CNO的FTIR光谱图

我们在表面羟基化的$g-C_3N_4$表面修饰碳量子点，经过真空热处理后将其用于光解水产氢的实验，实验中Pt助催化剂添加量为测试样品质量的3%，同样，图中CNOCA-1，CNOCA-2，CNOCA-3和CNOCA-4对应的碳量子点修饰量分别占样品总质量的0.1%，0.5%，1%和2%，结果如图7.8所示。样品首先经过碱处理之后，样品光催化产氢性能即有了一个数量级的提升，产氢速率提升3.8倍，而碳量子点修饰未经碱处理$g-C_3N_4$的样品，即CCDA -3样品，产氢速率仅提升1.6倍，由此我们可以知道，通过碱处理丰富$g-C_3N_4$，表面的羟基更有利于光催化活性的提升，通过碱处理，使g-C_3N_4表面暴露更多的活性位点，更有利于助催化剂Pt的均匀沉积。进一步，我们发现质量比为1%的样品仍为优选样品，产氢速率高达31.78 mmol·g^{-1}·h^{-1}，相较原始g-C_3N_4样品、碱处理g-C_3N_4，样品和碳点修饰未经处理g-C_3N_4样品，产氢速率分别提升了6.2倍、1.6倍和3.9倍。性能有如此大的提升首先得益于碱处理工艺，在碱处理过程中，g-C_3N_4样品中结晶性差的部分会被氧化，进而暴露更多的活性位点，丰富了表面羟基，在后续碳量子点修饰及真空热处理过程中，二者之间形成键合作用，与π-π共轭结构协同作用于光催化活性的提升。

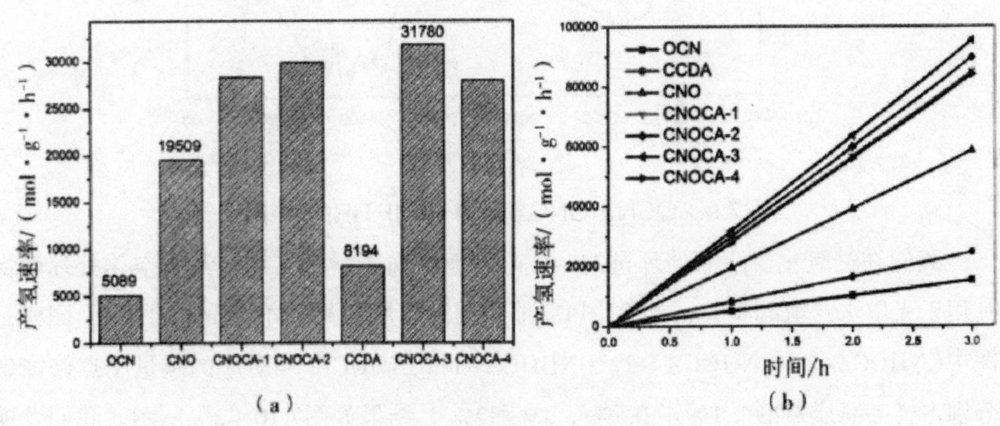

图7.8　样品产氢测试

（a）OCN和不同碳量子点量修饰碱处理g-C_3N_4复合样品产氢速率图

（b）OCN不同碳量子点量修饰碱处理g-C_3N_4复合样品产氢稳定性测试

由以上分析得知，丰富g-C_3N_4材料表面的羟基基团对材料的光催化活性有极大的提升空间，因此，我们以丰富表面羟基为出发点，选用过氧化氢溶液辅助氧化来丰富g-C_3N_4材料表面的羟基基团，来进一步验证g-C_3N_4材料表面羟基化的作用，并寻求光催化产氢活性的再次提升。因此，首先我们使用过氧化氢溶液辅助对g-C_3N_4表面进行羟基化处理，然后用碳量子点进行修饰，最后通过真空热处工艺得到样品CNHOCA。

FTIR图谱是有效表征材料化学官能团的方法，我们可以通过信号强弱来定性分析官能团丰富与否。如图7.9所示，相比较碱处理得到的g-C_3N_4样品CNO，过氧化氢辅助氧化g-C_3N_4，得到的CNHO样品在3430 cm−1处的羟基伸缩振动峰信号有了进一步的加强，位于3080~3280 cm^{-1}，1637 cm^{-1}，1308 cm^{-1}和809cm^{-1}处的信号峰也均得到了完整的保留，说明过氧化氨处理过程在一定程度 上减轻了对g-C_3N_4结构的破坏，并且更进一步丰富了经基，这个结果也与我们的工作预期一致。

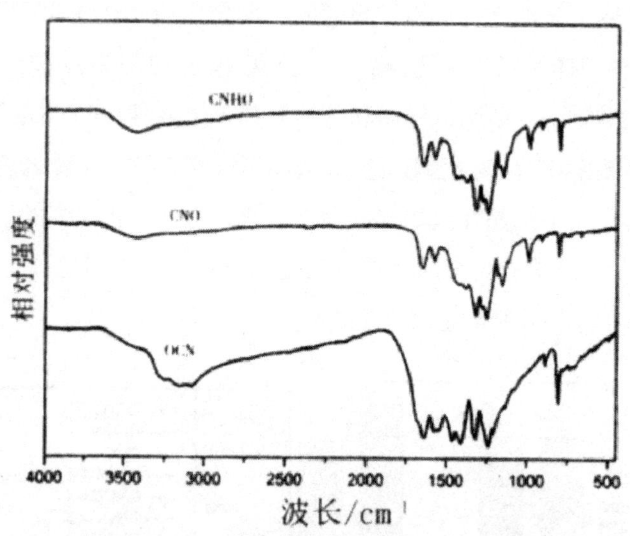

图7.9　OCN、CNO和CNHO的FTIR的光谱图

我们在过氧化氢溶液处理过的g-C_3N_4表面修饰碳量子点，经过真空热处理后将其用于光解水产氢的实验，实验中Pt助催化剂添加量为测试样品质量的3%，同样，图中CNHOCA-1，CNHOCA -2，CNHOCA-3和CNHOCA -4对应的碳量子点修饰量分别占样品总质量的0. 1%，0.5%，1%和2%，结果如图7.10（a）所示。我们发现CNHO样品的产氢效率较CHO样品来说，产氢效率不升反降，由此说明，并不是单纯的羟基化越重对光催化提升越有效，在定范围内，适当的处理工艺，使材料生 长不完整的地方氧化去除，暴露多的活性位点可以提升材料的催化性能。但是基于过氧化氢处理的g-C_3N_4，得到的碳量子点/g-C_3N_4复合光催化剂在性能上得到了进一步的提升。同样在碳量子点添加量为1%时，CNHOCA-3样品较CNOCA -3样品的产氢速率提升1.2倍，较原始g-C_3N_4样品的产氢速率提升了7.5倍，且材料具有良好的稳定性（图7.10（b））。由此可以说明，过氧化氢氧化处理诱导的g-C_3N_4表面富羟基化，虽然不利于直接用于光分解水反应，但对于后续与碳量子点表面的羟基形成相互作用是极其有利的。g-C_3N_4表面羟基基团丰富可以形成与表面碳量子点多方向上的相互作用，给光生电子提供更多的通道向碳量子点富集，有利于电子从g-C_3N_4表面流向碳量子点，减少光生电子的损失，从而提升光催化剂的活性。

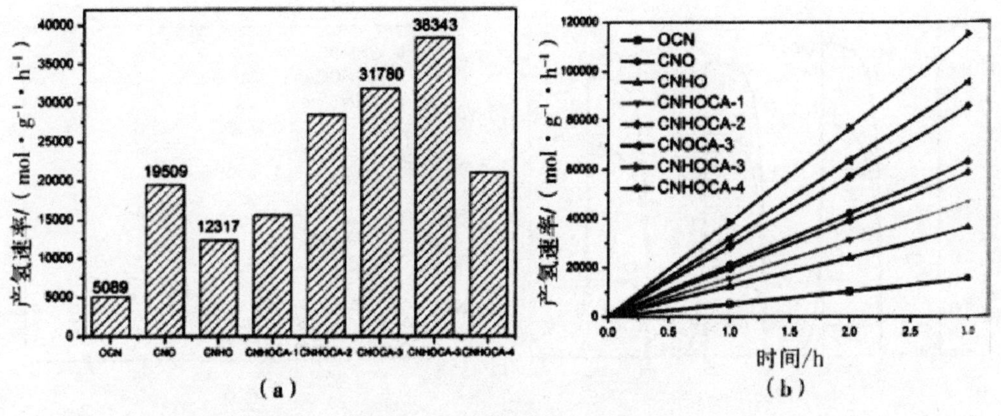

图4-10　样品产氢测试

（a）OCN和不同碳量子点量修饰过氧化氢处理g-C_3N_4复合样品产氢速率图；

（b）OCN和不同碳量子点量修饰过氧化氢处理g-C_3N_4复合样品产氢稳定性测试

三、碳量子点修饰g-C3N4复合材料的光电性能研究

真空热处理工艺对碳量子点与g-C_3N_4之间形成相互作用具有重要的作用，为了探究形成相互作用对碳量子点/ g-C_3N_4材料体系催化活性的促进作用，我们取未经真空热处理的样品记作CNHOC。将OCN，CNHO，CNHOC和CNHOCA光催化剂制成薄膜电极，并对其电化学性质即光电流响应能力进行了研究。光电流测试结果如图7.11（a）所示，所有样品电极均可以产生稳定而且可逆的光电流响应。碳量子点/g-C_3N_4复合光催化剂的光电流响应值约为纯g-C_3N_4的10倍，经过真空热处理的样品较未经处理的样品光电流响应值进一步提升了1.3倍。这说明，经过热处理后，碳量子点表面的羟基与g-C_3N_4表面的羟基形成强的相互作用，为电子转移提供新的途径，从而使碳量子点成为电子的分离中心和临时捕获位，有效地提高g-C_3N_4体系中层间及层表面的光生电子和空穴的分离和迁移效率，进而产生优异的可见光电流响应，有利于光催化活性的提高。进一步，我们采用交流阻抗谱对电子迁移的过程进行研究。图7.11（b）是在模拟太阳光条件下，OCN，CNHOC和CNHOCA复合光催化剂的交流阻抗谱。相比于本体g-C_3N_4电极和未经热处理的CNHOC样品电极，CNHOCA样品电极的阻抗半径发生了明显的减小。结果说明碳量子点的修饰可以有效地减小碳量子点/g-C_3N_4复合体系的表面电阻，提高光生载流子在g-C_3N_4表面的分离和迁移速率。

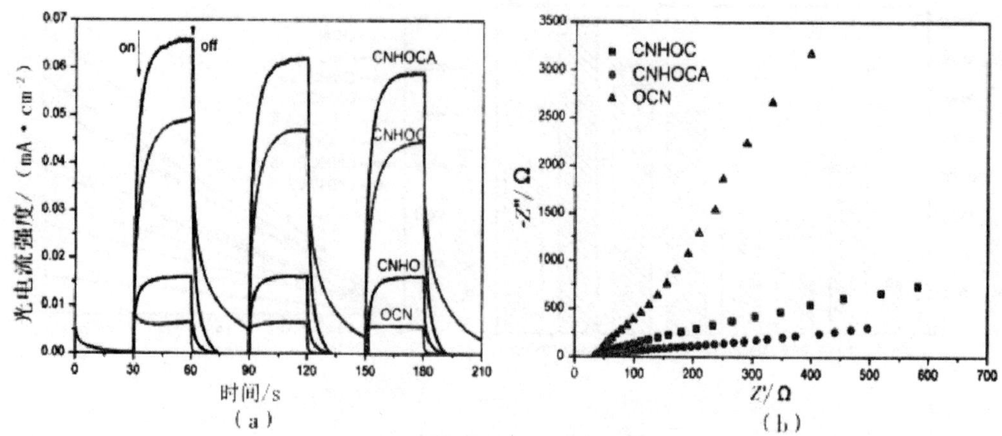

图4-11 样品光电性能测试

（a）OCN，CNHO，CNHOC和CNHOCA样品光电流对比图；

（b）OCN，CNHOC和CNHOCA样品光照下交流阻抗测试图

综合以上研究结果，提出碳量子点/ g-C_3N_4复合体系中光催化产氢活性提升的可能机理：碳量子点与g-C_3N_4之间由于π-π共轭作用，形成一类电子传输通道，继而通过真空热处理，使碳量子点表面的羟基基团与g-C_3N_4表面的羟基基团形成相互作用，为光生电子形成了更广泛的传输通道。在光照下，g-C_3N_4表面产生的光生电子通过上述途径高效传输到碳量子点表面，提高了整个碳量子点/g-C_3N_4复合光催化剂体系的光催化活性。

第四节 二维g-C_3N_4材料表面构筑CoNiP团簇助催化剂

上述研究内容围绕在维g-C_3N_4材料表面构筑碳量子点结构来提高材料整体的光催化活性但是在具体实验过程中仍用到了贵金属助催化剂Pt。为了降低成本减少贵金属的使用，此部分内容主要探索在二维g-C_3N_4材料表面构筑非贵金属助催化剂。

一、实验设计思路

根据文献报道，常规方法在g-C_3N_4材料表面生长磷化物，多会用到水热或者溶剂热方法来在其表面直接生长。但此方法存在无法避免的缺陷，即磷化物在g-C_3N_4材料表面生长的过程是一个均相成核的过程，会导致表面分布不均匀以及磷化物团聚等问题。因此，本部分提出全新的合成方法，将Ni源和Co源配置成溶液，滴加在g-C_3N_4

粉末中，然后进行振荡浸渍，在振荡干燥的过程中，Ni和Co离子能够在g-C_3N_4表面形成均匀的分布，干燥成核，随着后期的煅烧以及磷化过程，磷化物的生长是一个异相成核的过程，由于彼此间的空间位阻作用，有效地调控了磷化物的生长尺寸，成功地在g-C_3N_4材料表面构筑磷化钴镍团簇（见图7.12）。

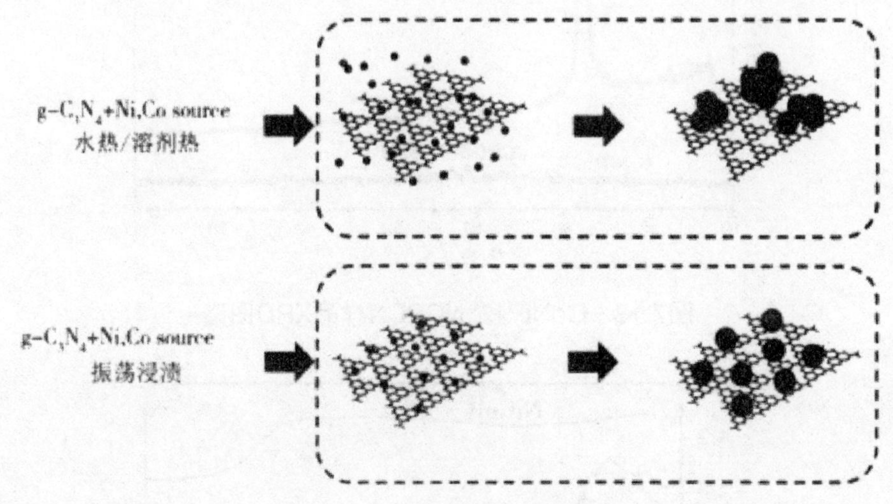

图7.12　不同生长方法对比

二、优化样品的表征与分析

首先，我们利用XRD分析样品的晶体结构。如图7.13所示，由加热硝酸钴和硝酸镍的混合物得到的钴镍前驱体已经成功地通过磷化方法转化成了六方NiCoP，与JCPDS数据库中的PDF卡片71-2336对应，虽然三强峰信号较弱，但是没有发现其余的杂峰信号。NiCoP 修饰g-C_3N_4得到的产物主峰来自g-C_3N_4的特征峰，即27.5° 处的（002）晶面行射峰，也可以说明在振荡浸渍后的煅烧过程中并没有对材料本身有过多的破坏，保留了g-C_3N_4完整的结构。在NiCoP g-C_3N_4复合光催化剂的衍射谱上并未发现NiCoP的信号峰，一是由于NiCoP占复合材料质量比很低，二是由于NiCoP在g-C_3N_4材料表面具有均匀的分散性。

通过研究光催化材料的光学性质可以探究其吸光特性，图7.14所示为g-C_3N_4和CoNP/g-C_3N_4复合光催化剂的紫外可见漫反射光谱图。从图中可以看出.CoNiP呈现半金属性的光吸收，复合光催化剂CNP/g-C_3N_4的带边较原始g-C_3N_4发生了一定的蓝移，说明在CoNiP对g-C_3N_4的吸收产生了一定的影响。

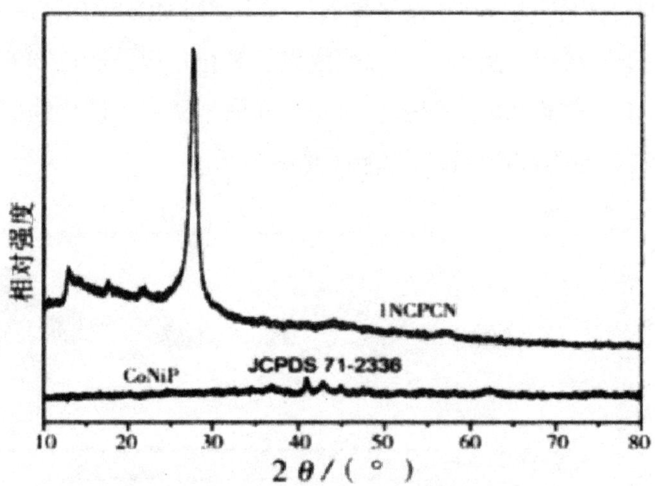

图7.13　CoNiP和1NCPCN样品XRD图谱

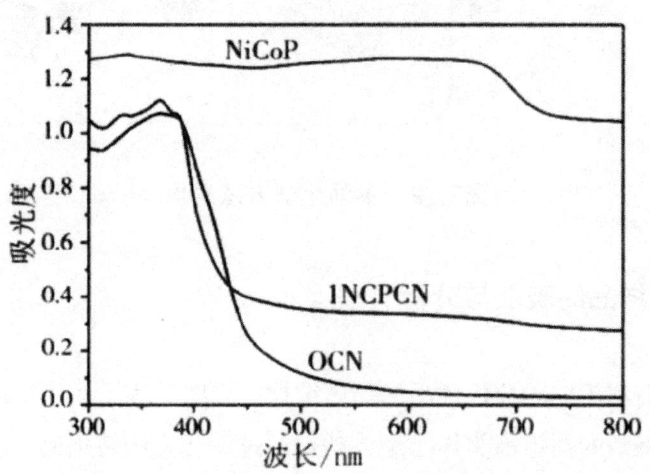

图7.14　OCN，CoNiP和1NCPCN样品紫外可见漫反射图谱

图7.15（a）给出了NiCoP 修饰g-C_3N_4复合光催化剂的TEM照片，可以看出主体结构仍为g-C_3N_4卷曲的二维片状结构，但未能发现任何结构形式的NiCoP。因此为了分析NiCoP在g-C_3N_4表面的存在，我们利用TEM的EDS能谱选定图7.15（ b）中的两个点来分析元素成分。从图7.15c）和（d）中的结果可以知道，除了C和N元素，还有明显的Ni、Co和P的信号，而且Ni和Co原子物质的量的比接近1：1，与实验投入的物料比非常接近，从而间接说明了此方法避免了元素的损失以及可以使不同元素在g-C_3N_4表面均匀分布的优异性。根据EDS结果，并结合DRS光谱结果，我们认为g-C_3N_4表面成功生长了NiCoP ，NiCoP以团簇的形式存在，因此我们在TEM下无法直接观察到NiCoP的结构特征。

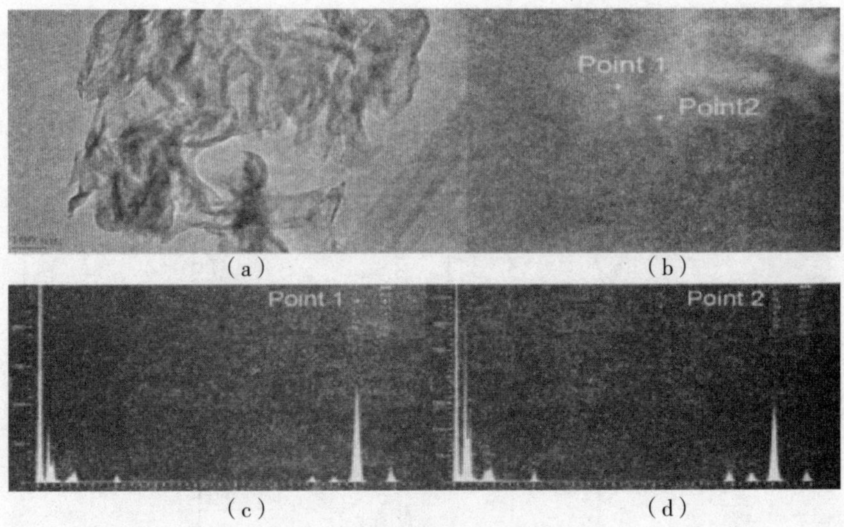

（a）（b）（c）（d）

图7-15 样品透射电镜分析

（a）和（b）INCPCN样品TEM照片：（o）和（d）EDS元素分布图

XPS是研究样品表面的化学组成和元素价态的有力手段之一。为了进一步确认CoNiP的存在，我们对材料进行了XPS分析，结果如图7.16所示。从图7.16（a）中可以得知，780.3eV和795. 3 eV两处的结合能分别对应于CoNiP中Co—P键的$2p_{3/2}$和$2p_{1/2}$轨道的电子结合能，785.69 eV对应CoNiP中具有的Co^{2+}电子结合能，797.98eV则对应CoNiP中具有的Co^{3+}电子结合能，此外还有两个较为宽化的峰，分别是位于788. 06 eV和800.72 eV两个电子结合能处.分别对应Co2p轨道卫星峰的$2p_{3/2}$和$2p_{1/2}$轨道。从图7.16（b）中给出的信息可以得知，848.85 eV和865. 47 eV两处的结合能对应于CoNiP中Ni^{2+}的$2p_{3/2}$和$2p_{1/2}$轨道的电子结合能，855.88 eV和871.23 eV则对应表面氧化态下的Ni^{2+}离子的$2p_{3/2}$和$2p_{1/2}$轨道的电子结合能，此外，859. 79eV和876.03 eV两处的结合能则对应Ni^{2+}轨道卫星峰的$2p_{3/2}$和$2p_{1/2}$轨道。对于4-16（c）中P原子的XIPS信号来说，127.28 eV对应金属磷化物中P^{5-}的电子结合能，而131.19 eV对应材料存在的磷酸盐中P的电子结合能，这也说明了在合成的过程中不仅生成了CoNiP金属磷化物，也伴生出了CoNi－Pi。通过以上XPS分析，我们可以清晰地认识到，g-C_3N_4表面成功生长了CoNiP团簇，并且主要是以金属磷化物的行事存在，少量生长成了CoNi-Pi。

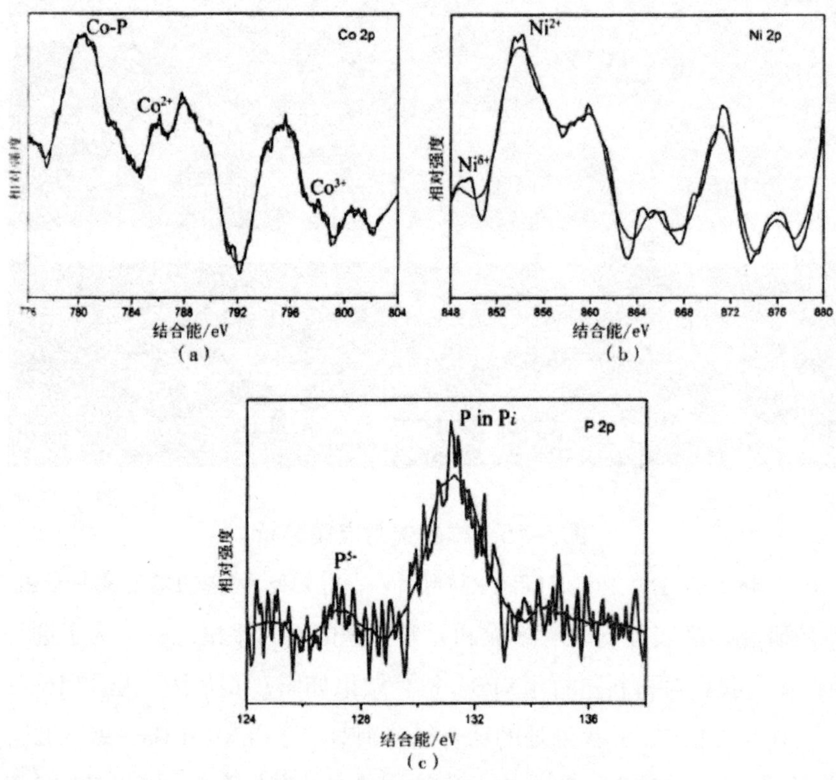

图7.16　1NCPCN样品XPS分析

（a）Co 2p图谱；（b）Ni 2p图谱；（o）P 2p图谱

通过测定可见光下的光催化产氢性能，对CoNiP/g-C_3N_4复合光催化剂的催化活性进行了研究，为了便于对比，我们补充了以下两个样品：一是将CoNiP粉末与g-C_3N_4粉末机械混合制备得到同为质量比为1 %的CoNiP/g-C_3N_4复合光催化剂，记作1NCP+CN，目的是对比本部分实验方法的优势能否在性能上予以体现；二是通过光沉积方法制备质量比为1 %的Pt/ g-C_3N_4光催化剂，记作1PtCN，目的是对比本实验中选用的非贵金属助催化剂的性能。

将CoNiP/ g-C_3N_4光催化剂系列产氢速率常数以柱状图的形式绘制于图4-17（a）中，图中0.3NCPCN，0.4SNCPCN，INCPCN和2NCPCN对应的CoNiP负载量分别占样品总质量的0.3 %，0.45 %，1 %和2 %。从图中可见，在可见光下，单纯g-C_3N_4光催化剂在不加Pt助便化利的情况下只能检测到推低的氧气产物，但所有负裁CoNiP后的g-C_3N_4光催化剂的产氢速率均有不同程度的提升，说明CoNiP可以成功作为代替Pt的产氢助维化制使用。当CoNiP/ g-C_3N_4质量此为0.01时，表现出最高的产氢活性，产氨速率达到291.05 μ mol $h^{-1}g^{-1}$相较机械混合样品的产氢速率，提升了7.5倍，说明这种方法更具有提升催化活性的作用。同样，当CoNiP/ g-C_3N_4质量比为0.02时，其复合体系CoNiP/ g-C_3N_4的产氢速率随着CoNiP的增加反而下降，说明CoNiP的负载量对复合光催化剂的催化活性有直接影响。利用CoNiP助催化剂代替Pt助催化剂，我们将二者性能进行比较发现，样品1NCPCN的产氢速率高于样品1PtCN的产氢速率的1.1倍，由此说明CoNiP助催化剂不仅可以代替贵金属产氢反应，而且产氢性能还要优于Pt，充分肯定了CoNiP在未来助催化剂中的应用。从图7.17（b）可以看出CoNiP/ g-C_3N_4样品具有稳定的产氢性能，4h过程中产氢量呈现良好的线性增长。由此说明，CoNiP在复合催化剂中的作用，是代替Pt作为电子受体，使光生电子在g-C_3N_4表面流向CoNiP并其在表面富集，通过电化学作用将水还原生成氢气。

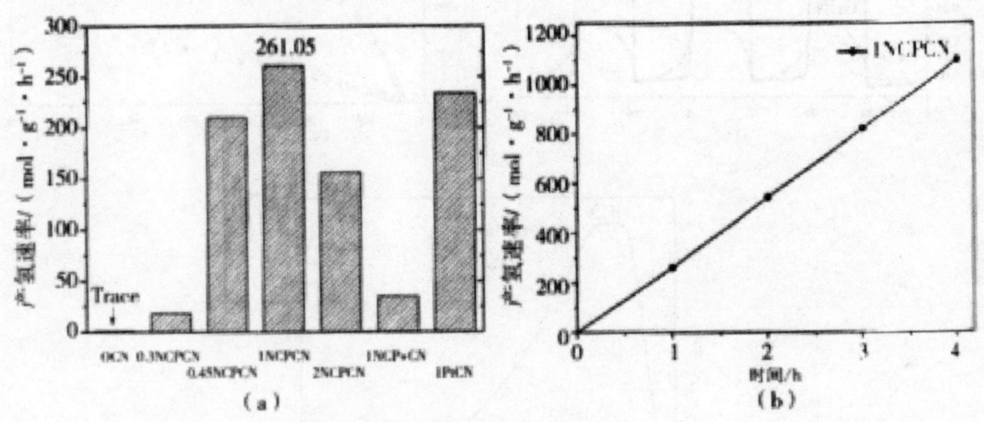

图7.17　样品产氢测试

（a）OCN和不同NiCoP量修饰g-C_3N_4样品产氢速率图（b）1NCPCN样品产氢稳定性测试

三、CoNiP修饰g-C3N4复合材料的光电性能研究

在光催化反应过程中，实际能够参与到反应的电子在很大程度上决定了光催化剂活性的高低，在本实验中，将光催化剂制备成薄膜光电极，在同样条件下检测产生的光电流，可以分析材料表面光生载流子的分离和迁移速率。光电流测试结果如图7.18（a）所示。从图可见，在可见光照射下，两个光电极均能产生快速响应的电流，说明所制备的光电极是稳定并且可逆的。光照下，CoNiP/ g-C_3N_4复合光催化剂的光电流是单纯g-C_3N_4的5.3倍，结果证实，g-C_3N_4表面的CoNiP可以有效提高光电电子空穴的分离效率。

图7.18（b）是在光照下，$g-C_3N_4$和$CoNiP/g-C_3N_4$复合光催化剂的交流阻抗谱。从图中可以看出，相比本体$g-C_3N_4$光电极，$CoNiP/g-C_3N_4$复合光催化剂的圆弧半径发生明显的减小，可以有效减小本体$g-C_3N_4$电极层间及表面的光电反应电阻，从而提高光生载流子的分离和迁移效率。

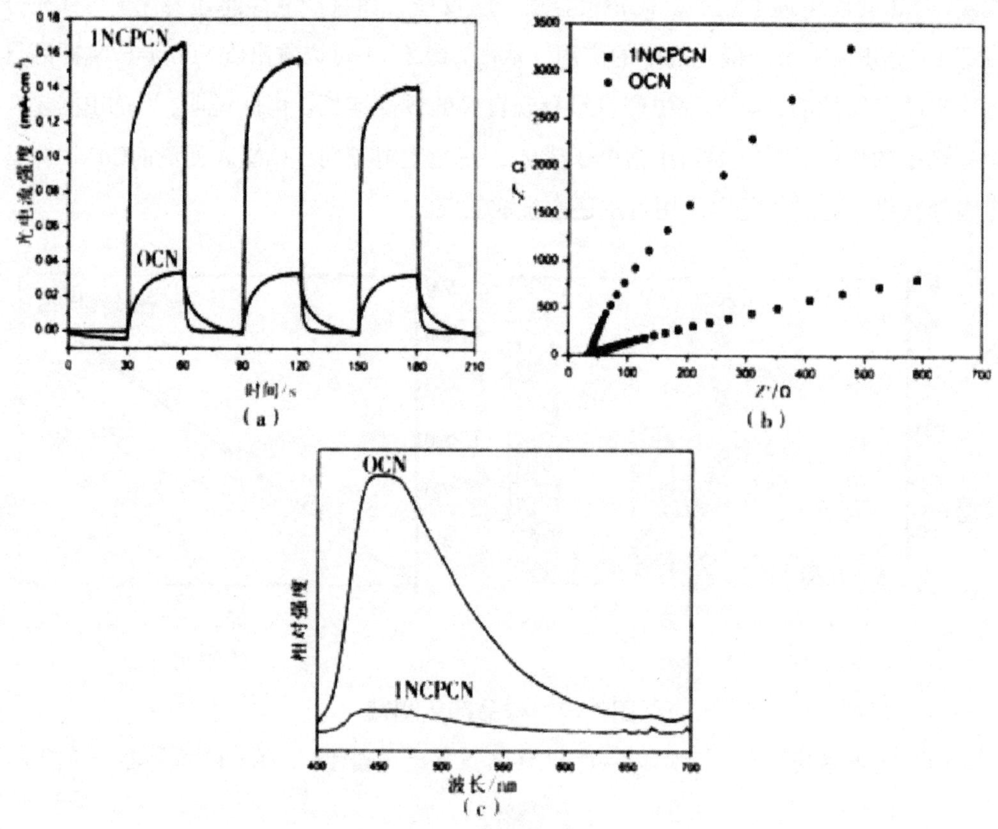

图4-18　样品性能分析

（a）OCN和1NCPCN样品光电流对比图

（b）OCN 和INCPCN 样品光照下交流阳抗测试图

（c）OCN和INCPCN样品光致发光图谱

光致发光通常认为是由于电子复合发出荧光引起的，在半金属和半导体体系中，荧光发生变化则说明半金属与半导体中间存在着有效的能量和电子的转移。从图7.18（c）中可以看出随着表面负载CoNiP后，出现了明显的荧光猝灭现象，意味着CoNiP的加入导致了$g-C_3N_4$的荧光猝灭，$g-C_3N_4$在光激发下产生电子，电子注入CoNiP表面，可抑制光生载流子的复合，在$g-C_3N_4$和CoNiP之间存在着有效的电子转移过程，有效地提高了光生电子空穴的分离和迁移效率，这有利于提高$CoNiP/g-C_3N_4$的光催化活性。

第五节　本章小结

本部分我们首先研究在二维g-C_3N_4材料表面构筑碳量子点助催化剂通过丰富g-C_3N_4材料表面的羟基基团，促进g-C_3N_4材料与碳量子点之间的相互作用，并与π-π共轭作用协同促进电子转移，进而提升g-C_3N_4材料的光催化产氢效率；进一步，寻找非贵金属助催化剂材料代替Pt助催化剂，在二维g-C_3N_4材料表面构筑CoNiP团簇，采用振荡浸渍的方法，使CoNiP以原子团簇的形式在g-C_3N_4表面沉积，并具有良好的单分散性。具体如下：

（1）碳量子点与g-C_3N_4之间形成特殊的π-π共轭作用，为电子提供传输通道，促进光生载流子的迁移；

（2）碱处理以及过氧化氢氧化处理可以丰富g-C_3N_4材料表面的羟基，能够与表面的碳量子点形成强的相互作用，形成电子传输通道并与π-π共轭结构能够产生协同作用，为光生电子形成了更广泛的传输通道，促进复合材料的光催化产氢性能大幅度提升；

（3）利用振荡浸渍的思路，不仅可以在g-C_3N_4材料均匀分散CoNiP，并使CoNiP以团簇的形式存在于g-C_3N_4表面，充分发挥助催化剂的作用；

（4）在g-C_3N_4表面负载CoNiP使其较原始g-CN产氢速率有了大幅度的提升，此外性能要高于同质量比下Pt基助催化剂的产氢性能；

（5）通过光电分析测试，发现在g-C_3N_4表面负载CoNiP可以有效地促进光生电子的分离和迁移，减小电子在传输过程中的阻碍，从而最大程度上将CoNiP表面富集的电子还原水制氢。

第八章　2D石墨烯表面构筑TiO_2微球结构及光催化性能研究

第一节　研究背景

由于化石燃料的长期使用，导致大量氮氧化物（NO_x）气体排入大气环境之中，随之也带来了一系列环境问题，比如酸雨、光化学烟雾和臭氧损耗，这些严重的环境问题会诱发多种人类呼吸道、心肺疾病。目前，去除NO_x气体的主要方法包括热催化还原、湿式净化、生物过滤等，但是这些方法通常针对工厂直接排出的高浓度NO_x气体，对于处理稀释于大气环境中10^{-9}浓度量级的NO_x气体效果并不明显。而半导体基光催化技术作为一种绿色科技，恰好适用于大气环境中的空气净化，相对于传统技术，光催化降解空气污染物技术为我们提做了一条新的途径。

对于二维材料体系来说，不得不提到明星材料——石墨烯。在碳的同素异形体中，尽管石墨烯发现得最晚，却是最引人注目的一个。石墨烯中的碳通过sp^2杂化方式连接从而具有单原子层厚度的二维平面结构，是第一种真正意义上的二维晶体材料。由于石墨烯具有高效的电子迁移能力，因此将其与半导体光催化材料复合，可以有效提高光生载流子的分离与迁移能力。

针对目标降解物NO_x气体分子，我们需要设计富含孔道的结构以便于反应物的吸附以及产物的脱附。本章节，我们选取二维石墨烯材料作为基底，并在其表面构筑介孔TiO_2纳米结构，通过形成异质结发挥组元间的协同作用来提高复合材料载流子分离以及迁移效率。众所周知，TiO_2材料以其无毒、低成本、催化性能稳定等优点而成为光催化领域的明星材料。然而目前介孔TiO_2材料仍然面对着结晶以及颗粒团聚等问题。大多数介孔TiO_2多是颗粒团聚得到的多晶材料，对离子和分子的扩散有很大影响，而且严重抑制了光催化反应的进行。Walcarius等认为通过单晶或者类单晶的结构组元定向自组装形成3D的开放层级结构能够有效解决以上问题。但由于组元在自发组装过程中倾向于形成表面能最低的结构，因此合成3D介孔材料仍有一定的局限性。Bian 等人通过溶剂热方法得到了类单晶TiO_2介孔笼，但也只是无序的介孔的结构。因此可见对于3D开放层级介孔结构材料的制备仍需进一步探索。

在此，我们设计合成了一种全新的石墨烯内嵌TiO_2三维介孔微球结构，此结构由TiO_2纳米线径向自组装形成，具有类单晶和混相特性，石墨烯内嵌于纳米线自组装形成的介孔孔道中，独特的孔道结构使其适合用于降解气态污染物。

第二节　实验部分

一、样品制备

采用改进的Hummer法制备氧化石墨烯。取24 mL浓硫酸加入预先放置有梭形转子的100 mL烧瓶中，加入5 g过硫酸钾.搅拌.再加入5 g五氧化二确，搅拌使其溶解，取3 g石墨粉加人烧瓶中搅拌至均匀。完成后放入提前升温完成的80个水浴中，保温10 h.保温完成后将烧瓶中的流体倒入250 mL离心杯中离心，留下沉淀物。将滤物重新加水搅拌开，用抽滤装置抽滤，得到滤饼放入烧杯中50℃干燥过夜。取120 ml.浓硫酸加入500 mL烧杯中，放入冰浴.并将冰浴盆放置在搅拌器上搅拌。将干燥好的石墨滤饼放入烧杯中，使其逐渐溶解。溶解均匀后，取15 g高锰酸钾加入烧杯，在35℃水浴锅中保温3 h。保温完成后，取500mL去离子水沿着杯壁加水，加水完成后加入20 mL过氧化氢。将得到的石墨烯絮状物离心后置于半透膜透析袋中进行离子交换，每袋样品透析3天，将透析后的石墨烯样品冷冻干燥，得到氧化石墨烯粉末。

石墨烯/ TiO_2微球复合材料采用水热方法制备：首先将制备好的氧化石墨烯配制成溶液，溶液浓度为1 mg/mL。取1.05 mL氧化石墨烯溶液，2.4 mL过氧化氢，0.3 mL浓硫酸加入30 mL去离子水中，将溶液搅拌至澄清。待溶液透明后，向溶液中加入0.8 g $TiOSO_4$粉末继续搅拌至溶液为透明暗红色将混合溶液倒入水热釜，置于130C烘箱中反应48 h。反应结束后，将离心得到的粉末用乙醇清洗后放人烘箱干燥过夜。样品记作OATMS/GP-1。

不同石墨烯含量的样品制备方法同上，样品记作OATMS/GP -x，x代表不同的石墨烯与TiO_2质量比，X分别为0.1，0.5，1和2。不含石墨烯的纯TiO_2样品制备方法同上，样品记作TiO_2。

二、光催化降解氮氧化物（NO）测试

反应器为0.5 L的密闭不锈钢容器（$\pi\times(3.5\ cm)^2\times 13\ cm$），上盖为石英玻璃，

6 W的LED灯置于石英玻璃上方。样品制备如下：将50 mg催化剂样品分散于2 mL去离子水中然后均匀涂覆在直径6 cm的玻璃片上，催化剂载量约为1.5 mg/cm^2，样品干燥后置于反应器中石英玻璃下方5 cm处。NO初始浓度设定为800 × 10^{-7}，将9x10–的NO气体与氮气，氧气混合稀释得到。N_2，O_2和NO的气流量分别设定为324 mL · min^{-1}，100 mL · min^{-1}和47 mL × min^{-1}。混合气体相对湿度控制在50%。NO去除率依据公式计算，

η（%）=（1–C/C_0）× 100%

其中，C为反应出气口气体浓度；C。为样品气体吸附平衡后进气口气体浓度。

三、光电极制备

取50 mg样品置于10 mL烧杯中，向样品中滴加0.75 mL乙醇制成浆料。用刮涂法将浆料涂敷在2 cm × 4 cm的FTO玻璃上。然后将电极在马弗炉中200℃热处理10h。

第三节　结果与讨论

一、最优样品表征与分析

XRD结果（图8.1（a））显示水热后得到的纯TiO_2，样品以及石墨烯/ TiO_2复合材料中的TiO_2均为锐钛矿和金红石的混相，其中25.3°，37.9°，48.0°，53.9°，55.0°，62.7°，68.9，70.0° 和75. 2° 处的衍射峰分别对应于锐钛矿TiO_2（101），（004）（200），（105），（211），（213），（116），（220）和（215）晶面，其余的27.3°，36.1°，41.2° 和56.6° 处的衍射峰则对应金红石TiO_2（110），（101），（111）和（210）晶面。可以看到，在OATMS/GP –1样品中在12.2° 处还有一个衍射峰，这是由于石墨烯的存在，对应于石墨烯的（002）面。根据锐钛矿和金红石两相的最强峰可以粗略计算两相的质量比。以25.3° 处的（101）晶面和27.3° 处的（110）晶面的强度为准，计算得出两相的质量比约为74：26。进一步，Raman的结果再次确认了复合材料中锐钛矿和金红石的混相结构（图8.1（b））。148，204 cm^{-1}处E_g的振动，400 cm^{-1}处B_{1g}的振动和517 cm^{-1}处A_{1g}的振动都来源于锐钛矿TiO_2而450 cm^{-1}处E_g的振动则来源于金红石TiO_2。观察石墨烯D键和G键振动的情况可以看出，相比原始氧化石墨烯，在OATMS/GP–1样品中石墨烯的D键和G键比值由原始氧化石墨烯的0.84上升到0.9，由此说明在水热过程中氧化石墨烯得到了一定程度的还原，这与文

献报道致测。此外，0ATMS/GP-1样品中石墨烯的G键的信号峰发生了宽化，而且峰的位置从1604 cm^{-1}向高额位置的1617 cm^{-1}偏移。这也从侧面说明了TiO_2与石墨烯界面处有强的d-π界面效应，在光照条件下，电子从TiO_2表面迁移到了石墨烯。同样，红外光谱结果再次确认了TiO_2与石墨烯在复合材料中的存在。如图8.1c）所示，曲线为石墨领红外吸收曲线，其中1051 cm^{-1}对应C—0官能团的伸缩振动，1385 cm^{-1}对应C—OH官能团的伸缩振动，1733 cm^{-1} 对应C =0官能团的伸缩振动93，294。对于石墨烯来说1630 cm^{-1}对应C=C的骨架振动，而对于TiO_2来说，此处的峰则对应于表面吸收的水。通常TiO_2的Ti—O—Ti 键的伸缩振动位于1000 cm^{-1}以下的低频区，在图（a）中也有很好的对应。进一步，在图（b）中0ATMS/GP-1可以看出，石墨烯中的C—O和C—OH含氧官能团强度有一定程度的降低，而C= O含氧官能团的信号甚至消失，从侧面反映了经过水热过程后，氧化石墨烯得到了一定程度的还原。

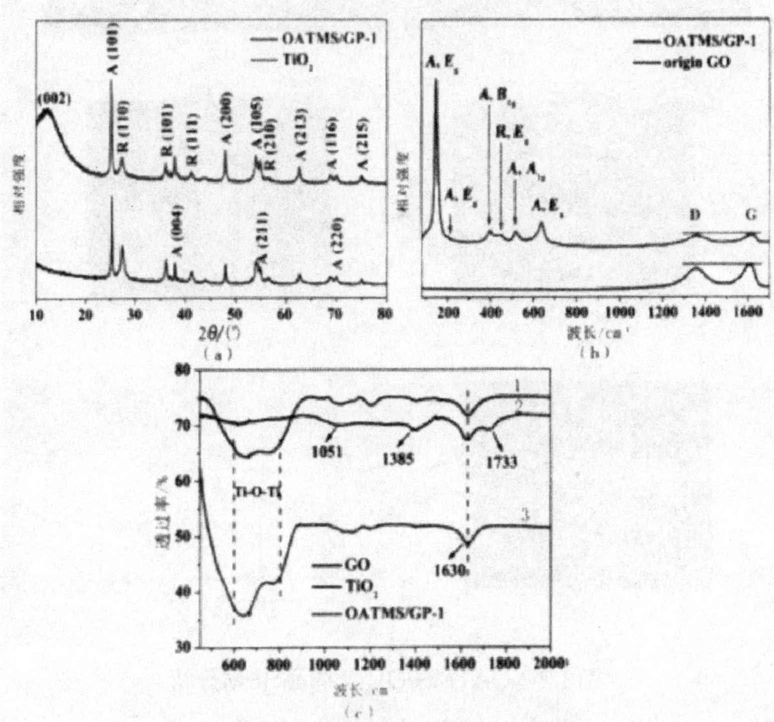

图8.1　样品物相和光谱分析

（a）TO，和OATMS/GP-1的XRD图谱；

（b）GO和OATMS/GP-1的Raman图谱；

（c）GO、TO，和 OATMS/GP-1的红外图谱

如图8.1（a）所示，SEM结果显示得到的OATMS/GP-1为直径约为1.5 μm的介孔

微球，由1D TiO_2纳米线自组装而成，相邻纳米线之间间距约为15 nm，沿着纳米线方向形成介孔孔道。观察OATMS/GP-1的破碎结构进一步证实了纳米线自组装结构，TiO_2纳米线呈现由中心垂直向外的辐射状（图8.2（b））。由于在SEM下很难直接观察到石墨烯，因此为了证明石墨烯的存在，通过EDX表征可以看到，OATMS/GP-1表面C、Ti，O三种元素均匀存在，可以推断出石墨烯嵌入由TiO_2纳米线自组装形成的孔道之中（图8.2（c-f））。

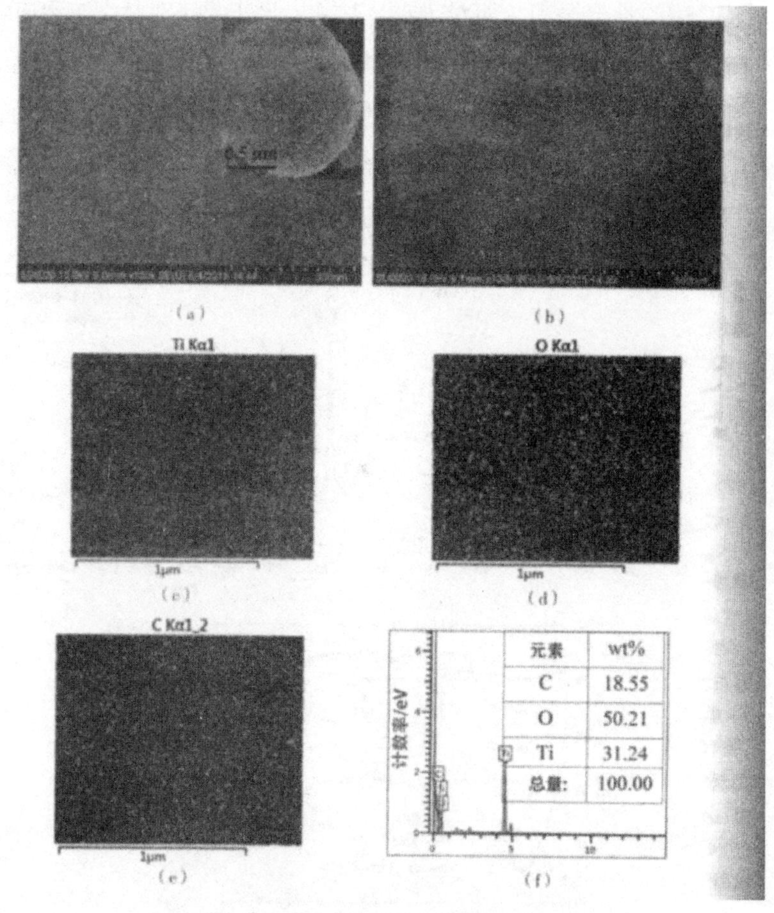

图8.2　OATMS/GP-1样品SEM分析

（a）OATMS/GP-1的SEM外部照片；

（b）OATMS/GP-1破碎结构的SEM内部照片；

（c-f）OATMS/GP-1表面EDX图谱及原子质量比

通过TEM可以看到材料内部更精细的结构。从图8.3（a）（b）中可以看出宽约8 nm的 TiO_2纳米线自组装成TiO_2微球结构，石墨烯纳米片内嵌在TiO_2纳米线间隙中，在TEM 中同样可以观察到如同SEM 中的TiO_2微球结构。0.356 nm和0.328 nm的晶面间距分别对应锐钛矿的（101）面和金红石的（110）而从而进一步确定了混相的结构，两相结构可以同时存在于一个TiO_2微球结构中。从选区衍射图可以确定材料的类单晶结构，但在图中能够发现衍射点有轻微的扭曲，这可能具由千TiO_2纳米线上沿垂直方向上生长的晶界处有扭曲现象。

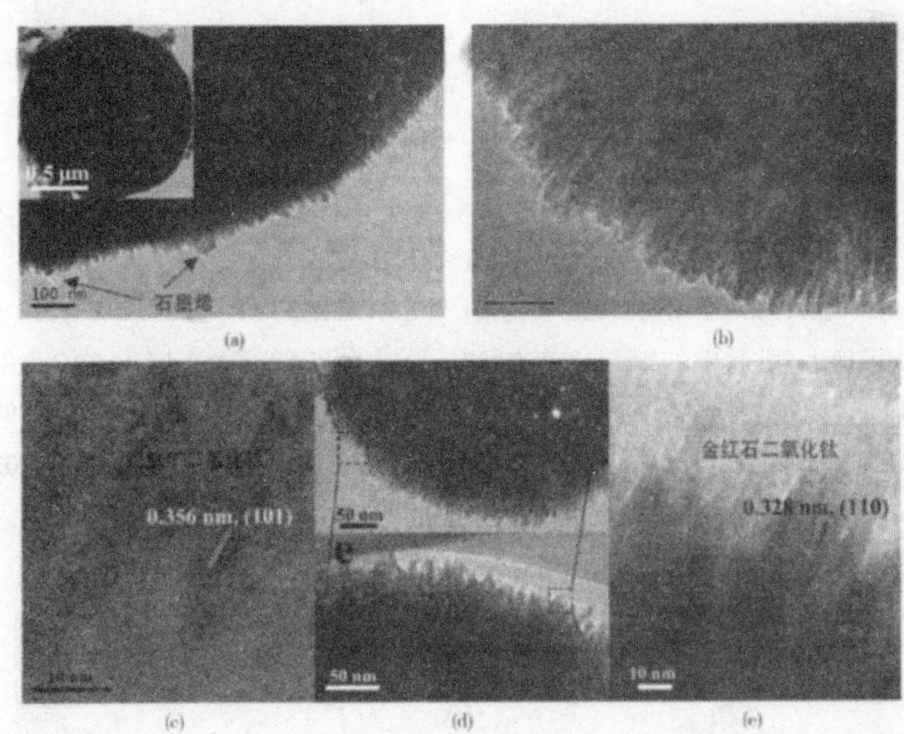

图8.3　OATMS/GP-I样品 TEM分析

（a）OATMS/GP-1的 TEM照片；

（b）OATMS/GP -1的高倍TEM照片；

（c-f）OATMS/GP-1中的锐钛矿及金红石相，内嵌图片是选区衍射图

由上述SEM及TEM照片可以看出，大量TiO_2纳米线径向自组装形成介孔微球诱导产生了介孔孔道，我们通过对样品进行氮气吸脱附测试其比表面积和孔径分布进一步确认材料的孔道结构。如图8.4（a）所示，OATMS/GP-1样品的吸脱附闭合曲线是典型的H3型回滞环，从而可以进一步确认其介孔结构。回滞环曲线分为两个阶段，在压力比为0.1到0.5之间的低压部分代表TiO_2微球内部大空隙形成的介孔，在压力比为0.6到0.99之间的高压部分代表纳米线自组装形成的介孔，这很好地对应了上述HR-TEM 的结果。利用BJH公式计算得到孔径分布，孔径分布曲线是典型的双峰曲线，可以看出材料的孔径主要集中在3.8 nm和 15 nm处，上述结果从孔的存在形式以

及孔径分布两方面再次确定了材料介孔的性质（图8.4（b））。

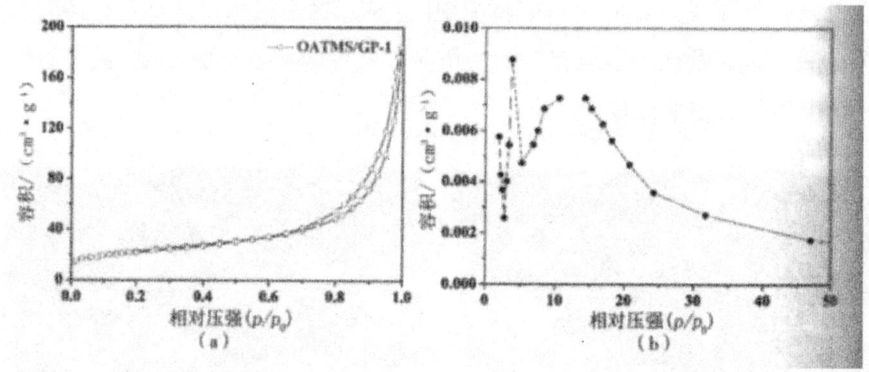

图8.4　样品氮气吸脱附测试

（a）OATMS/GP-1的吸脱附曲线图；（b）OATMS/GP -1的孔径分布图

为了确认这些物质在表面上的存在状态，首先对其透行了X的表征。在全诸中枪测到了C，Ti和O三种元素的信号峰（图8.5（a））。在C1s诸中，0ATMS/CP-1中的含氧官能团信号峰强度均相对变弱，说明氧化石墨烯在一能程度上得到了还原。02的两个信号峰代表晶格氧中0的价态。表面丰富的T—OH和O—Ti（IV）基团可以作为媒介连转到石墨烯表面并起到电子传输通道的作用。

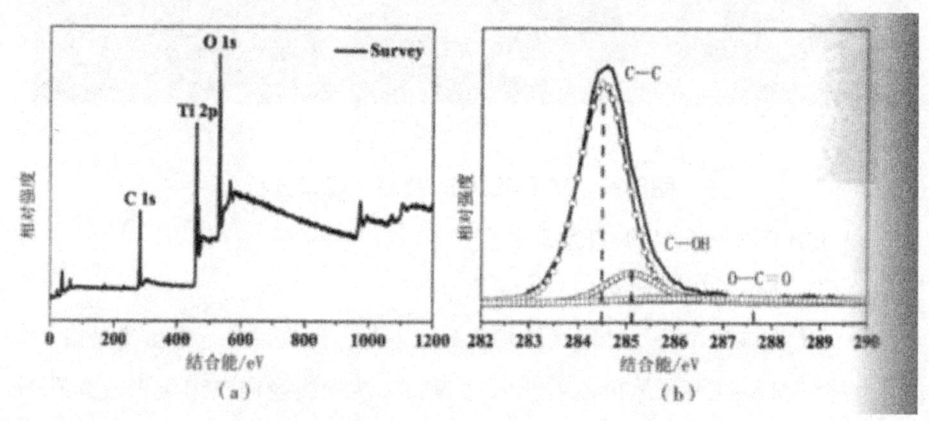

图8.5　OATMS/GP-1样品XPS分析

（a）OATMS/GP-1样品XPS全谱图：（b）C1s图谱：（c）T2p图谱；（d）01s图谱

二、水体系下Ti前驱体对产物结构的影响

在水溶剂体系下，通过调节Ti源前驱体在同样条件下对比产物结构，对产物结构变化机理的深入理解是有益的。作为对比，我们也研究了不同Ti前驱体在水热过程中

的生长结果。研究中，主要考察复合材料的形貌。

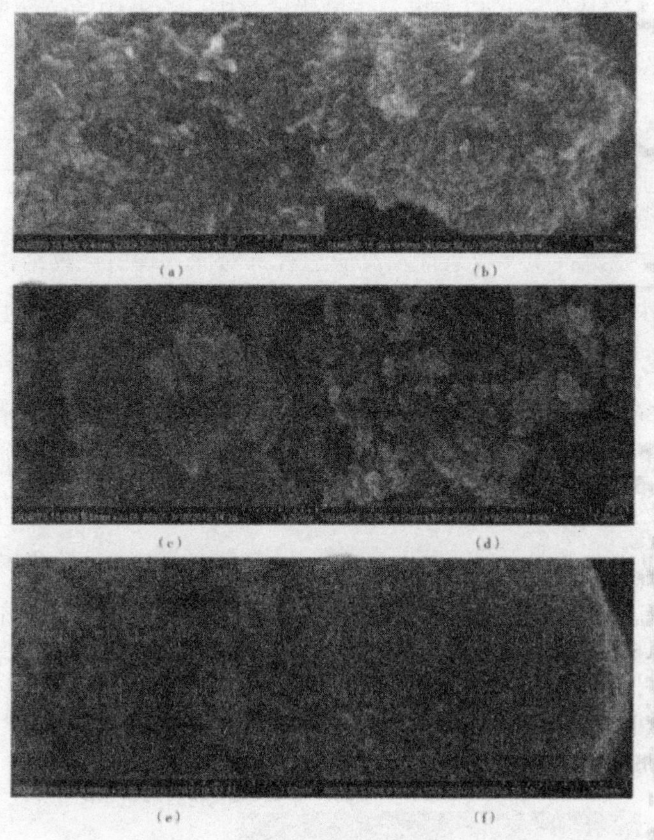

图8.6 不同Ti前驱体得到的产物

（a）钛酸四丁酯；（b）草酸钛钾；（c）四氯化钛；

（d）四氟化钛；（e）氟钛酸铵；（f）硫酸氧钛

从 SEM上看，使用不同的Ti前驱体得到形貌截然不同的产物。在过氧化氢存在的条件下，Ti前驱体中的Ti首先会与过氧化氢溶液结合形成过氧化钛，此时，影响产物形貌的因素主要集中于溶液中Ti前驱体水解后残余的阴离子。从下列SEM 照片中可以看出，使用其他Ti前驱体得到的产物形貌与最优样品的有序结构形成了巨大的反差（图8.6（f））。以钛酸四丁酯为前驱体经过同样条件水热反应后得到了直径约30nm的梭形颗粒，并无规则团聚堆积（图8.6（a））；以草酸钛钾为前驱体得到了花瓣状TiO_2结构 （图8.6（b））；以四氯化钛为前驱体得到了锥形颗粒无规则团聚形成的TiO_2结构（图8.6（c））；以四氟化钛为前驱体，由于氟离子促进（001）面的形成，从而得到了不规则方块状颗粒团聚形成的TiO_2结构（图8.6（d））；以氟钛酸铵为前驱体，水热反应过程中溶液中离子成分相当于在前者的基础上多了铵阳离子，从而得到了直径约1 μm，厚度约200 nm 的不规则片层状颗粒无序堆叠成TiO_2结构（图8.6（e））。从以上对比实验可以看出，在最优样品中，溶液中的硫酸根离于对TiO_2纳米线结构的形成并自组装形成微球结构起到了关键作用。

三、OATMS/GP形成生长机制探究

通过梳理、分析各项反应条件及反应过程，对深入理解产物结构的形成机理是有益的。作为对比，我们也研究了在水热过程中不同时间段产物的生长结果。研究中，主要考察复合材料的形貌变化。

为了解产物形貌的形成机制，我们分别取不同生长时间的样品来观察产物形貌的变化趋势。随着水热反应的进行，我们可以看出，随着工前驱体的初步水解以及自组装行为，反应6 h 的样品以纳米线自组装形成的捆状TiO_2结构为主，捆状TiO_2结构上并附有大量的大颗粒（图8.7（a））。当这些捆状TiO_2结构继续生长至12 h，由于溶解再结晶过程，附着的颗粒转变成纳米线，形成大量的捆状TiO_2结构（图8.7（b））。将反应继续延长到24 h，由于奥斯瓦尔德熟化作用，捆状TiO_2结构消失自组装形成了不完整的球状TiO_2结构，最终随着反应的最终完成，产物最终为直径约1.5 μm完整的三维球状介孔TiO_2结构（图8.7（c），（d））。

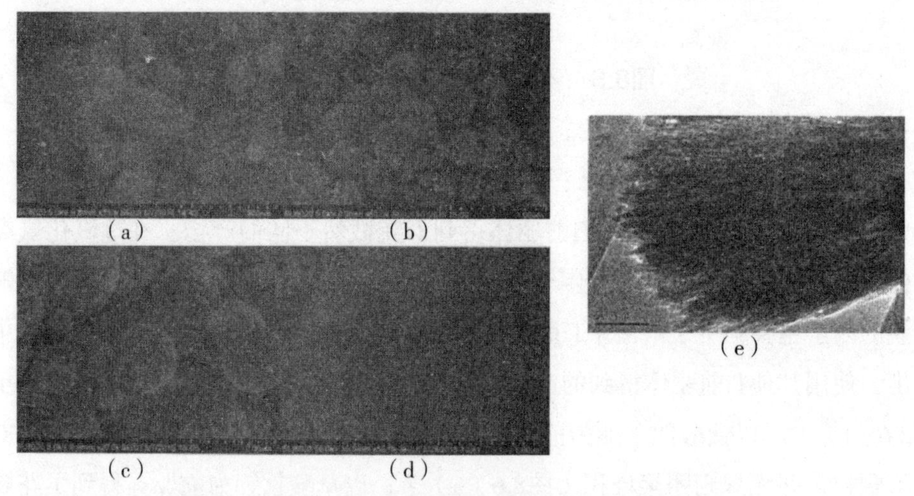

图8.7　不同生长时间节点下0ATMS/G的产物形貌

（a）6l：（b）12h；（e）24h；（d）4388：

（e）TO纳米线自组装形成据状T0，结构

通过上述时间节点生长分析，OATMS/GP微球的形成机制流程图如图8.8所示。在

水解的最初阶段，水解的前驱体与过氧化氢键合形成Ti—O人面体（图8.8（a））。随着反应的进行，TiO_2颗粒诱导形成纳米线并自组装成拯状.如图8.8（b）和8.8（e）所示。与此同时，T—O八面体通过不同的连接方式随机形成锐钛矿相和金红石相TiO_2。在硫酸的水热环境下，捆状TiO_2进一步诱导组装形成三维TiO_2微球结构，同时，石墨烯在水热环境下进一步被剪切成小的纳米片并嵌入TiO_2微球介孔孔道。随着反应完成，形成了基于混相TiO_2纳米线自组装形成的独特的OATMS/GP微球结构（图8.8（c））。

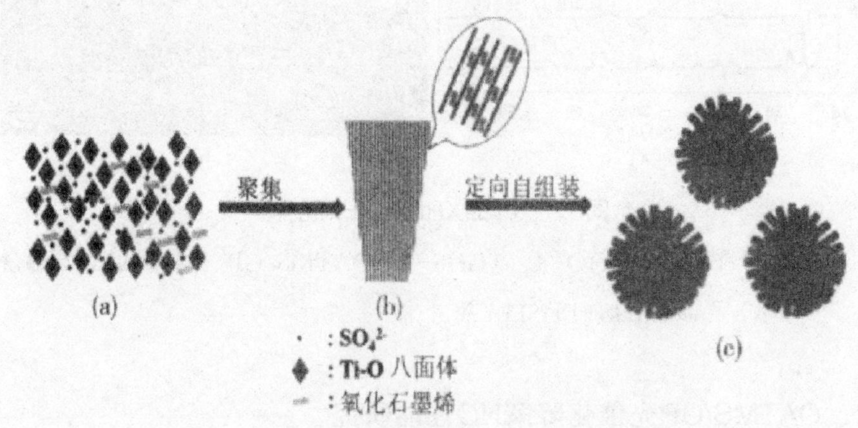

图8.8　OATMS/GP微球结构形成机制示意图

五、OATMS/GP晶相转变机制研究

通过改变过氧化氢溶液和硫酸的用量来调节得到的产物对继续研究结构转变和晶相比例变化是有益的，因此我们追加了2个对比实验。一个样品在反应中只加入硫酸不加人过氧化氢，样品记作TGHS -1，另外一个在反应中只加人过氧化氢不加人硫酸，样品记作TGHO - 1。如图8.9（a）所示，纯的TiO_2锐钛矿晶相与金红石比例通过计算为63：27。当加人石愚烯不加硫酸后，即样品TGHO -1，晶相比例转变为26：74，说明加入石墨烯后导致生成了大量的金红石相TiO_2。通常我们认为在光催化反应中锐钛矿相TiO_2光催化性能优于金红石相TiO_2。因此，我们通过加入硫酸来调控锐钛矿相的生成。首先我们制备了样品TCHS-1，得到了纯锐钛矿相TiO_2但自组装结构消失，得到的只是由不规则TiO_2颗粒堆积起来的无序结构（图8.9（b））。由此可知，过氧化氢在水热过程中对形成TiO_2纳米线并定向自组装形成微球结构起到了关键作用，而硫酸则促进生成锐钛矿相TiO_2。众所周知，合适比例的混相TiO_2可以形成自身

异质结，通常比单相的TiO_2具有更好的光催化性能。在样品TGHO-1的基础上，我们通过加入硫酸来增大锐钛矿的生成量以调控锐钛矿与金红石之间的比例，既保留了三维微球自组装结构，又得到了最优化的晶相比例。

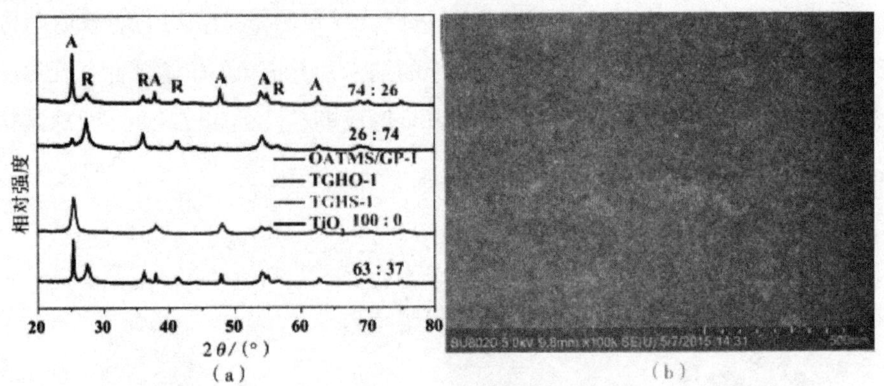

图8.9 样品XRD和SEM分析

（a）TiO_2，TCHO-1，TGHS-1和OATMS/GP-1样品的XRD图谱；

（b）样品TGHS-1的SEM 照片

六、OATMS/GP光催化降解NO性能研究

OATMS/GP系列样品光催化降解NO图谱如图8.10（a）所示。通过空白样品对照，可以排除紫外光直接降解NO因素的干扰。当石墨烯的添加量从0.1%到0.5%再到1%过程中，NO降解率从15.9%上升到46.5%再到81.4%。光催化性能的提升得益于石墨烯的嵌入促进了光生电荷的分离。当石墨烯的添加量升至2%时，我们发现降解率不升反降至24%。这可能是因为过量的石墨烯纳米片在表面团聚并覆盖影响了TO，对光的吸收，降低了光生载流子分离和迁移效率。作为对比，我们同时测试了P25样品、纯T0，样品、TGHS -1样品和TGHO -1样品的光催化降解NO效率。如图8.10（b）所示，纯TiO_2光催化降解NO效率仅有16.6%，而OATMS/GP系列样品的性能均优于纯 TiO_2，由此说明石墨烯纳米片的嵌入有效提升了光催化性能。对比 TGHO - 1样品来说，TGHO -1样品的光降解效率达到20.1% ，尽管此样品中锐钛矿相的比例高于金红石相比例，但得益于石墨烯的加入，相比纯TiO_2样品，光催化性能仍有部分提升。对于TCHS -1样品来说，其光催化效率达到了32.7% ，高于TCHO -1样品的光降解效率，这是由于锐钛矿相Ti0，的光催化效率通常高于金红石相TiO_2。相比优异的光催化剂P25，优化样品OATMS/GP-1仍然表现出了更高的光催化效率，动态降解NO效率高达81.4%。我

们知道，在光催化反应过程中，材料的孔容对反应物的吸附和中间产物的脱附有很大影响。相比纯TiO_2来说，0ATMS/GP-1具有独特的三维开放式的微球结构，混相结构形成的自身异质结和石墨烯的嵌入共同促进了材料光催化效率的提升。为了检验材料的稳定性，我们对材料进行了三个循环的测试（图8.10（c））。每个循环半小时，完成后关闭光源待NO气体浓度恢复再重新开启光源进入下一个循环的测试。从测试可以看出，三个循环中材料性能没有发生变化，说明材料性能具有良好的稳定性。进一步，我们测试了材料在液相中光催化降解MO的效率。从图（8.10（d））中可以看出，光照9min后，OATMS/GP-1样品可以完全降解MO，并且在循环测试中保持了良好的稳定性，在5个循环内性能没有发生下降。以上结果说明了，介孔类单晶的混相结构和石墨烯良好载流子迁移能力协同促进了OATMS/GP-1材料光催化性能的提升。

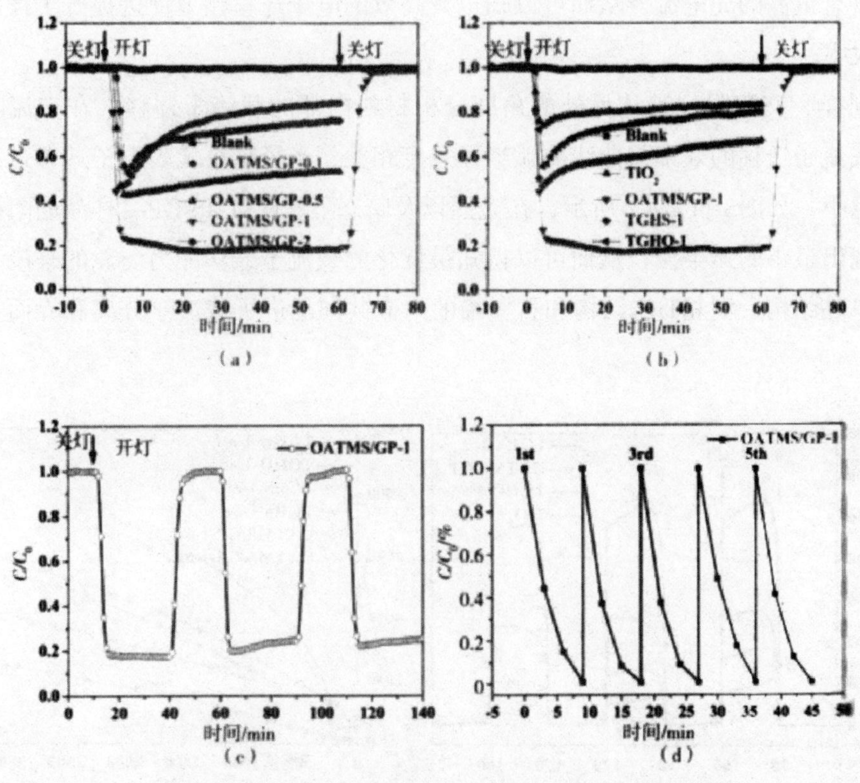

图8.10　样品光降解性能分析

（a）（b）P25，TiO_2 RI OATMSGP系列样品光降解NO图谱：

（c）OATMS/GP- 1样品的光降解NO循环稳定性测试图谱：

（d）OATMS/GP-1样品降解MO循环稳定性测试

七、OATMS/GP性能提升的电化学分析

光电流的强度与入射光的强度及半导体的本身性质紧密相关，在入射光强度保持一致的前提下，可用光电流谱研究光诱导下光催化剂电子与空穴分离和迁移过程。目前，常用的方法是首先将光催化剂做成膜电极，以Pt电极作为对电极，甘汞电极为参比电极组成电解池，在光照射下，检测产生的光电流。样品光电流图谱如图8.11（a）所示，在210 s测试过程中，在开光照灯节点，所有样品均表现出快速的光电流响应，而且光电流在三个循环中均表现出良好的稳定性。我们知道，光电流越高，电子空穴的分离效率越高，OATMS/GP -1样品的光电流强度分别是TGHS - 1样品的2倍，TGHO -1样品的2.9倍，纯TiO_2样品的5倍。在所有测试样品中，OATMS/GP -1样品具有最高的光电流，从而可以知道其高效的电子迁移能力促进提升了样品的光催化效率。

同样，交流阻抗谱从另外的角度分析材料内部的载流子迁移。在交流阻抗谱中，载流子迁移的效率与曲线的弧半径息息相关，半径越小代表电子迁移过程中的阻碍越小。如图8.11（b）所示，在光照以及暗态下，OATMS/GP-1样品的阻抗曲线均表现出最小的弧半径，从而可以得知最优化的载流子迁移能力。总的来说，特殊的类单晶结构，混相TiO_2结构和石墨烯的内嵌共同促进了载流子分离和界面迁移能力。

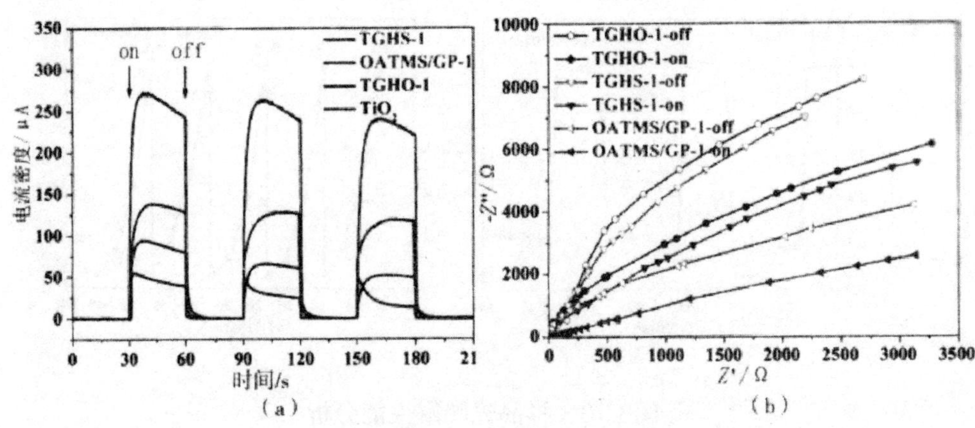

图8.11　样品光电性能测试

（a）样品光电流图谱；（b）样品阻抗图谱I

八、OATMS/GP 光催化降解NO反应机制研究

为了模拟大气组分，我们在反应气中加入了氧气和适量的水蒸气以与大气成分保持一致。因此，我们通过调节反应气中的氧气和水蒸气的含量来研究材料降解NO的反应机制。

如表8.1所示，我们分别设定三种反应气类型，“0水蒸气+21%氧气”、“50%水蒸气+0氧气”和“50%水蒸气+21%氧气”，光降解效率随反应气成分变化而发生巨大变化。在不含水蒸气状态下，效率仅为3%，不含氧气状态下，效率也仅为5%，而在水蒸气和氧气共同存在的状态下，降解效率可以高达81.4%。此外，水蒸气对系统的影响较氧与时系统的影响略大。

表8-1　样品名称、反应气成分、光降解NO效率

OATMS/GP-1	H_2O_2：humidity（%）O_2：gas contene（%）	Photodegradation efficiency
H_2O+O_2	0+21%	3%
	50%+0	5%
	50%+21%	81.4%

从图8.12（a）中可以知道，在反应过程中，水是重要的活性物种之一。当去除反应气中的水蒸气之后，光降解效率从81.4 %骤降至3 %。同样，在氧化NO过程中，氧气也是不可或缺的一个重要成分。当去除反应气中的氧气之后，降解效率也发生巨大的降低（图8.12（b））。从以上分析得知，反应气中缺少水蒸气或者氧气都会对材料最终的性能产生巨大的影响，由于水蒸气或者氧气成分的缺失导致了严重的光生电子-空穴对复合。通常来说，氧气是良好的电子受体，如果在半导体材料表面不能及时将电子迁移走，材料表面电子浓度将升高，导致大量的电子-空穴发生复合，而空穴的存在与氧化过程紧密相关。同时，载流子复合速率与材料表面的载流子浓度密切相关，当没有氧气参与反应时材料表面载流子浓度会大幅上升，从而导致大量载流子复合。此外，光生载流子复合过程与空穴或者空穴诱导产生的羟基自由基参与的氧化反应是竞争关系，若无氧气参与反应，空穴诱导生成的羟基自由基和空穴参与的氧化反应速率会大大降低，再次加重了光生载流子复合。所以在此反应中，缺少了氧气参与反应，材料表面的电子无法及时迁移，从而导致大量的载流子复合，严重降低材料光催化效率。同样，当反应气中缺少了水蒸气，导致空穴无法被其还原，进而导致空穴大量积攒与电子发生复合，大幅降低材料光催化效率。

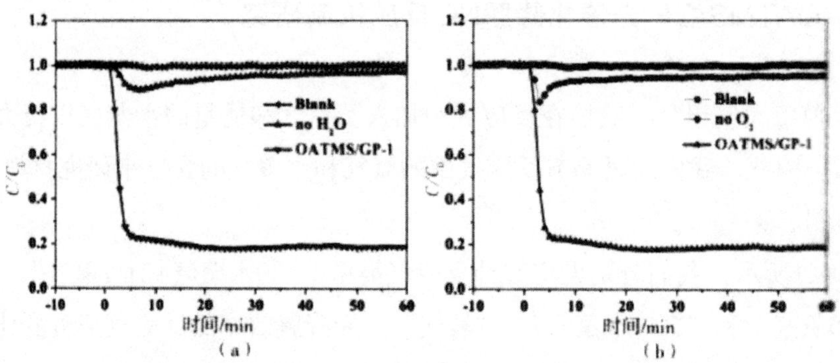

图8.12 （a）和（b）不含水蒸气和氧气的条件测试降解NO图谱

进一步，我们通过电子自旋共振波谱测定了自由基捕获实验。以 TiO_2和OATMS/GP-1为代表，分别在甲醇溶液里测定羟基自由基信号，在水溶液中测定超氧自由基信号。

在紫外灯光源照射下，均检测到了TiO_2和OATMS/GP-1样品的羟基自由基和超氧自由基信号，说明二者在光照下均可产生羟基自由基和超氧自由基（图8.13（a）和（b））。此外，可以发现相比超氧自由基信号强度，羟基自由基信号强度要明显增强，这与上述活性物种探测实验的结果一致。基于液相降解实验，OATMS/GP-1表现出良好的性能，正是由于在液体反应环境中产生了大量的羟基自由基促进了降解反应的发生。因此，在OATMS/GP这个体系中，光氧化NO的过程羟基自由基起主要作用。此外，从图8.13中可以看出，在光照下，OATMS/GP-1样品的羟基自由基和超氧自由基信号都要强于TiO_2的信号强度，说明由于石墨烯的内嵌，促进了载流子的分离和迁移，从而有利于产生更多的自由基，进而提升材料的氧化能力和光催化活性。

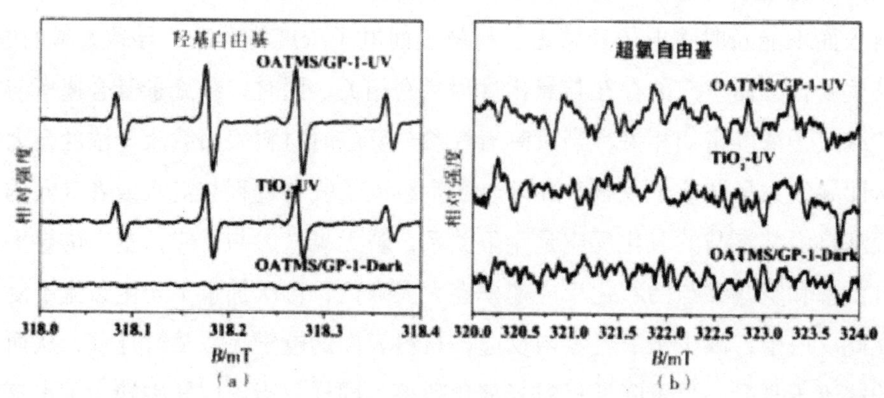

图8.13 样品ESR分析

（a）羟基自由基信号图谱；（b）超氧自由基信号图谱

第四节　本章小结

本章设计制备了一种石墨烯内嵌、TiO_2纳米线自组装形成的三维开放式介孔微球并将其用于光催化降解NO，对其性能提升因素以及降解机制进行了深入的研究。主要结论如下：

（1）TiO_2纳米线具有类单晶结构，相比多晶结构更有利于电子的传输，降低电子被捕获复合的损失；

（2）丰富的介孔孔道不仅有利于材料的光吸收，更有利于反应物分子的吸附以及反应中间体和反应产物的脱附，使催化剂性能保持稳定；

（3）TiO_2材料具有锐钛矿和金红石混相结构，形成自身异质结有利于光生电子的分离；石墨烯作为良好的电子导体，可以在界面处快速有效地分离光生电子和空穴，提升复合材料的光催化性能；

（4）将以上特性整合在一个催化剂系统中，可以发挥各部分的协同作用，促使材料整体性能有大幅度的提升。这种从目标降解物入手，设计材料结构，整合材料特性的思路，有望用于设计制备具有更高活性的光催化纳米材料应用在空气净化和太阳能领域。

第九章 $MoSe_2$的合成及其性能研究

第一节 研究背景

光催化降解染料作为一种绿色高效的方法，在解决水污染所带来的严重的环境问题方面有着巨大的潜力。尽管TiO_2和其他材料在光催化降解污染物方面已经表现出了很好的性能，然而，由于TiO_2是一种带隙较宽的半导体材料料，且主要吸收太阳光中的紫外线部分，但这微量的紫外光只占太阳能总量的5%左右，因此使得其光催化效率仍受到极大的限制。在过去几年，二维层状过渡金属硫属化物（TMDs）因其较窄的带隙、优良的物理化学等性能，在光催化降解有机染料方面开始崭露头角，引起越来越多的科研工作者们的广泛关注。以结构相似的著名石墨烯为例，在能源存储，电子和催化方面有着潜在应用。

众所周知，TMDs纳米材料有着独特的三明治结构，两层硫（或硒）原子之间夹杂着过渡金属，并且三个层之间由微弱的范德瓦耳斯力相隔开。过渡金属硫化物的带隙窄、活性高，已经被认为是可见光下光催化降解有机污染物的有前途的材料。与其他已经受到广泛研究的层状过渡金属硫化物（例如，MoS_2，WS_2）半导体相比，$MoSe_2$作为TMDs族中的一员是一个新出现的催化剂，而且在太阳能驱动清洁能源中作为光催化剂降解有机污染物的应用很少研究，但它优异的物理、化学性质却是大家公认的。

许多文献中已经报道，使用CVD法、液相剥离法等方法来制备$MoSe_2$产物，制备出来的样品形貌也是多种多样，比如，纳米片、纳米微晶、纳米花等。在本章工作中，我们用亚硒酸钠、七钼酸铵分别作为Se源和Mo源，水合肼为还原剂，去离子水为溶剂，采用简单安全、通用便捷的水热法合成$MoSe_2$纳米片，并且探究其光催化性能。

一、二维过渡金属硫属化合物MoSe2

相较石墨烯而言，二维过渡金属硫属化合物（Transition metal dichalcogenides,

TMDs）都是半导体，在光电方面应用较广。一般用分子式MX_2表示过渡金属硫属化合物，如图9.1所示，过渡金属M主要是IV-VI族的过渡金属，X是硫族元素。MoSez作为二维材料的一个重要分支被特别关注着，它是典型的三层式结构，即在两个Se层之间夹着一个金属Mo层，如图9.2所示，它有着类似于石墨烯的层状结构，且层与层之间是由微弱的范德瓦耳斯力Se-Mo-Se形式堆成的三维结构，Se-Mo 原子之间则由很强的共价键相连，且每个Mo原子是八面体或者三棱柱配位。因此，层间作用相对而言比较微弱，很易剥落，而层内作用就比较强。

MX_2
M = Transition metal
X = Chalcogen

H																	He
Li	Be											B	C	N	O	F	Ne
Na	Mg	3	4	5	6	7	8	9	10	11	12	Al	Si	P	S	Cl	Ar
K	Ca	Sc	Ti	V	Cr	Mn	Fe	Co	Ni	Cu	Zn	Ga	Ge	As	Se	Br	Kr
Rb	Sr	Y	Zr	Nb	Mo	Tc	Ru	Rh	Pd	Ag	Cd	In	Sn	Sb	Te	I	Xe
Cs	Ba	La-Lu	Hf	Ta	W	Re	Os	Ir	Pt	Au	Hg	Tl	Pb	Bi	Po	At	Rn
Fr	Ra	Ac-Lr	Rf	Db	Sg	Bh	Hs	Mt	Ds	Rg	Cn	Uut	Fl	Uup	Lv	Uus	Uuo

图9.1　在元素周期表中过渡金属硫属化合物的分布

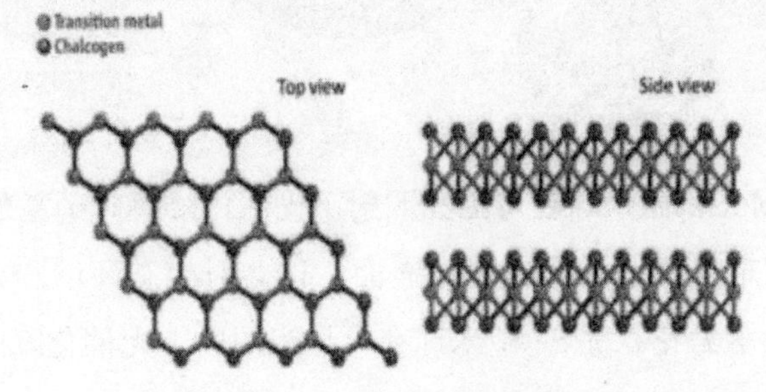

图9.2　MX_2的结构示意图

本章的主要研究对象是$MoSe_2$纳米材料，对其合成方法也多种多样，例如，液相剥离法、化学气相沉积法、水热法、溶剂热法等。所合成样品的形貌也不尽相同，有纳米片、纳米花、 纳米棒、 纳米线等。它们的应用范围也越来越广，涵盖了摩擦性、电催化、光催化、锂电池等领域，由此也延伸出了一些新颖的应用，比如近红外光热治疗癌症。如此广泛的应用不完全是因为二维$MoSe_2$材料独特的性质和结构，还是因为通过对它进行掺杂、复合、修饰甚至作为基底来应用，使其获得优异的性能。

二维$MoSe_2$材料有着独特的结构和新颖的性能，使其在光催化领域引起了众多科研工作者的兴趣，在未来高效利用环境能源方面具有重要的应用价值。本章就将通过对二维$MoSe_2$材料的结构、制备方法、应用领域等方面进行归纳和综述。

二、MoSe2光催化剂在光催化领域中应用

（一）MoSe2在光催化降解污染物中的应用

$MoSe_2$因具有类似于石墨烯的层状结构，以及窄的带隙能吸收很宽的光谱范围并能充分的利用太阳光，因此，它被认为是一个潜在的宽光谱响应光催化材料。$MoSe_2$光催化降解有机物包含两类，一类是染料（罗丹明B、甲基橙、亚甲基蓝等），另一类是硝基爆炸物（硝基苯、对硝基苯酚、2，4–二硝基苯酚）。

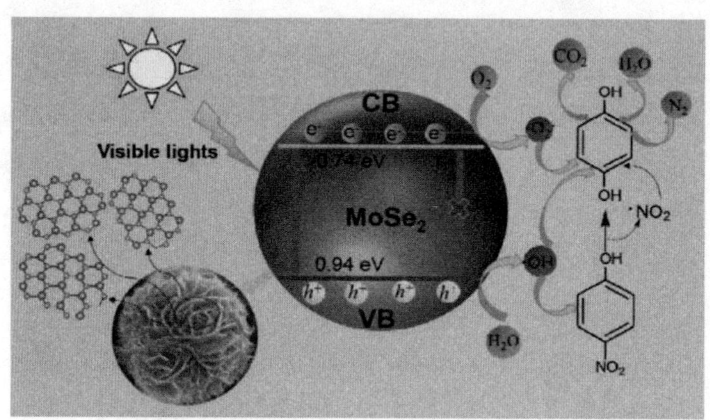

图9.3　花状$MoSe_2$微米球在可见光照射下光催化降解对硝基苯酚的机理图

硝基爆炸物很难被降解，存在地球表面，这会对生态环境和人类安全造成极大地危害。如图9.3所示为花状$MoSe_2$微米球在可见光照射下光催化降解对硝基苯酚机理图。当可见光激发$MoSe_2$微米球的表面时，会产生光生电子–空穴对，然后光生电子被激发到导带，光生空穴被留在价带。$MoSe_2$微米球由很多极薄的纳米片组成，因此，使得光生空穴达到表面与H_2O结合生成·OH。相反地，光生电子在MoSe2微米球的表面能与O_2反应产生·O_2^-。然后，硝基被强氧化剂·OH消除，同时还产生了一些中间产物，最后这些中间产物以及·NO会连续的与·O_2^-和OH反应产生CO_2，H_2O，N_2和无机小分子。$MoSe_2$微米球在光催化降解过程中具有很好的抗光腐蚀性和化学稳定性，在循环反应之后仍然保持着良好的光催化活性。

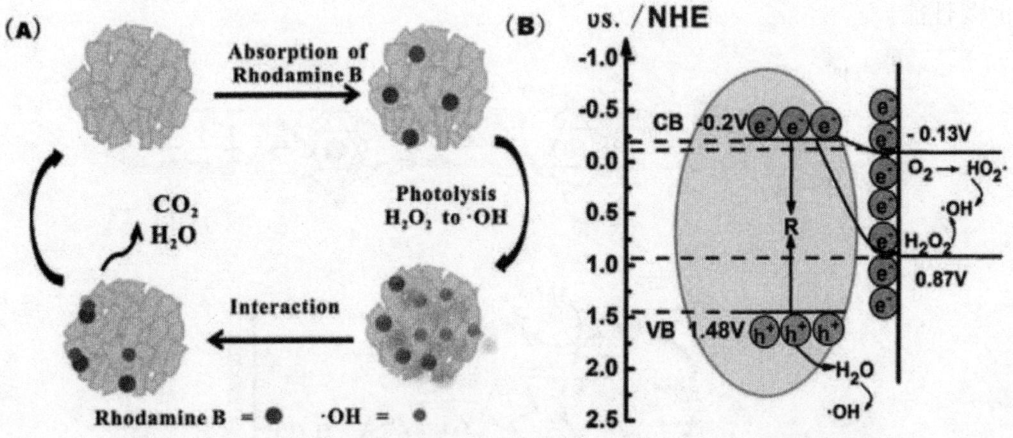

图9.4　（A）整个光催化过程和（B）详细的光催化降解机理图。

（二）MoSe2在光催化高级氧化技术中的应用

高级氧化技术（AOPs）作为一个绿色技术在水环境净化方面具有潜在的应用，尤其是可以用来降解不同的有机污染物。H_2O_2作为一种安全、有效、易于使用的氧化剂已经被用来降解有机污染物。关于$MoSe_2$-H_2O_2体系的详细机理图被展示在图9.4中。当$MoSe_2$-H_2O_2体系被可见光照射时，光生电子会从价带跃迁到导带，空穴被留在价带。

光激发的电子与溶解氧以及H结合最终能生成OH，也有一些激发的电子与H_2O_2分子结合并且还原H_2O_2来产生·OH.光激发空穴能与H_2O分子发生反应，是另一条产生·OH的路径。产生的·OH能够降解RhB分子转化成H_2O和CO_2。

（三）MoSe2在光催化水分解产氢中的应用

1T金属相的MoS_2能够光解水产氢。2H相的$MoSe_2$的间接带隙值约为1.05 eV，它的导带最小值比2H的MoS_2高0.37 eV，并且很好的超过了还原水的电势，因此，它是一个理想的产氢催化剂，期待1T形式的$MoSe_2$比2H的类似物有着更好的产氢性能。通过实验证明可知，1T金属相的$MoSe_2$ 通过锂离子插层的方法剥离大块的2H相$MoSe_2$来获得，并且比几层的2H相的$MoSe_2$展现了更好的产氢活性（图9.5）。有趣的是，1T相的$MoSe_2$比1T的$MoSe_2$也展现了更好的产氢活性。又经过第一原理分析揭示了$MoSe_2$比MoS_2的功函数更低，并且1T相的结构比2H相结构的MoX2（X=S，Se）也展示了更低的功函数。这就导致了$MoSe_2$上的电子很容易被转移来还原水产氢。

除此之外，$MoSe_2$还可以作为导带助催化剂。经过实验证明，在MoO_2， MoS_2和$MoSe_2$物质中， $MoSe_2$具有更好的助催化剂性能，它能快速地促进光生电子的转移。因此， $MoSe_2$作为一个理想的助催化剂，能够改善其他的光催化剂进一步提高光催化产氢性能。

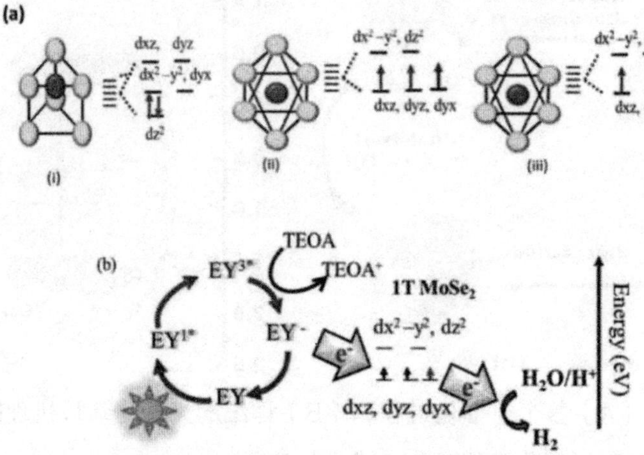

图9.5（a）晶体场引起的电子排布（i）2H- $MoSe_2$，（i）锂离子插层$MoSe_2$，（ii）1T相的形成。（b）产氢的可能机理。

（四）MoSe2在光催化还原Cr（VI）中的应用

$MoSe_2$还可以在紫外、可见和红外光照射下光催化还原Cr（VI）。它的光催化机理图被展示在图9.6中。在这个过程中，$MoSe_2$在紫外、可见或是红外光照射时被激发，然后产生光生电子-空穴对，这些光生载流子会移到$MoSe_2$的表面并且参与氧化还原反应。

$MoSe_2$的导带电位比Cr（VI）/Cr（III）电位（0.51 V，vs. NHE）更负，$MoSe_2$上的光生电子将吸附的Cr（VI）还原成Cr（III）。这个过程的反应步骤为：

$MoSe_2 + h\nu \rightarrow h^+ + e^-$

$Cr_2O_7^{2-} + 14H^+ \rightarrow 2Cr^{3+} + 7H_2O$

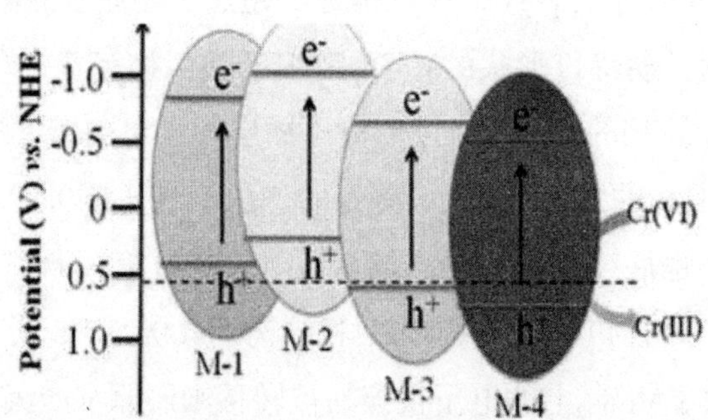

图9.6　在可见光照射下$MoSe_2$的光催化机理图。

以上的这些结果表明了$MoSe_2$能够应用在光催化降解、光催化产氢以及光催化还原中，由此可见，$MoSe_2$是一个潜在的光催化材料。

三、MoSe2基异质结光催化剂及其光催化中的研究进展

（一）MoSe2基异质结光催化剂

虽然$MoSe_2$在光催化领域中具有潜在的应用价值，但是$MoSe_2$的一些缺点仍然限制了它的光催化活性，例如$MoSe_2$的带隙比较窄导致光生电子和空穴对易复合、电荷转移速度较慢、合成的$MoSe_2$纳米材料易团聚等问题。构建异质结是提高光催化活性的一个有效办法，它能够有效地地分离和转移光生电子和空穴。由此可见，将$MoSe_2$与能带匹配的半导体构成异质结是提高光催化活性的有效途径之一。根据文献报道，$MoSe_2$可以与一些碳材料复合（氧化石墨烯，碳纳米纤维，碳布和碳点）以及与其他半导体材料复合（NiSe，$ZnIn_2S_4$，HfS_2）来改善它的光催化活性。因此，可以将$MoSe_2$基异质结光催化剂分为两类$MoSe_2$/碳材料复合光催化剂和$MoSe_2$/半导体材料复合光催化剂。

1．$MoSe_2$/碳材料复合光催化剂

由于慢的电荷转移速度和高的光生电子-空穴对复合率，这将极大地抑制了它的光催化性能。因此，$MoSe_2$与碳材料相互作用在某种程度上能够减少它们的电阻，尤其是纳米碳材料，例如碳纳米管、碳点、碳纳米纤维和石墨烯。这些碳材料具有很好的电荷传输性能可作为电子的受体，有效地抑制了光生电子-空穴对的复合，从而提高了光催化活性。此外。这些碳材料一般具有较高的比表面积、好的吸附性能、物理化学性质稳定等优点成为催化剂的理想载体。Wu等人制备的$MoSe_2 \perp$ rGO异质结比纯的$MoSe_2$展现了更好的吸附有机染料性能和光催化降解MB，RhB和MO的性能，这种较好的光催化性能可能来源于$MoSe_2$垂直的生长在石墨烯上促进了载流子的分离以及有效地抑制了光生电子和空穴的复合（图9.7）。

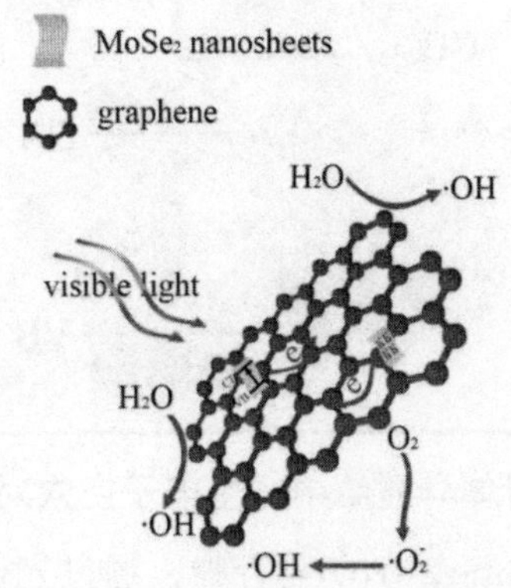

图9.7　在可见光照射下$MoSe_2 \perp$ rGO异质结的光生载流子的转移路径图和可能的光催化机理图。

2. $MoSe_2$/半导体材料复合光催化剂

$MoSe_2$/半导体材料复合光催化材料根据光生电子和空穴的转移基质不同可以分为两类：I-型异质结和Z型异质结。

（1）II-型 $MoSe_2$/半导体异质结

II-型异质结能为光生载流子的有效分离提供了最佳的能带位置，从而改善了光催化活性。光激发的电子能从半导体2的导带（CB）转移到半导体1的价带（VB），空穴将会从半导体1的VB转移到半导体2的CB （图9.8），这样光生电子和空穴在空间上就会被彼此的分开、明显地减少了它们的复合率。因此，针对I-型$MoSe_2$/半导体异质结，$MoSe_2$ 的带隙比较窄且它的导带比大多数半导体更负（图9.8）。因此，当$MoSe_2$与其他半导体接触时的CB电位更负的时候，更符合图9.9中的半导体2，而其他半导体材料的CB更负时，$MoSe_2$更复合图9.9中的半导体1。因此，I_型异质结的构建是提高光生载流子分离效率的有效方法。$MoSe_2$能与TiO_2、 WO_3、$BiVO_4$、NiSe、$ZnIn_2S_4$等大多数半导体材料构成II-型$MoSe_2$/半导体异质结。

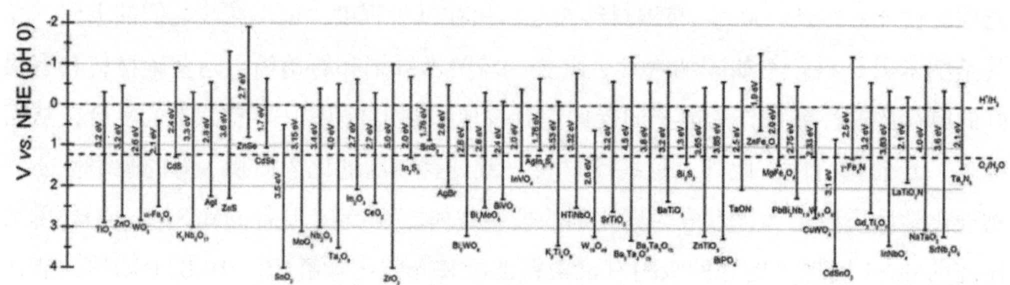

图9.8　不同半导体的能带结构示意图

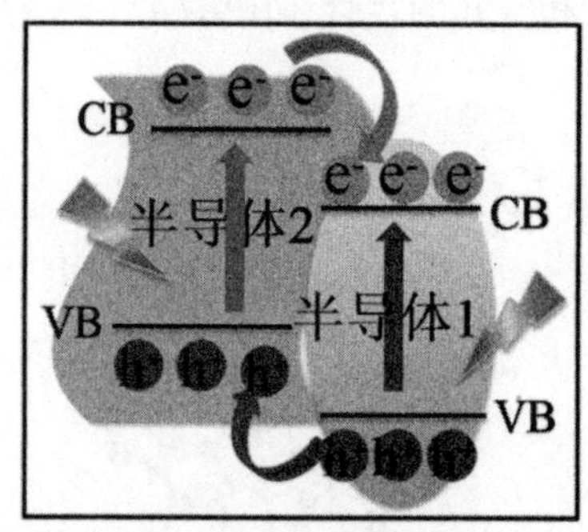

图9.9　II-型$MoSe_2$/半导体异质结中光生电子空穴对的分离和转移机理图。

Chu等人成功地制备了MoSe2-TiO_2复合物，通过光催化还原Cr（VI）测 试揭示了$MoSe_2$-TiO_2复合物的形成有效地改善了$MoSe_2$和TiO_2的光催化活性，这主要归因于TiO_2的引入有效地抑制了$MoSe_2$中光生电子-空穴对的复合，使得$MoSe_2$上的光生电子转移到TiO_2的表面，TiO_2表面.上的光生电子与吸附在光催化剂表面的Cr（VI）发生还原反应形成Cr（III）。$MoSe_2$不仅可以与紫外光响应的半导体材料复合，还可以与可见光响应的半导体材料复合进-.步加强它对光吸收的利用率，例如，Luo等人报道了$MoSe_2/BiVO_4$复合物也能极大地改善了单一组分$BiVO_4$ 和$MoSe_2$的光催化活性，同时获得的$MoSe_2/BiVO_4$复合物在光催化反应中也具有较好的再使用性能。此外，$MoSe_2$ 与$ZnIn_2S_4$复合形成了无贵金属的$MoSe_2/ZnIn_2S_4$异质结有效地提高了$MoSe_2$和$ZnIn_2S_4$的光催化产氢性能。

（2）Z-型$MoSe_2$/半导体异质结

大多数合成的$MoSe_2$/半导体异质结属于传统的II-型异质结，虽然它们能改善光生电子和空穴的分离，但是它们的氧化还原能力很容易被减弱。相反地，对于z.型异质结的光催化机理，在两个半导体之间，更低导带上的光生电子会与更低价带上的空穴发生复合，这样能增加电荷的分离效率以及具有更强的氧化还原能力。主要存在三种模式的Z-体制体系分别为：①采用可逆氧化还原介质，②通过固态电子介质，③没有任何的介质。在这些模型中，第三种无任何氧化还原介质的直接z-体制结构能够避免前两种可能存在的缺陷，例如在溶液中穿梭的电子引起的氧化还原反应的竞争。因此，设计和构建直接Z-体制异质结是最适宜增加光催化活性的有效办法。

Wang等人报道了一.个新颖的$MoSe_2$/CdSe直接Z-型异质结。当$MoSe_2$/CdSe形成异质结，电子能够在$MoSe_2$和CdSe之间的内表面发生转移直到费米能级平衡为止。根据实验和PDF计算结果说明了$MoSe_2$的E_f值比CdSe更负一些，因此在$MoSe_2$的E_f上积累的电子从异质结的界面流动到CdSe上，就导致了$MoSe_2$的E_f正面移动而CdSe的E_f负面移动（图9.10A）。同样地，在$MoSe_2$/CdSe异质结中E_f的移动造成了$MoSe_2$的负能带弯曲和CdSe的正能带弯曲。在这种方式下，CdSe 的导电位置与$MoSe_2$的价带位置更近，当用紫外和可见光照射时，$MoSe_2$和CdSe都能被光激发，电子都能被激发到导带同时同样数量的空穴被留在价带。从MoSe2/CdSe异质结的能带图中可以看出（图9.10B），由于能带的弯曲和内建电场的形成CdSe导带上的光生电子转移到了$MoSe_2$的价带上来确保形，成了Z-体制的机理，把光生的电子留在了$MoSe_2$的导带以及光生空穴留在了CdSe的价带。此外，通过XPS图谱中结合能的移动说明了异质结不同的表面电子密度的改变，XPS的结果揭示了在$MoSe_2$/CdSe异质结中电子是从CdSe转移到$MoSe_2$。因此，通过实验的结果和理论分析证明了光生电子的转移路径被认定为是一个Z-体制异质结。

通过实验数据说明了Z-型$MoSe_2$/CdSe异质结极大地促进了光生电子-空穴对的分

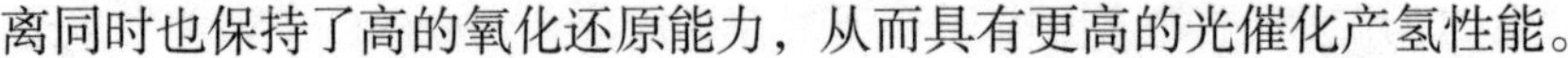

离同时也保持了高的氧化还原能力，从而具有更高的光催化产氢性能。

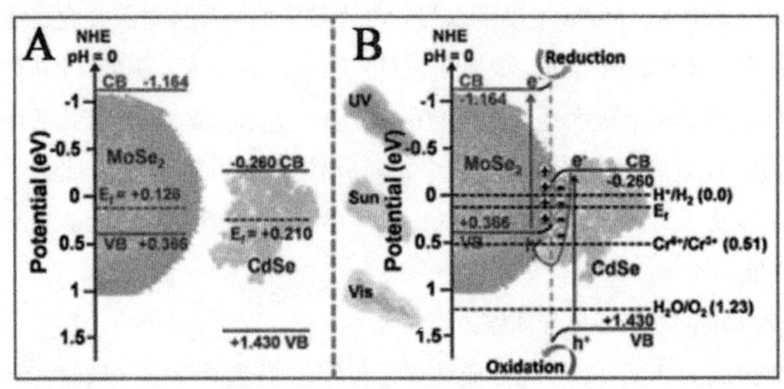

图9.10　MoSe$_2$/CdSe异质结的光催化机理图。

（二）MoSe2基异质结光催化剂的应用问题及解决途径

目前主要研究的是纳米级的MoSe2光催化材料，针对MoSe$_2$在光催化反应中存在的一些MoSe$_2$缺点，制备了--些纳米级的MoSe$_2$基异质结光催化材料，它们对可见光或红外光具有很好地吸收性能，能够充分的利用太阳能，以及具有较好的光催化后活性。但是这些MoSe$_2$基异质结光催化剂在实际应用方面仍然存在着一些问题。例如，Chu等人制备了MoSe$_2$-TiO$_2$ 复合物，MoSe$_2$-TiO$_2$ 复合物的形成有效地提高了MoSe$_2$的光催化活性，但是所获得的复合物仍然存在团聚的现象（图9.11A），以及通过几次循环实验可以发现它们的光催化活性明显减少（图9.11B），这主要的原因是光催化反应完之后在收集的过程中光催化剂的丢失造成的。因此，将MoSe$_2$基异质结光催化剂存在的问题总结如下：

（1）纳米级的MoSe$_2$基异质结光催化剂因具有较小的尺寸很容易团聚且减少了很多反应活性位点，从而大大降低了它们的光催化活性。.

（2）在实际处理污水时，光催化剂具有好的分离回收再性能是可以进一步促进它们的实用性。但是纳米级的MoSe$_2$基异质结光催化剂大多数很容易悬浮在溶液中，不仅很难进行分离回收，而且还容易造成水体的二次污染，这在很大程度上限制了它们的实际工业化应用。

而Wu等人利用简单的水热方法将极薄的MoSe$_2$纳米片垂直且均匀地生长在石墨烯上，比MoSe$_2$具有更高的比表面积能够暴露更多的活性位点，从而有效地改善了它们的光催化活性（图9.11C和D）。由此可见，为了进一步提高MoSe$_2$基异质结光催化剂的光催化活性以及再使用性能，与MoSe$_2$构成异质结的光催化材料的选取尤为重要。选取的材料应该即保持宏观体材料的易分离回收性能又保持微观纳米材料高的比表面积。

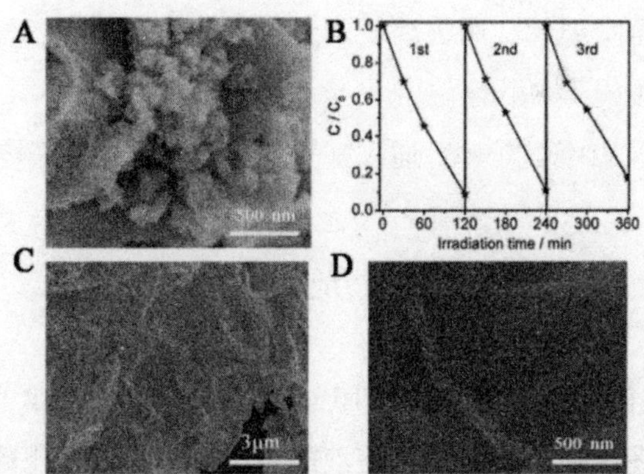

图9.11　$MoSe_2$–TiO_2复合物的（A）SEM图和（B）三次循环的光催化活性图。$MoSe_2$⊥rGO的（C）低倍和（D）高倍SEM图。

第二节　实验部分

一、实验试剂

七钼酸铵（$(NH_4)_6Mo_7O_{24}$，90%），亚硒酸钠（Na_2SeO_3）， 水合肼（$N_2H_4 \cdot H_2O$， 80%），乙醇（>98%），去离子水，以上所有的试剂都是分析纯。

二、实验过程

1. 制备$MoSe_2$纳米片

使用水热法制备$MoSe_2$纳米片，以七钼酸铵为钼源，亚硒酸钠为硒源，使用水合肼作为还原剂，去离子水为溶剂。反应时间17小时，反应温度为200℃。

具体步骤如下：

（1）将3 mmol的亚硒酸钠溶解在10 ml的水合肼中，并置于50 ml的聚四氟乙烯内衬中，在室温下持续磁力搅拌20分钟左右。

（2）将0.22 mmol的七钼酸铵溶解在20 ml的去离子水中，形成均匀的澄清溶液，逐滴加入上述亚硒酸钠溶液中，保持磁力搅拌40分钟。

（3）搅拌完毕，将内衬转移至配套的高压釜中密封，并置于200℃的干燥箱中保温17小时。

（4）自然冷却至室温后，用去离子水多次洗涤离心，在乙醇中超声20分钟，然后在60℃真空干燥箱中干燥8小时。

（5）将样品置于CVD管式炉中，通入氮气，在450℃温度下煅烧5小时。收集样品。

第三节　光催化测试

样品的光催化性能通过可见光照射15 mg/L的罗丹明（RhB）溶液进行测试。将10 mg的催化剂放入盛有30 ml的RhB水溶液的石英管中，黑暗下磁力搅拌60分钟，达到吸附平衡后，用带滤光片（k≥420 nm）的400 W金卤灯进行可见光照射。在照射过程中，持续使用循环水进行降温以防止溶液蒸发。每照射30分钟取出4 ml左右的溶液，离心去除催化剂，并用紫外可见分光光度计测试其在554 nm处的吸光度。由降解率=（C0–C）/C0*100%（其中C0为RhB的初始浓度，C是不同光照时间下的浓度）可以计算出罗丹明B的降解率。

第四节　结果与讨论

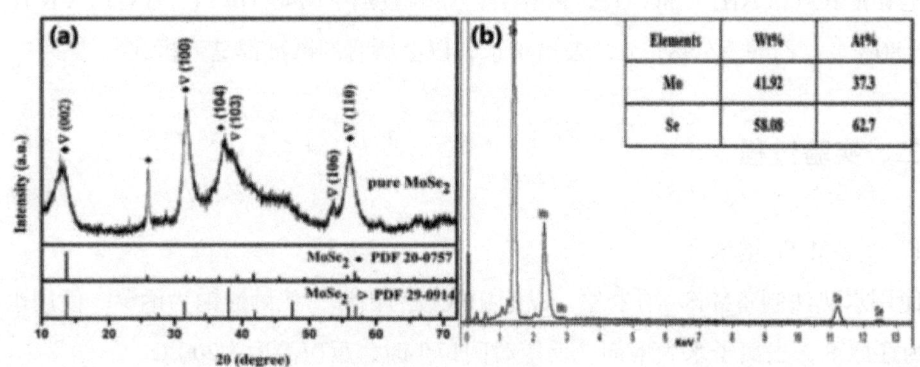

图9.12　MoSez的（a）XRD图谱和（b）EDX图表

煅烧后的$MoSe_2$的相结构用X射线衍射（XRD）进行了表征，如图9.12（a）所示。$MoSe_2$纳米片的表征峰主要位于13.62°，31.63°，37.86°，55.95°，属于六方2H相$MoSe_2$，分别对应于标准卡片JCPDSNo.29–0914相对应的（002），（100），（103）和（110）晶面，所属空间群是[P63/mmc（194）]。位于25.96和36.98位置的表征峰则对应于标准卡片为JCPDS No.20–0757的三方晶相$MoSe_2$，所属空间群为R3m（160）。通过X射线能谱（EDX）分析了样品的所含元素及其比例，图9.12（b）

是MoSez的分析结果，可观察到样品中有Mo和Se两种元素，且Mo与Se的原子比为1：1.7，这里比例略低的原因是由于在实验搅拌过程中，Se容易挥发。

一、Raman光谱分析

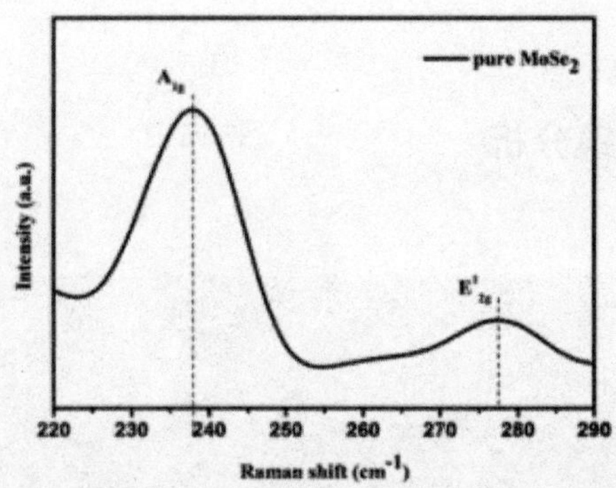

图9.13　$MoSe_2$的Raman光谱分析

我们运用拉曼光谱对样品的结构进行了表征，如图9.13所示。$MoSe_2$有两个典型的特征拉曼峰，A_{1g}为平面外振动模式，E^1_{2g}为平面内振动模式，而且后者的频率低于前者的81。$MoSe_2$的特征A_{1g}拉曼振动模式分别位于237.66 cm–^{1}处，特征E^1_{2g}拉曼振动模式位于277.58 cm^{-1}处。

二、X射线光电子能谱分析

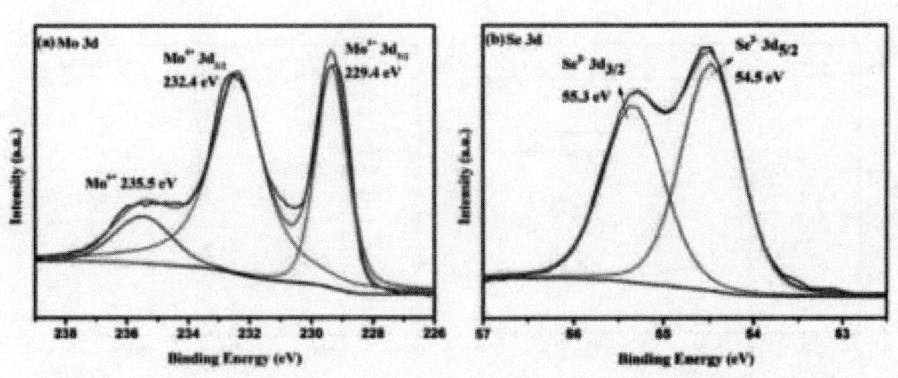

图9.14　$MoSe_2$的（a）Mo 3d和（b）Se 3d的高分辨率XPS谱

$MoSe_2$的化学成分和价态运用X射线光电子能谱（XPS）进行了分析。Mo 3d谱中，两个明显尖锐的峰对应于Mo $3d_{5/2}$和$3d_{3/2}$，结合能分别为229.4eV和232.4eV，说明Mo^{6+}被还原为Mo^{4+} ，证实了Mo （v）态的存在189）， 如图9.14 （a）所示。另外，结合能为235.5 eV的峰归属于Mo $3d_{3/2}$（+6），之所以出现六价的Mo离子，这是因为在水热过程中，$MoSe_2$ 中的Mo边缘活性较高而被氧化所造成的。Se 3d谱可分裂为Mo $3d_{5/2}$和Se $3d_{3/2}$，，结合能分别为54.5 eV和55.3 eV，如图9.14（b）所示，证实了Se的价态为负二价。

三、扫描电子显微镜分析

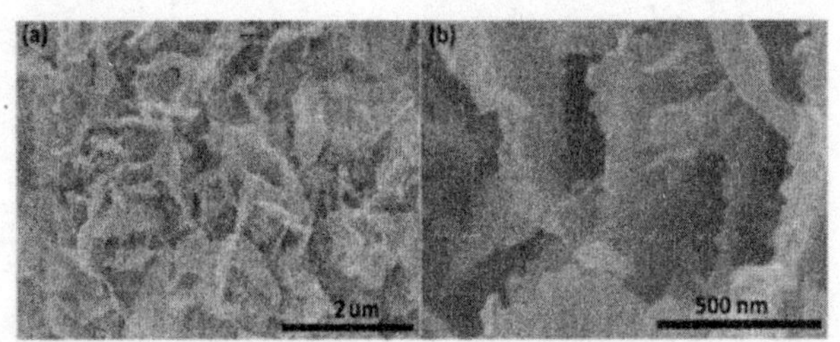

图9.15 不同放大倍数 下$MoSe_2$纳米片的SEM图

图9.5表现了$MoSe_2$纳米片在2 μm和500 nm不同放大倍数下的场发射扫描电镜的图像。图9.15（a）和（b）清楚表明形成了超薄的$MoSe_2$纳米片，纳米片的平均厚度约为20 nm左右。

四、光催化性能测试

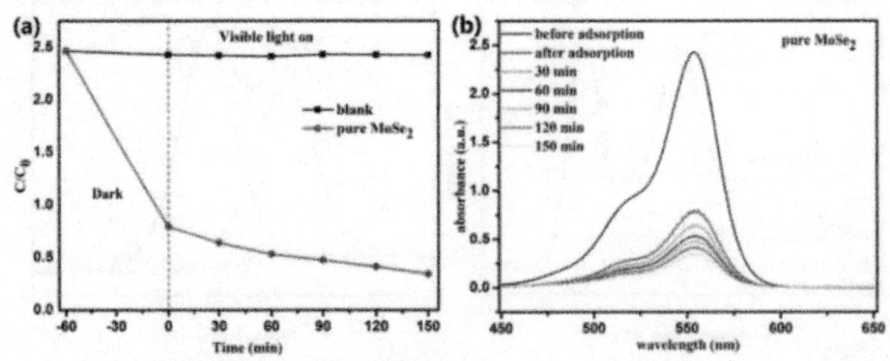

图9.16 （a）所制样品在可见光下降解RhB，（b）样品所对应的RhB的吸收峰强度随时间的变化

样品的光催化活性，可通过可见光照射罗丹明B（RhB）溶液来评价。如图9.16（a）所示，我们探究了样品在RhB溶液中随着时间变化的吸附性和光催化性。为了做对照，不难发现在可见光照射下，未添加任何催化剂的RhB原样几乎没有发生自降解，这表明它有很好的化学稳定性。$MoSe_2$经过黑暗60分钟的吸附平衡后，接着对其进行150分钟的可见光照射，发现样品大约降解了56.8%的RhB，说明煅烧过的$MoSe_2$表现出了优异的光催化性。图9.16（b）显示了在不同时间段的可见光照射下，催化剂$MoSe_2$纳米片对有机污染物RhB的吸收曲线，显而易见，RhB吸收峰的强度在554 nm处随着时间逐渐降低。使用准一级动力学方程计算反应速率常数（k）来定量探究所制备样品的光降解率，方程为（1）：

降解率=（C_0–C）/C_0*100%（1）

其中，C_0为罗丹明B的初始浓度，C是不同光照时间下的浓度。$MoSe_2$纳米片的k= 0.0055 min^{-1}，显示了优良的光催化性能。

第五节　本章小结

本文通过采用简单安全的一步水热方法成功制备了$MoSe_2$纳米片。通过SEM可以清晰地看见$MoSe_2$纳米片的平均厚度尺寸约为30 nm，而且较薄的纳米片提供了更大的比表面积以及丰富的活性位置。实验证实，$MoSe_2$纳米片在污水处理方面展现出了较好的光催化降解污染物性能。

第十章　TiO_2和CuO高效光电催化剂构建和光电协同催化还原CO_2

第一节　二氧化碳还原研究现状

一、二氧化碳的性质和用途

二氧化碳，俗名为碳酸气，是碳高价的氧化物，分子式为CO_2，分子量是44.01，常温常压无色，无臭，无味，无毒，相对密度1.53，略微带酸刺鼻性气味。其熔点为-56.60℃（0.52 MPa），沸点-78.6℃，微溶于水，溶液呈现弱酸性。通常情况下，二氧化碳化学性质稳定，不燃烧，不助燃。液体二氧化碳在加压冷却时可凝成固体二氧化碳，俗称干冰，是一种低温制冷剂。与此同时，在一定的条件或适宜的催化剂存在的情况下，二氧化碳也参与一些化学反应，如高温下的还原反应（$CO_2+C=2CO$）、有机合成反应（$CO_2+3H_2=CH_3OH+H_2O$）、生化反应（$6CO_2+6H_2O=C6H_{12}O6+6O_2$）等等。

由于二氧化碳在常温常压下是无色无臭的气体，加压即可液化或固化，安全无毒，使用方便，因此其用量每年都在增加，应用范围也会相对扩大。二氧化碳的成熟化工利用包括制取脂肪酸和水杨酸及其衍生物、合成尿素、生产碳酸盐等等，现在又成功研究了许多新工艺方法，如天然气的合成、丙烯、乙烯等低级的烃类，合成甲酸及其衍生物，合成甲醇，壬醇、草酸及其衍生物、内酯及芳烃的烷基化，合成的高分子单体和进行的二元或三元的共聚，成功制成了一系列的高分子材料等。

二、二氧化碳环境问题及其解决途径概述

煤、石油、天然气等化石燃料的燃烧是当今世界能耗的主要来源。随着世界人口的不断增加和全球一体化的发展，人类对能源的需求与日俱增。但是，化石燃料的燃烧向大气圈中排放的二氧化碳超过了大气圈所能负荷的程度，从而导致温室效

应的产生，大气温室效应对人类生活造成的最直接的危害是全球变暖。随着全球二氧化碳排放量每年的不断增加，由此带来的碳平衡问题也引起了全球的高度关注与重视。如何有效地降低空气中的CO_2的含量，使之维持在一平衡范围内，成为当今世界的一大难题，引起了环境、能源、物理、化学等交叉学科研究者的极大兴趣。

二氧化碳化学是碳化学的重要组成部分，也是碳家族中最为廉价和丰富的碳资源，其标准生成热为-394.38 kJ/mol，惰性大，不易活化，故而其化学固定和转化都非常困难。将二氧化碳还原需要提供高能量及电子给体，例如高能的还原剂氢气、碳负离子或外部能源（光能）等。从化学角度上看，CO_2是碳元素最高氧化阶段产物，处于稳定状态，其稳定性与惰性气体极为类似，要进行转化确实有一定难度及障碍。研究者企图寻找的各种非生物的方法将CO_2还原为不同的有机物，以期望达到双重的效果。一方面可以有效地减少空气中CO_2的含量，从而改善人类赖以生存的生态环境；另一方面能够有效利用还原CO_2所得到的还原产物，从而可以减小人类面临的能源的危机。

在众多减排技术中，CO_2变废为宝的利用受到人们的广泛重视。若能充分地利用这一C_1资源，对于保护生态环境具有很强的现实意义。CO_2作为一种潜在的碳资源，如何将丰富的CO_2资源转化成为急需的有机燃料能源，成为大家关注的焦点。

自1870年至今，研究者们对还原CO_2的方法有不同程度上的研究，例如加氢催化还原法，放射还原法，热化学还原法，光化学还原法，电化学还原法和光电化学还原法等。虽然许多转化固定CO_2的过程都可能实现，但关键是如何来获得CO_2还原所需要的氢源和如何在较低的能耗条件下实现CO_2的高效率转化？这个问题是CO_2还原技术中所需要大家思考的一个关键难题。在催化共聚的方法、高温非均相方法和均相催化氢化方法等传统的还原方法中，氢的来源仍为化石资源，整个CO_2处理过程的实际意义不是很大。目前，高效率、高选择性催化还原CO_2成为CO_2还原的研究热点。目前主要的方法有光催化还原，电催化还原以及光电催化还原等，这几种方法催化还原CO_2的氢来源于水，能量来自太阳光，是性能优异的高级催化还原CO_2的还原技术，是洁净、环境友好型再生新能源的方法。

三、二氧化碳的光催化还原

CO_2的光催化还原是基于对植物光合作用的人工模拟。人工光还原CO_2实质上是在光照的诱导条件下发生的氧化还原反应的过程，因此可以将其分成两个基本的过程：一是催化材料的反应活性位点吸附CO_2，二是CO_2与光生电子-空穴发生氧化还原反应的过程。

由于CO_2不能吸收利用波长在200～900 nm的可见光和紫外光，所以想要实现CO_2的人工光催化还原，需要借助于合适的光化学增感剂。自从20世纪70年代Inoue和Fujishima首次报道了TiO_2半导体粉末作为光催化剂，在水溶液中光催化还原CO_2生成有机物之后，基于TiO_2的光催化剂成为研究最广泛、最深入的体系。

随之研究者们对其他具有光催化活性的半导体材料展开了研究，将这些材料逐渐应用到光催化还原CO_2反应中，如金属氧化物（WO_3、ZrO_2、ZnO 和ZrO）和硫化物（ZnS、CdS）等。半导体材料不同于金属材料，其作为光催化剂，其导带和价带是不连续的，因为中间有禁带的存在。当具有足够能量的光照射到半导体材料表面时，价带中的电子就会跃迁到导带，从而半导体的价带产生空穴，而导带可以产生电子，于是材料就具有了氧化还原的能力，但是光生电子-空穴对的寿命只有几纳秒，但这个短暂的时间已经足以促使其氧化还原的反应发生，于是光生电子的迁移使得CO_2的还原成为可能。在随后的过程中，半导体的光生电子.空穴可能存在着多种变化：光生电子可能会迁移到半导体材料的表面，随后便可将电子传递到吸附在半导体表面上的电子受体；光生空穴可迁移到达半导体的表面，可与吸附在半导体表面上的电子给体相结合；或者光生电子-空穴在半导体内重新结合从而使催化剂失去活性。一般来说，良好得光催化剂需要具备以下的几个特点：导带上光生电子还原电位需要足够负，才能有足够的能力还原电子受体；而价带上的光生空穴氧化电位需要足够正，以期有足够的能力可以氧化电子给体；材料抗光腐蚀必需良好并且不产生其他有毒副产物；材料的制备过程必须是经济环保的。

表10.1　在PH=7时CO_2还原反应中的还原电势

Reaction	E0redox/（V vs.NHE）
$2H^++2e^-\rightarrow H_2$	−041.
$H_2O\rightarrow 0.5O_2+2H^++2e^-$	0.82
$CO_2+H^++e^-\rightarrow CO_2$	−1.90
$CO_2+H^++2e^-\rightarrow HCO_2^-$	−0.49
$CO_2+2H^++2e^-\rightarrow CO+H_2O$	−0.53
$CO_2+4H^++4e^-\rightarrow HCHO+H_2O$	−0.48
$CO_2+6H^++6e^-\rightarrow CH_3OH+H_2O$	−0.38
$CO_2+8H^++8e^-\rightarrow CH_4+H_2O$	−0.24

在CO_2的还原过程中表现为：一方面，光生空穴具有很强的氧化能力，如此便可以从H_2O中夺取电子，产生氢质子用于CO_2还原并释放出氧气。另一方面，光生电子具有很强的还原能力，根据不同的电子转移数目和还原电势（见表10.1），在H_2O存在的条件下，将CO_2还原为CH_3OH、HCHO、CH_4和HCOOH等有机化合物。

四、二氧化碳的电催化还原

目前，电催化还原CO_2在催化剂的发展上面临很大的挑战。高效的催化剂是在不借助过电位的情况下能促成多电子和质子转移到CO_2上，在有水的条件下将CO_2还原生成众多可能产物中的一种。电化学方法可以直接将CO_2还原为有机产物，在CO_2电还原过程中，还原产物取决于电极材料和介质。研究表明电极材料的不同，可能导致生成的还原的产物不同。比如，在101.325 KPa的CO_2压力下，Hg、Pb和In作为电极的时候，以水作为介质，催化还原CO_2的主要产物是甲酸；Pd、Zn和Ag作电极时，催化还原CO_2的主要产物为一氧化碳；当Pt、Mo、Ni和Rh作为电极时，催化还原CO_2反应则没有发生，取而代之的是水的裂解，产生的是氢气。

因此，水溶液中存在的析氢反应会与CO_2还原反应形成竞争反应。在电极材料上，氢的析出有一定的过电位。并且不同的电极材料会产生不同的析出氢的电位，以氢的过电位比较高的材料作为电极应用到还原CO_2的反应中，从而可以抑制氢还原，进而有利于CO_2还原的进行。许多合金电极（如Cu-Ag，Cu-Ni，Cu-Sn等）也已应用于CO_2的还原研究中。

在电催化还原CO_2的研究中，CO_2气体在水介质中的溶解度、温度和压力等都影响电催化还原过程。增加CO_2的压力和降低反应温度均有助于提高CO_2在水介质中的溶解度，可促进电催化还原CO_2反应发生。Hara等人发现，增加CO_2的压力能够提高产物选择性，比如在$KHCO_3$水溶液中，以Co、Ni、Pd和Pt为电极，高压（<6 MPa）CO_2的催化还原的主产物是CO或甲酸；而在低压（0.1 MPa）时，水的析氢则占主要位置。同时二甲基亚砜、乙腈、甲醇等常用有机溶剂也应用到了这类反应里。在工业上，甲醇广泛被用作CO_2的吸收剂。Schrebler等人，Kaneco 等人，K5leli 等人在甲醇的介质下对CO_2的电催化还原方面做了很多研究工作。

如何提高电解效率、活性位点等这些问题仍然存在于电催化还原CO_2的研究中，这些问题有待于进一步研究。

五、 二氧化碳的光电催化还原

光电共催化还原CO_2是同时在光和外电场共同作用下，催化剂对CO_2的光电催化还原反应。一方面可以利用光照条件下催化剂产生的光生电子，另一方面可以利用外加电场提供的传导电子，两者共同作用可以提高对CO_2的催化还原效率。

在光电催化还原CO_2的过程中，因为自然界中的太阳光取之不尽用之不竭，因此高效充分地利用太阳光来进行光催化还原过程，与电催化还原过程有机的结合，实现CO_2还原和水裂解两个反应的有机耦合。一部分是电极在光电化学电池中对CO_2进行光电化学还原，另一部分是电极上光电化学反应生成了H^+和O_2。.

自1978年Halmann 第一次在Nature杂志上报道了CO_2在半导体电极p-GaP.上的光电催化还原，引起了研究者的广泛关注。此后，有关CO_2的光电催化还原研究迅速展开。水溶液中， Flasisher等人分别用Cu和Au包覆p-GaP 电极，对CO_2进行光电化学还原，甲酸是主要的还原产物。Hinogami 等人对p-Si电极进行Cu离子修饰后进行光电化学还原CO_2，甲烷和乙烯为主要还原产物。Hinogami等人用Au离子对p-Si电极进行修饰，一氧化碳为唯一的还原产物，而对于裸露的p-Si电极，光电化学还原CO_2的产物既有一氧化碳，又有甲酸。Jiongliang Yuan等人用$CuInS_2$做电极光电催化还原CO_2，甲醇为主要产物，其法拉第效率达到97%。

光电催化剂的制备是光电催化研究的核心。一方面，可以利用其光催化活性，在光照条件下产生光电子，减少外界电子能量的输入，降低能耗；另一方面，可以利用其电催化活性，提高还原产物的选择性和可控性。前人的研究表明，催化剂还需要满足能够进行多电子、多质子转移的催化还原反应，从而在低能耗的条件下获得理想的还原产物（如甲醇等），因此兼具优异光电性能并能实现多电子和多质子传递的催化剂，才能在同一表面，上高效光电催化还原CO_2，从而真正实现光电一体化的效果。总之，光电催化还原CO_2研究工作任重而道远，需要我们不断地尝试和探索。

第二节　光电催化还原CO_2催化剂的选择

半导体是介于导体和绝缘体间的一种固体。当电子自满带激发到空带后，空带中有了准自由电子，空带变成导带，这就是半导体导电的原因。每当一个电子从满带激发到空带后，满带便出现一个空穴，该空穴是准自由空穴。当外电场存在时，空穴可以从能.带中的一个能级跃迁到另一个能级，实际上就是和电子交换位置。在外电场作用下，准自由空穴能从能带的一个能级跃迁到另一个能级，这就是半导体导电的另一个原因。靠准自由电子导电的是n型半导体，靠准自由空穴导电的叫p型半导体。半导体自身具有掺杂性和光敏性的特点使其非常适合还原CO_2的研究。半导体在光的照射下其价带上的电子被激发跃迁至导带，形成了电子-空穴对。光生电子有较强的还原性，可用于二氧化碳等物质的还原。在形成晶体结构的半导体中，人为地掺入特定的杂质元素，导电性能具有可控性。因此，可根据自己的需要在半导体中掺杂特定的元素以提高光电催还原性能。

一、二氧化钛电极

（一）电极的制备与性能

在太阳光的照射时，半导体材料可以把光能转化成化学能，从而促进合成化合物的过程或者可以使得化合物得到降解的过程我们称之为光催化过程。TiO_2、ZnO、MoS_2、CdS、ZnS、Fe_2O_3等都为常见光催化的材料，其中的TiO_2因为自身具有的资源丰富、稳定、无毒、价廉等许多优点，从而成为目前大家公认的最好的光化学反应的催化剂。TiO_2能带结构是由空的高能导带（CB）和填满电子的低能价带（VB）构成，当光的能量大于其禁带宽度时，特别是紫外光照射的时候，TiO_2 价带上的电子会被激发跃迁到导带，从而形成光生电子-空穴对。光生电子具有较强还原性，从而可以用于还原CO_2等物质。光生空穴具有强氧化性，从而能够夺取吸附在TiO_2颗粒表面的H_2O和OH^-中的电子，可以将其氧化为具有更强的氧化能力的羟基自由基（·OH），而这些具有高活性的羟基自由基可以将大多数的有机污染物降解为水、CO_2和无机物等一些无害物质，达到分解有害的有机物目的。

与大粒径二氧化钛相比，纳米级的TiO_2具有更高的催化活性，原因包括以下几点：纳米粒子的量子尺寸效应使其导带和价带的能级由连续变成分立，能带隙变宽，从而导致导带的电势更负，而价带电势则变得更加正，使得纳米级TiO_2具有强氧化还原的能力，从而使其具有高光催化活性：再者，对于纳米级二氧化钛粒子而言，其光生载流子能够通过极其简单的扩散作用从粒子的内部迁移到达粒子表面，粒径尺寸越小，扩散的时间就越短，其电子和空穴的再复合几率就会越小，电荷的分离效果就越好，明显提高其光催化活性：最后，随TiO_2颗粒的减小，其比表面积增大，二氧化钛粒子的表面的键态与电子态和内部不相同，从而增多了表面的活性位置，进而增加了其光催化活性。

随着纳米科技的不断探索和发展，纳米TiO_2因其在光、电、生物等方面的特殊性能和广阔的应用的前景从而逐渐成为科研人员研究的热点之一。因为TiO_2纳米管具有高度有序结构、高的比表面积以及方便可控的结构参数从而备受研究者的关注，故而其制备方法也成为人们研究的一个重点。目前，制备TiO_2纳米管的方法很多，例如阳极氧化法、模板法、水热合成法等，但是目前制备TiO_2纳米管以阳极氧化的方法为主。阳极氧化采用的是电化学的方法，以较高纯度的钛片或者钛合金作为阳极，以石墨、铂、或铜等作为阴极，将两电极同时置于含氟离子的适宜的电解液中，在一定的电压、时间下得到TiO_2纳米管的阵列。在钛金属表面形成的二氧化钛纳米管膜呈现了三层结为致密的二氧化钛阻挡层，其基底则是钛金属。.

1991年，Zwilling 等人研究和报道了采用阳极氧化的方法在TiO_2的薄膜表面形成多孔结构。到2001年，Grimes等人首次报道了在氢氟酸的电解液中，通过阳极氧化的方法成功的合成了均匀分布的TiO_2纳米管阵列。其研究表明，电解液的不同及其浓度、阳极氧化电压、pH值和时间的不同等都会影响到TiO_2纳米管阵列的形成。控制其纳米管的结构的最主要的因素是电解液的构成及其pH得纳米管阵列的比例。而外加电压则是决定TiO_2纳米管阵列能否很好地形成的另一个因素。低电压（小于10 V）的条件下，当阳极氧化实验后，电极的形貌接近于多孔膜结构。在电压（大于10 V小于20 V）的条件下时，TiO_2 纳米管阵列的管径、管长和管壁厚度都随电压增大而增大。阳极氧化法制备的TiO_2纳米管阵列具有极高的有序结构和比较低的团聚倾向，同时又有非常好的量子效应，而且制备成本低，技术简单易行，所以备受国内外学者的青睐。

（二）二氧化钛修饰电极

二氧化钛（TiO_2）是光催化领域应用最多、最广泛的一种光催化剂，但TiO_2能隙是3.2 eV，只有波长小于385 nm的光才能将其激发，因此不能很好地利用可见光，从而限制了其应用。另外，TiO_2纳米管阵列的导电性能比较差，从而不能够有效传递其光生载流子，使光生电子–空穴对复合。因此，需要对二氧化钛电极做一些修饰，使之可吸收可见光，从而提高光的利用率，同时提高光生载流子传递，进而可以降低电子–空穴对的再复合率。常用改性的方法：金属掺杂、非金属复合、半导体耦合等。

目前的研究当中，TiO_2纳米管的金属掺杂主要为贵金属沉积和金属离子的掺杂。Pt、Au、Ru等常用的贵金属沉积可通过表面溅射法、浸渍还原法等使贵金属以原子簇形式沉积在TiO_2纳米管表面。贵金属沉积到TiO_2纳米管的主要的作用机理为：当TiO_2纳米管和金属相接触时，这个过程中相当于在TiO_2纳米管的表面上形成了一个以TiO_2及贵金属作电极的一个短路电池，如此使TiO_2表面的载流子得到重新分布。TiO_2纳米管的金属离子的掺杂主要利用辅助沉积或高温焙烧等方法，使金属离子可以掺入到TiO_2的晶格中。大量的研究表明，金属离子在TiO_2晶格中的掺杂可能会形成缺陷或者改变TiO_2的结晶度，抑制电子–空穴对复合，改变半导体的激发波长，延长载流子寿命，从而可以提升TiO_2半导体的光催化活性。不同金属离子掺入到TiO_2纳米管中会带来不同的催化效果，不仅能够增加TiO_2纳米管的光催化活性，而且还能够使TiO_2纳米管光吸收波长的范围发生明显的红移，甚至延长到可见光的区域。专家认为，离子掺杂能够提升半导体的光催化性能原因主要为：（1）能够形成掺杂能级，使得能量较小的光子能够同样的激发掺杂能级上的捕获的电子，有效地提高光子利用率；（2）离子的掺杂能够形成捕获中心，从而抑制了电子和空穴对的再复合；（3）可以形成晶格的缺陷，有利于形成Ti^{3+}的氧化中心，提升半导体的催化性能。半导体耦合从本质上来说是一种半导体粒子对另一种半导体粒子的修饰。通过半导体耦合可以使得系统中光生电子空穴对能够有效地分离，同时也能够扩展到TiO_2纳米管的光谱响应至可见光的范围，是一种提高半导体的光催化效率有效手段。半导体的耦合方式通常有核–壳的复合、混合复合和量子点量子阱等。根据电子转移过程的热力学要求，复合半导体必须具备适合的能级才可以使得电荷有效分离，从而可成为更有效的光催化剂。所以，在与二氧化钛纳米管复合的时候，所得复合半导体的禁带宽度（Eg）必须小于TiO_2禁带宽度（3.2 eV）。如此，在复合的过程中，拥有较窄的禁带宽度的半导体能够在宽的光谱响应下而被首先激发，导带能级的电位需要高于TiO_2的能级，因此光生电子就会进入禁带宽度相对较宽的TiO_2纳米管导带上，最终便可导致光生电子空穴对的有效分离。由此可知，耦合半导体拥有以下优点：（1）改变修饰粒子的粒径的大小，能够有效调节半导体带隙及光谱的响应的范围；（2）拥有宽的带隙的半导体通过窄带隙的修饰后，能够增加光稳定性。

二、二氧化锡电极

SnO_2是一种非常重要的宽带隙金属氧化物，是n型半导体。在气敏半导体材料、透明导电薄膜、湿敏半导体材料、光学玻璃、颜料、发光材料、陶瓷、太阳能电池、化学电极等各个领域都具有广泛的应用。二氧化锡的制备方法包括溶胶–凝胶法、化学沉淀法、微乳液法和水热法。

溶胶-凝胶法是将金属醇盐或无机盐作为前驱物溶于溶剂中形成均匀的溶液，溶质与溶剂产生水解或醇解反应，反应生成物聚集成1 nm左右的粒子并组成溶胶，再经蒸发、干燥转变为凝胶，再在较低于传统烧成温度下烧结，得到纳米尺寸的材料。由于溶胶-凝胶法制备SnO_2处理时间较长，产品容易产生开裂，烧成不够完善，因此不适合用于催化还原CO_2反应中。

化学沉淀法是指包括一种或多种离子的可溶性盐溶液，加入沉淀剂在一定温度下能使溶液发生水解，形成不溶性的氢氧化物和水合氧化物，或盐类从溶液中析出，将溶剂和溶液中原有的阳离子洗去，经热解或热脱来得到所需的氧化物粉料。但是化学沉淀法受到实验条件、工艺流程等因素的制约。

微乳液法是利用两种互不相溶的溶剂在表面活性剂的作用下形成一个均匀的乳液，从乳液中析出固相，这样可使成核、生长、聚结、团聚等过程局限在一个微小的球形液滴内，从而可形成球形颗粒，避免颗粒之间进一步团聚。

水热法是近年来制备催化剂的应用最广泛的方法之一，其优势在于：工艺和设备都比较简单，易于控制，水热结束后无须高温灼烧处理，直接可得到晶态产物，并且不发生团聚，形态都比较规则。

在众多种类的电催化剂中，虽然二氧化锡的禁带宽度比较宽（3.80 eV），但是由于它具有很好的电催化活性，所以，二氧化锡可以作为一种有益的电催化剂。电催化剂SnO_2不仅能够赋予TiO_2光催化剂以优异的电催化性能，而且能够作为一种保护层，提高TiO_2在水溶液中的稳定性。另外，由于SnO_2具有高的光透性，因而光可以透过SnO_2到达TiO_2光催化剂的表面，不会阻碍光催化剂对光的吸收利用。同时，可见光的照射能够消除在电催化作用下产生的有害中间产物，从而提高了电催化效率。

三、磷化铟电极

半导体InP是近年来研究得比较多的一种半导体化合物，主要是因为InP具有较宽的激发光谱，优良的光学性能，电子的迁移率也较高，并且相对于III-VI半导体CdS、CdSe等是一一种无毒的、环境友好的半导体材料。通过查阅文献，我们发现InP早在1998年就有了光催化还原CO_2的报道，Fujishima 等报道了p-InP， p-GaAs，p-Si 三种半导体.上的光催化还原CO_2。随后其在光催化还原CO_2的方面的研究也很多。2009 年Kaneco等在Appl. Catal. B Environ.杂志上发表了金属修饰p-InP 的相关报道，实验表明Ag修饰的电极电流效率最高。2010 年Arai等在Chem.Comm.杂志上报道了电聚合钌修饰的p-InP电极上将CO_2催化还原为$HCOO^-$的研究，3 h可见光照射光催化还原CO_2所得到产物$HCOO^-$达到0.14 mmol/L。因此我们选择了半导体InP来与TiO_2组合到一起，以期达到将TiO_2的吸收光谱红移到可见光区的目的。

四、氧化铜电极

氧化铜（CuO）是一种p型半导体，CuO不仅在光催化上有优良的性质，在电催化方面也具有优异的电催化还原能力。在光催化.上， CuO的禁带宽度为1.00-2.08 eV，从而可以充分吸收利用可见光。2011 年Masanobu Izaki等报道了光照条件下CuO的迁移率达到0.234 cm2/V/s，并且光生载流子浓度很高，是CO_2还原的研究催化材料的重要选择。在电催化上，CuO的导带电位为-0.80 eV，其较负的导带位置赋予了CuO良好的还原能力。其制备方法有溶胶凝胶法、络合沉淀法、水热法、微乳液法，激光蒸凝法和电化学等方法。其中水热法生产成本低、粒子纯度高、分散性好、晶型好且可控制。电化学方法低成本、污染少、简单有效、无团聚、纯度高。因此，这两种方法适合制备电极来催化还原CO_2。

第三节 实验部分

一、实验方法

（一）催化剂的制备

1. TiO_2 NTs的制备

将纯钛片（20 mm × 50 mm × 1 mm）依次用不同目数的砂纸（80目、200 目、400 目）打磨，蒸馏水中超声15 min，吹干，然后在质量分数18%的盐酸溶液中85℃蚀刻10 min，20℃下以预先处理过的钛片做阳极，另一钛片做阴极，在质量分数分别为0.4% NH_4F，1.6% Na_2SO_4、10% PEG400的水溶液为电解质溶液情况下，电极间距为1cm，磁力搅拌下，恒电位20 V阳极氧化2h，取出样品用二次蒸馏水冲洗干净，蒸馏水中超声3 min，吹干，置于管式炉中氧气氛围下进行煅烧，以2℃/min的速率升温至500℃后，恒温2h，最后以2℃/min的速率降至室温。即可得到整体排列的TiO_2纳米管阵列。

2. TiO_2 NTs/nP/SnO_2和TiO_2 NTs/SnO_2/InP复合电极的制备

0.5000 g InCl3 · $4H_2O$加入烧杯中，再加入13.6 mL去离子水溶解后加入0.5440 gNaOH，此时溶液中OH^-的浓度为1.0 mol/L，搅拌均匀，在搅拌的条件下加入0.6200 gCTAB，正辛烷和正己醇，水与它两者的比为30：3：10，用力搅拌形成微乳液后，加入研细的红磷和碘单质分别为0.2700 g和0.8640g，搅拌均匀后倒入聚四氟乙烯反应釜中并放入事先制备好的TiO_2纳米管，将反应密封在不锈钢容器中，放置恒温干燥箱中，160℃下恒温反应24 h，待反应结束，自然冷却至室温，将TiO_2板取出60℃烘干，冲洗表面部分，洗涤干净，烘干即可制得TiO_2NTs/InP。

采用水热法制备TiO_2NTs/InP/SnO_2复合电极。首先配制溶液：将0.2030 g$SnCl_4$–$5H_2O$和0.6230g NaOH溶解在35 mL去离子水中，超声10 min，然后转移到50 mL反应釜中，再将已制备好的TiO_2 NTs/InP基底（20 mm × 40 mm × 1 mm）浸入其中。最后将反应釜置于干燥箱中，从室温加热到220℃并持续一定时间 2h，再自然冷却到室温。从反应釜中取出电极，置于干燥箱60℃下干燥1 h。

TiO_2 NTs/SnO_2/InP复合电极的制备与TiO_2 NTs/InP/SnO_2制备方法顺序不同，先采用水热法制备TiO_2NTs/SnO_2复合电极，再采用水热方法制备TiO_2NTs/InP/SnO_2复合电极。详细制备方法同上。

3. 花状CuO的制备

采用水热法制备花状CuO电极。首先用400目砂纸进行对Cu片进行打磨，然后在无水乙醇中超声洗涤5 min，清洗干净后保存到无水乙醇中。6.4000 g NaOH、1.0954 g（NH_4）$2S_2O_8$、一定量Na_2WO_4（0.02 mol/L）加入32 mL水，接着，0.4614 g十二烷基硫酸钠（SDS）在搅拌下加到水溶液中，形成白色的水溶液。SDS 全部溶解后，移入聚四氟乙烯衬里不锈钢高压釜中，把预先清洗好的Cu片（2 cm × 5 cm × 1mm）浸入水溶液中。高压釜封闭情况下在一定温度下反应一定时间，然后冷却至室温，取出Cu片，用蒸馏水清洗，在铜片上得到黑色样品膜。

4. 楔形氮掺杂的CuO的制备

首先用超细砂纸进行对Cu片进行打磨，然后在无水乙醇中超声洗涤5 min，清洗干净后备用。采用把处理的铜片作阳极，钛片作阴极，在恒电流密度下、一定 反应温度下氧化一定的时间。NaOH溶液（水和乙醇的体积比是3：1）加定量的PVA为电解质溶液。阳极氧化结束后，将氧化后的铜片置于管式炉中，同时以40 mL/min的速率通入N_2，在一定温度下煅烧3 h。筛选了反应温度和反应时间和煅烧温度对电极制备的影响，通过一系列光、电化学表征得到最佳制备条件的CuO电极。

5. CuO膜的制备

首先用超细砂纸进行对Cu片进行打磨，然后在无水乙醇中超声洗涤5 min，清洗干净后晾干。放入管式炉中在氧气氛围中300℃进行煅烧3 h而得到CuO电极。

（二）催化剂的表征

1. 电化学方法

电化学方法表征采用电化学方法（LSV、EIS、I-t）， LSV 测试条件：扫速50mV/s，电解液为0.1 molL的$KHCO_3$溶液，EIS 也在电解液为0.1 mol/L的$KHCO_3$溶液中进行测试。采用三电极体系在石英反应池中进行电化学方法的表征实验。所制备的复合电极、铂丝、饱和甘汞电极分别作工作电极、对电极和参比电极。

2. 光化学方法

运用紫外-可见漫反射方法（UV-vis DRS）对所制备的催化剂材料进行光学性质的表征。

3. 光电性能表征

电极在石英反应池中采用三电极系统及循环水装置来进行光电性能的表征。在0.1mol/L $KHCO_3$电解液中，所制备的电极、铂丝、饱和甘汞电极分别作工作电极、对电极和参比电极，在一定光照条件和电压下还原CO_2。电化学工作站CHI660D提供偏压同时可测试工作电流，扫描速率通常设置为50 mV/s。其中使用500 W的氙灯（滤光片滤去420 nm以下的光）模拟太阳光，其中TiO_2部分使用全波长的光。首先，以40 sccm .的速率在电解液中通入20 minN_2，分别在有光和无光的条件下扫描LSV曲线。然后将N_2换为CO_2气体通入20 min，使其在溶液中达到饱和，再分别在有光和无光的条件下扫描LSV曲线。本实验的装置图如下：

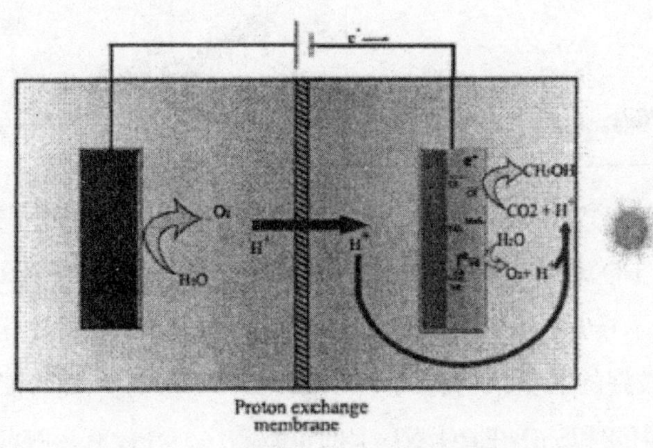

图10.1　光电化学性质实验装置图

（三）催化剂催化还原CO2应用

该电极的持续进行6 h的CO_2还原实验是在石英反应池中采用三电极系统及循环水装置。在0.1 mol/L $KHCO_3$电解液中，所制备的电极、铂片、饱和甘汞电极分别作工作电极、对电极和参比电极，在一定光照条件和电压下还原CO_2。产物的检测采取定时取样的方法采取液相和气相样品，用气相色谱仪GC -9A来进行定性和定量分析。气相色谱仪配有空气泵和氢气发生器，FID检测器（150℃）和TCD检测器、Porapak Q（80- 100目）玻璃填充柱（100℃）， 载气用高纯氮气，流速为30 mL/min。 根据气相色谱仪的信号峰的保留时间和相对的峰面积来对还原产物进行定性与定量分析。本文实验中的电压都是相对于饱和甘汞电极的电压。

第四节　结果与分析

一、 TiO_2 NTs/nP/SnO2和TiO_2 NTs/SnO_2>/InP复合电极光电催化还原CO_2应用

（一）TiO_2 NTs/nP/SnO_2和TiO_2 NTs/SnO_2/InP复合电极表征

1．晶型结构表征

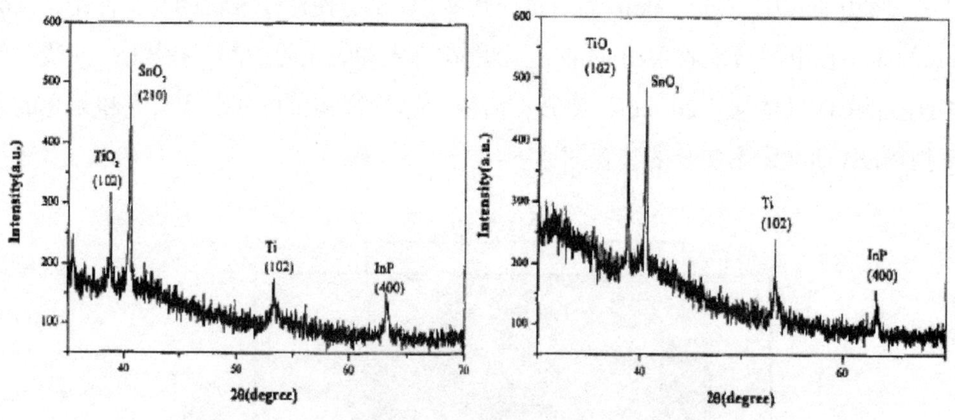

图10.2　TiO，NTS/InP/SnO_2 and TiO_2 NTSsSsnO/InP的xRD图。

图10.2是TiO_2 NTs/InP/SnO_2和TiO_2 NTs/SnO_2/InP的XRD图，图中衍射峰强度较大，峰型尖锐，具有较好的晶型结构。两个图中的晶面都一样，说明催化剂的制备过程中只是改变了材料InP和SnO_2在TiO_2 NTs上的负载顺序，并没有影响晶体的具体生长。另外，由于TiO_2NTs表面负载了两种材料，因此TiO_2NTs的部分晶型可能被覆盖，所

以没有显示出来。TiO_2 NTs/InP/SnO_2和TiO_2 NTs/SnO_2/InP在40.46° 对应SnO_2的（210）晶面，63.29° 对应lnP的（400）晶面，38.64° 对应 TiO_2的（102）晶面，53.29对应TiO_2的（102）晶面。同时看到TiO_2NTs/nP/SnO_2中SnO_2的峰明显比TiO_2NTs/SnO_2/InP强度大，说明TiO_2 NTs/SnO_2/nP中InP覆盖了部分SnO_2的峰，因此其信号变弱。

2. 光学性能表征

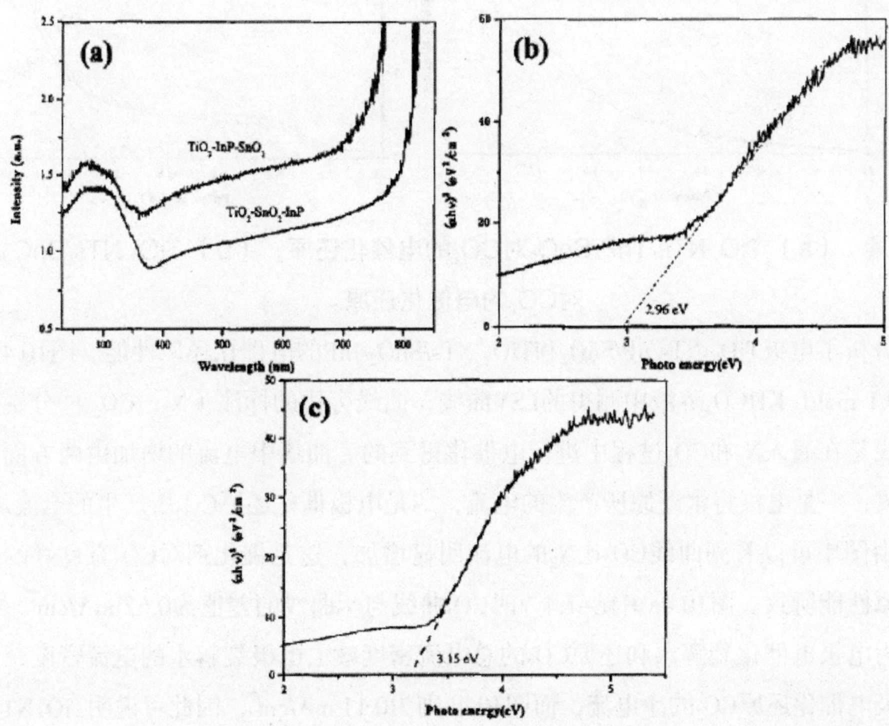

图10.3 （a）TiO_2 NTs/InP/SnO_2和TiO_2NTs/SnO_2/InP的紫外-可见吸收光谱，（b）TiO_2 NTs/InP/SnO_2的禁带宽度分析图，（c）TiO_2NTs/SnO_2/InP的禁带宽度分析图。

从图10.3a中也可明显看出TiO_2NTs/InP/SnO_2对光的吸收明显高于TiO_2NTs/SnO_2/InP，不同的负载顺序制备的催化剂对光的吸收程度不同，这就说明SnO_2具有高的光透性，光可以透过SnO_2到达InP的表面而被吸收。而TiO_2 NTs/SnO_2>/InP中表面一层InP使得光不能够轻易地到达SnO_2表面，因此整体复合材料对光的吸收较弱。TiO_2NTs/InP/SnO_2对光的吸收利用率更高。通过Tauc equation公式（αhv）^{2}对hv作图计算得到禁带宽度值。从图10.3b和c可知，TiO_2NTs/InP/SnO_2和TiO_2 NTs/SnO_2/InP的禁带宽度分别为2.96 eV和3.15 eV，TiO_2NTs/InP/SnO_2催化剂的更窄的禁带宽度表明该材料更容易被能量低的太阳光激发。

3. 电学性能表征

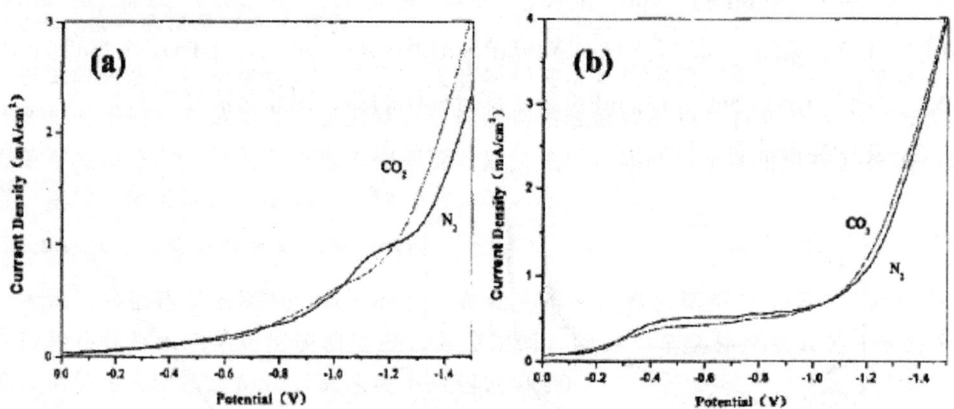

图10.4 （a）TiO_2 NTs/TnP/SnO_2对CO_2的电催化还原，（b）TiO_2 NTs/SnO_2/InP对CO_2的电催化还原。

分析了电极TiO_2 NTs/nP/SnO_2和TiO_2 NTs/SnO_2/InP的电催化还原性能。图10.4是电极在0.1 mol/L $KHCO_3$溶液中测得的LSV曲线，曲线旁边的标注（N_2，CO_2）分别表示该曲线是在通入N_2和CO_2过程中进行电催化得到的。曲线中电流的增加由两方面的因素造成：一是电极将水还原所产生的电流，二是电极催化还原CO_2所产生的电流。

由图中可以看到曲线CO_2比N_2的电流明显增加，这是催化剂对CO_2有良好的电催化还原性能所致。图10.4a中在-1.4 V时CO_2曲线与N_2曲线的差值为0.62 mA/cm^2，这个差值为电极电催化裂解水和还原CO_2的总电流密度减去电极裂解水的电流密度，反映了电极电催化还原CO_2的净电流，而图10.4b则为0.11 mA/cm^2，因此可说明TiO_2 NTs/nP/SnO_2具有更好的电催化还原CO_2的能力。

（二）光电催化还原CO_2产物分析

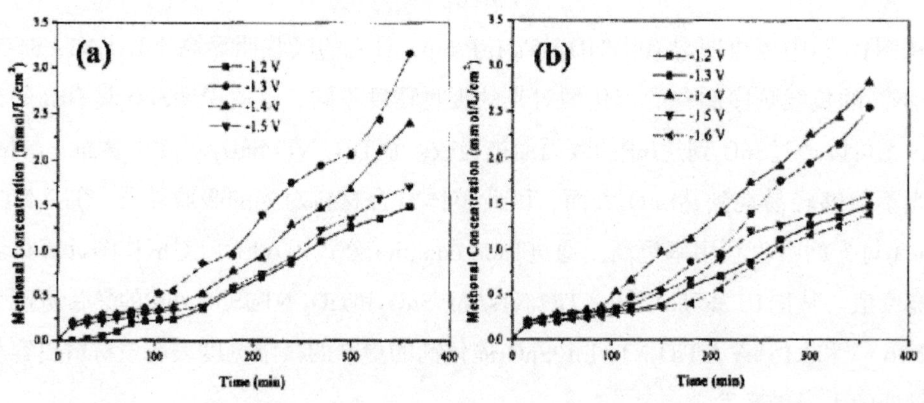

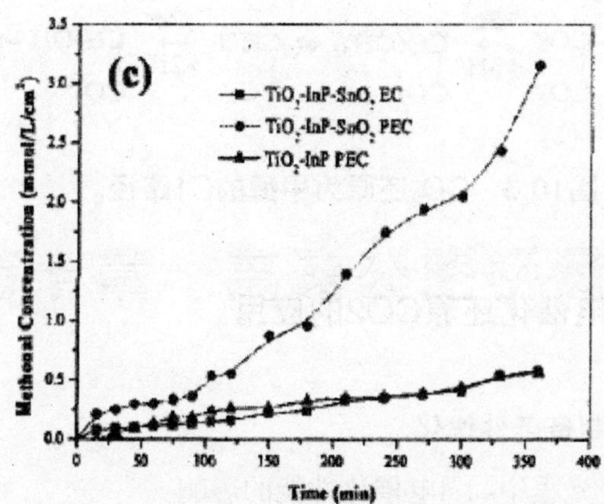

图10.5（a）电极TiO_2 NTs/nP/SnO_2在不同电压下产物甲醇的生成量，（b）电极TiO_2 NTs/SnO_2>/InP在不同电压下产物甲醇的生成量，（C）电极TiO_2 NTs/InP/SnO_2和TiO_2 NTs/InP在-1.4V下光电、单独电生成的甲醇量。

电极TiO_2 NTs/InP/SnO_2和TiO_2 NTs/SnO_2/InP光电催化还原CO_2的产物由气相色谱仪检测分析，其主产物均为甲醇。从图10.5a 和b分别为电极TiO_2 NTs/lnP/SnO_2和TiO_2 NTs/SnO_2/InP在不同电位下光电催化还原CO_2产物甲醇的量，通过分析可知，电极TiO_2 NTs/InP/SnO_2在-1.2 V至-1.5 V电压范围内，产物甲醇的量先增大、后减小，在-1.3V（vs.SCE）时生成的甲醇的量最高，甲醇的浓度随着反应时间的延长而增长，反应持续6 h时甲醇的量可达到3.16 mmol/L/cm²。电极TiO_2NTs/SnO_2/InP在-1.2 V至-1.6 V电压范围内，甲醇的量也是先增大、后减小的趋势，在-1.4 V （vs.SCE）时生成的甲醇的量最高，6 h时可达到2.82 mmol/L/cm²。虽然6h时两电极的甲醇量相差不是很大，但是电极TiO_2 NTs/InP/SnO_2施加的电压比TiO_2 NTs/SnO_2/InP小，因此TiO_2 NTs/InP/SnO_2对CO_2具有更优异的光电催化还原能力。图10.5c分别为电极TiO_2 NT/InP/SnO_2和TiO_2 NTs/InP在-1.4 V电压下光电催化还原CO_2以及TiO_2 NTs/InP/SnOz单独电催化还原CO_2生成甲醇的量。由图可明显看出，电极光电催化还原CO2生成甲醇的量明显比单独电高，说明电极在引入光之后催化还原能力明显升高，电极TiO_2 NTs/InP/SnO_2比TiO_2 NTs/InP生成的甲醇的量也明显提高，说明负载SnO_2后，电极的催化还原能力得到进一步提升。

进一步从理论上对TiO_2 NTs/InP/SnO_2催化剂高效的光电催化还原能力进行了解释。在CO_2催化还原过-1.4 V时生成产物的量最大，-1.4 V 之前以CO_2的还原为主，在-1.4 V时达到峰值，随后高于-1.4 V时材料表面发生的反应以析氢为主，从而影响了CO_2的加氢还原。甲醇的生成机理遵循C1生成路径。文献对甲醇的C1生成路径已有相关的推测。

$$\mathrm{CO_2} \overset{+e^-}{\rightleftharpoons} \mathrm{CO_2^{\cdot -}} \rightarrow \begin{matrix}\mathrm{CO_2^-}\\ |\\ \mathrm{CO_2^-}\end{matrix} \underset{+3H^+}{\overset{+2e^-}{\longrightarrow}} \begin{matrix}\mathrm{CO(OH)_2}\\ |\\ \mathrm{CO_2^-}\end{matrix} \rightleftharpoons \begin{matrix}\mathrm{CHO}\\ |\\ \mathrm{CO_2^-}\end{matrix} \underset{+2H^+}{\overset{+2e^-}{\longrightarrow}} \begin{matrix}\mathrm{CH_2OH}\\ |\\ \mathrm{CO_2^-}\end{matrix} \rightarrow \mathrm{2CH_3OH}$$

图10.6　CO_2还原为甲醇的C1路径。

二、花状CuO光电催化还原CO2的应用

（一）花状CuO的制备条件优化

1. NaOH浓度对电极光程中-1.4电催化性能的影响

通过不同浓度的NaOH（1 mol/L、3 mol/L、5 mol/L、7 mol/L、9 mol/L）来制备CuO，分别得到五个样品，并且对得到的样品做UV-vis DRS、LSV、EIS 的表征，由图a可看出当NaOH的浓度为5 mol/L时，其对可见光的吸收强度的曲线处于其他浓度下样品的上方，表明在NaOH的浓度为5 mol/L时，CuO对可见光的吸收最好。由图10.7b和c中可明显看出NaOH的浓度为5 mol/L时，其氧化还原电流最大，阻抗值最小，因此其电子传输能力最好。从而选择5 mol/L作为电极制备的最佳NaOH浓度。

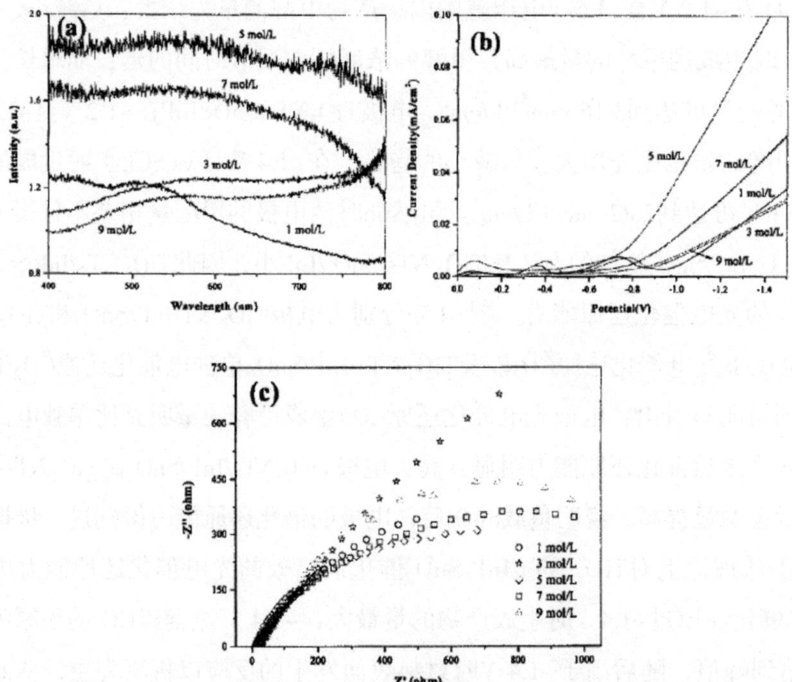

图10.7　（2）不同NaOH浓度时制备的CuO的UV-vis DRS表征，（b）不同NaOH浓度时制备的CuO的LSV表征，（c）不同NaOH浓度时制备的CuO的EIS表征。

2.（NH_4）$_2S_2O_8$浓度对电极光电催化性能的影响

恒定NaOH的浓度为5 mol/L，不同（NH4）2S2O g浓度（0.05 molL、0.10 molL、0.15mol/L. 0.20 mol/L. 0.25 mol/L）来制备CuO，从而得到5种不同的催化剂，对得到的样品分别进行UV-vis DRS、LSV、EIs 表征，结果表明在（NH_4）$_2S_2O_8$浓度为0.15 mol/L时，图10.8中可看出其对可见光的吸收最强，电极的氧化还原电流最大，交流阻抗值最小，更有利于电子的运输。因此0.15 mol/L作为该水热实验的最佳（NH_4）$_2S_2O$浓度。

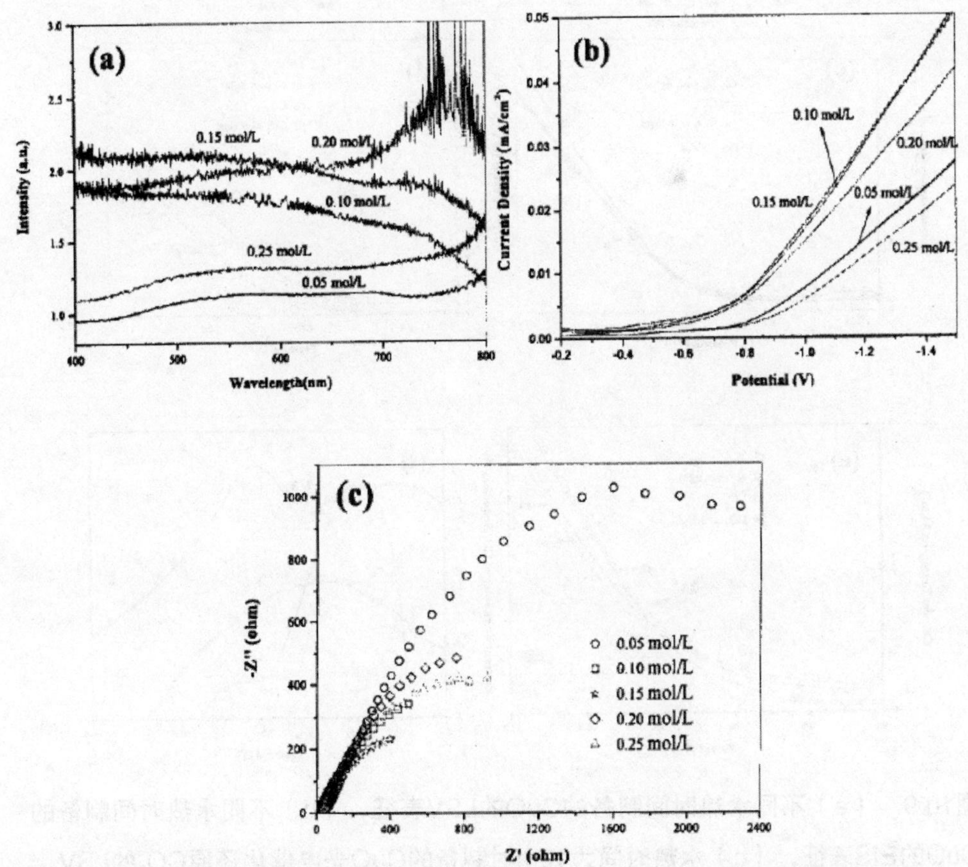

图10.8 （a）不同（NH_4）$_2S_2O_8$浓度时制备的CuO的UV-vis DRS表征，（6）不同（NH_4）$_2S_2O_8$浓度时制备的CuO的LSV表征，（c）不同（NH_4）$_2S_2O_8$浓度时制备的CuO的EIS表征。

3．水热时间对电极光电催化性能的影响

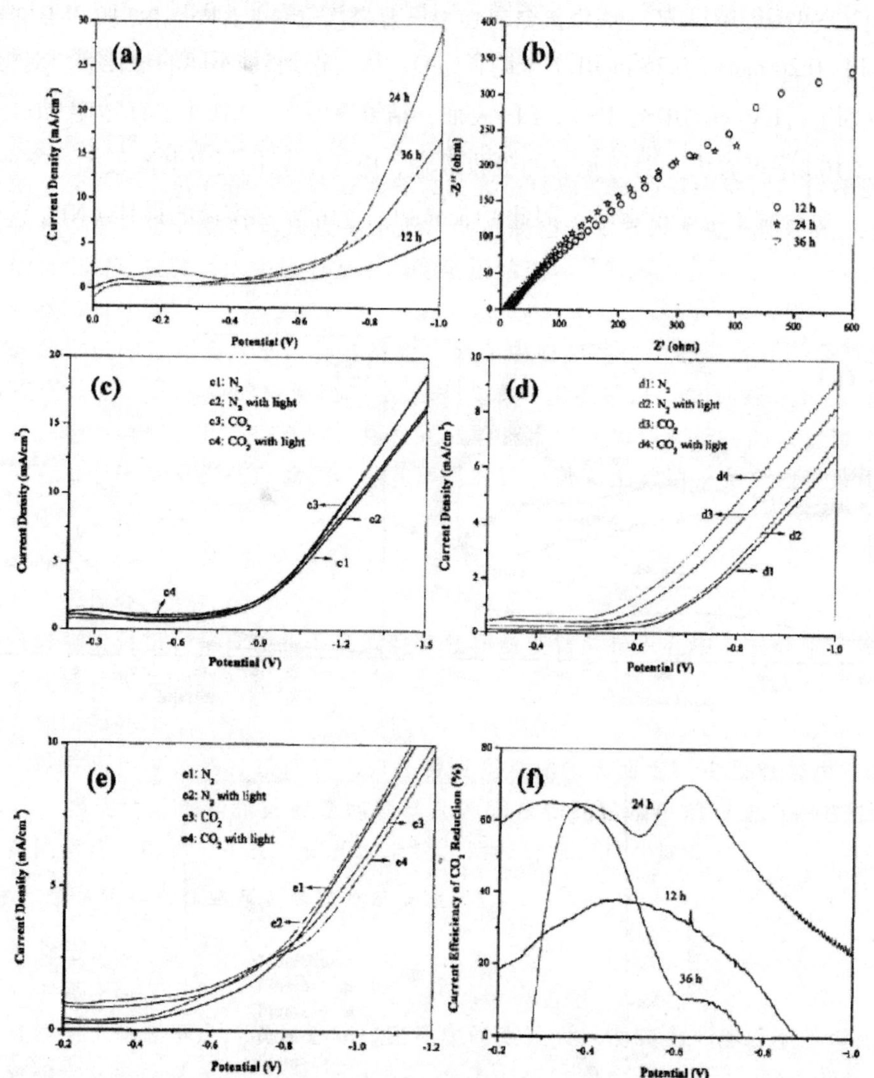

图10.9　（a）不同水热时间制备的CuO的LSV表征，（b）不同水热时间制备的CuO的EIS表征，（c）水热时间为12 h时制备的CuO光电催化还原CO_2的LSV，（d）水热时间为24 h时制备的CuO光电催化还原CO_2的LSV，（e）水热时间为36h时制备的CuO光电催化还原CO_2的LSV，（f）不同水热时间时制备的CuO光电催化还原CO_2电流转化效率。

恒定NaOH的浓度为5 molL、$(NH_4)_2S_2O_8$浓度为0.15 mol/L，不同水热时间（12 h、24 h、36 h）所制备的CuO，从而得到三种不同的催化剂。对不同条件的CuO进行LSV、EIS表征及其催化还原CO_2的能力进行了比较。结果表明，当水热时间当由短变长时，其交流阻抗先减小再增大，因此水热时间为24 h时其还原电流最大，交流阻抗最小。图10.9c、d和e是不同水热时间的电极在0.1 mol/L $KHCO_3$溶液中测得的线性扫描伏安LSV曲线。水溶液中CO_2催化还原电流的产生来源于两方面：一.是水还原为H_2所产生的电流；二是CO_2催化还原所产生的电流。在析氢之前主要以CO_2催化还原为主，在电极上开始析氢以后，析氢和CO_2催化还原成为竞争反应，此时电流明显增加。以图10.9 d为例，通入CO_2所得的LSV曲线电流明显比通入N_2时高，说明发生了CO_2的还原：当引入光照后，其电流更加增大，说明在光照的引入加强了CO_2的催化还原反应，实现了CO_2的光催化还原.三个图可明显对比出当水热时间为24 h时所得的CuO电极对CO_2的催化效果最好，而水热12 h和36 h的LSV电流增加不明显。图10.9 f为三个电极催化还原CO_2的电流转化效率，其计算方法如下：

$$\eta = \frac{J_a - J_b}{J_b} \times 100\%$$

J_a是通入CO_2时的电流，J_b是通入N_2时的电流；J_a–J_b可以近似的看做CO2还原的净电流，加光条件下的η可近似看作PEC（光电催化还原）CO_2的效率。由图10.9f中可明显看出当水热时间为24 h时，催化还原CO_2的电流转化效率最高。因此，24 h为最佳水热时间。

综上所述，水热法制备CuO催化剂时的最佳条件是：NaOH的浓度为5 mol/L，（NH_4）$_2$S2O_8的浓度为0.15 mol/L，水热时间24 h.

（二）最佳制备条件下的CuO电极的表征.

1．形貌表征

图10.10　最佳制备条件下的CuO催化剂的SEM表征。

图10.10是最佳制备条件下所得CuO电极的SEM表征。从图中可以看到CuO电极表面大体呈现出花状，花由不规则形状的片组成。

2. 晶型结构表征

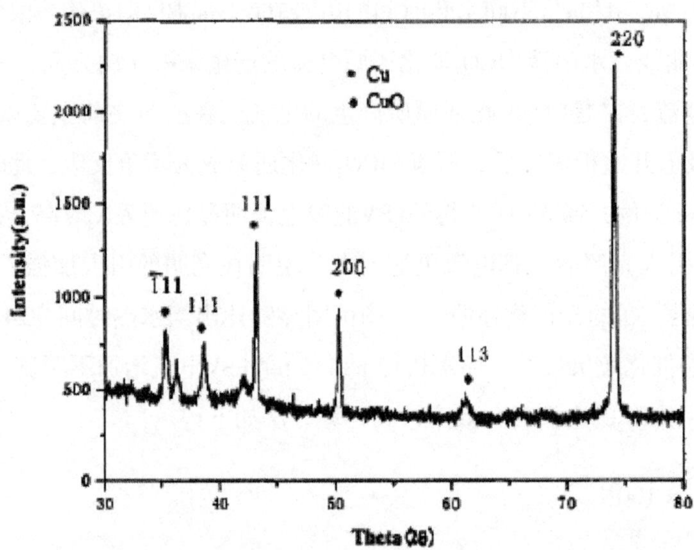

图10.11　最佳制备条件下的CuO催化剂的XRD谱图。

图10.11为在最佳制备条件下所制备的花状CuO催化剂的XRD谱图。图谱中峰型尖锐，表明所制备的CuO催化剂具有良好的晶型结构。35.34° 、38.60° 和61.42° 分别对应晶面（111）、（111）和（113），与JCPDS卡44-0706一致。图谱中其余的峰对应的为Cu基底的晶面。根据文献可知（111）晶面对产物甲醇有较高的选择性。

3. 光电化学性能表征

图10.12a为花状CuO的UV-vis DRS图，由图可知其对可见光的吸收非常好。图中插图为CuO的禁带宽度图谱，通过Tauc equation公式作图可得电极的禁带宽度为1.33 eV，说明电极容易被波长小于等于932 nm的光激发。为了探索电极对CO_2的催化还原效果，用还原CO_2净电流密度用来衡量所得催化剂的电学和光电性质。净电流密度是电极在分别通入CO_2和N_2的电解液中测量得到对应的电流密度的差值。从图3.2.2.3 b中可知，花状CuO电极电催化还原的净电流密度大于零，说明电催化还原CO_2具有一定效果。当引入光后，光电催化还原CO_2的净电流密度比单独电的净电流密度明显的高很多，表明该电极在加入光后对还原CO_2具有优异的光电催化性能。

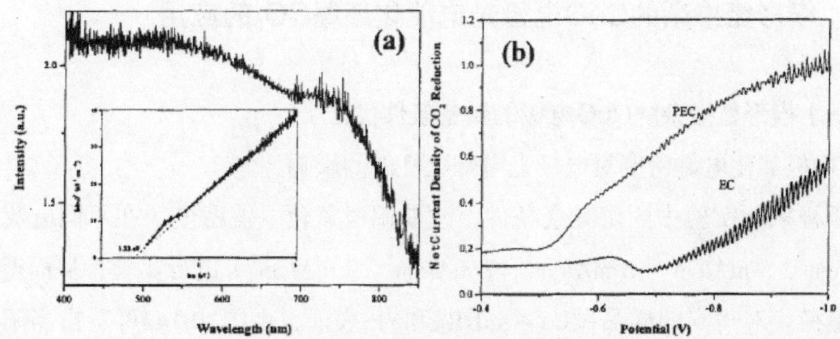

图10.12 （a）CuO的UV-vis DRS及其禁带宽度图，（b）CuO电、光电催化还原CO_2的净电流密度。

3. CO_2还原产物分析

花状Cu0催化还原CO_2的主要产物经气相色谱检测是甲醇，没有检测到其他产物，这与XRD中表征得到的（111）晶面对甲醇的高选择性的结论相一致。以产生的甲醇量来评价催化剂的催化还原性能。如图10.13a所示，检测到的甲醇的量随着还原时间的增长而不断增大。通过比较施加不同电压下得到的甲醇的量可知，在外加电压为-0.7 V时，甲醇的量最大，所以外加电压-0.7 V为最佳催化还原CO_2的电压。这个现象可以解.释为：在CuO电极表面，CO_2还原反应和析氢反应是竞争反应的关系。当外加电压低于-0.7 V 时，CO_2还原反应占主导地位，并且在-0.7 V时达到最大值：当外加电压高于-0.7 V时，析氢反应占了主导地位，从而削弱了CO_2CO_2还原反应的强度。当反应进行6 h时，甲醇的量最大可达到978 μ mol/L/cm^2。图10.13 b为当不施加光照，单独外加电压为-0.7 V时，甲醇的量在反应6 h时达到375 μ mol/L/cm^2，而单独光却没有检测到产物。通过比较图10.13b中可知，光的施加促进了电催化还原CO_2反应的进行。

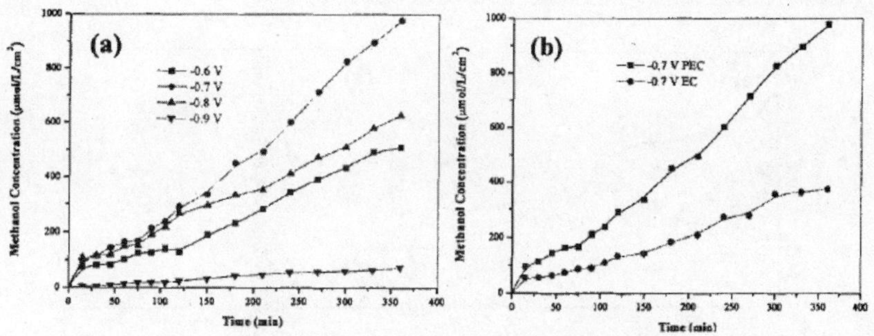

图10.13 （a）不同电压下CuO光电催化还原CO_2甲醇的浓度，（b）-0.7 V时CuO在单独电和光电条件下光电催化还原CO_2的甲醇的浓度

三、楔形氮掺杂的CuO电极光电催化还原CO_2的应用.

（一）楔形氮掺杂的CuO电极的制备条件优化

1．阳极氧化电流密度对电极光电催化性能的影响

在阳极氧化实验中固定其余条件，改变阳极氧化电流密度，在不同电流密度下（1 mA/cm^2、3 mA/cm^2、5 mA/cm^2、7 mA/cm^2、9 mA/cm^2）进行实验，从而得到五个不同的电极。对得到的样品做UV-visDRS和EIS表征，由图10.14a可看出当阳极氧化的电流密度为3 mA/cm^{2}时，其对可见光的吸收强度的曲线处于其他浓度下样品的上方，表明在阳极氧化的电流密度为3 mA/cm^{2}时，样品对可见光的吸收最好。其交流阻抗如图10.14 b所示，不同电流密度1 mA/cm^2、3 mA/cm^2、5 mA/cm^2、7 mA/cm^2、9 mA/cm^2。下分别为1322 ohm、474 ohm、948 ohm、981 ohm和773 ohm。因此，当电电流密度为3 mA/cm^{2}时，电极的阻抗值最小，从而可说明其电子运输能力强，更利于催化反应的进行。因此选择3 mA/cm^{2}作为最佳阳极氧化电流密度。

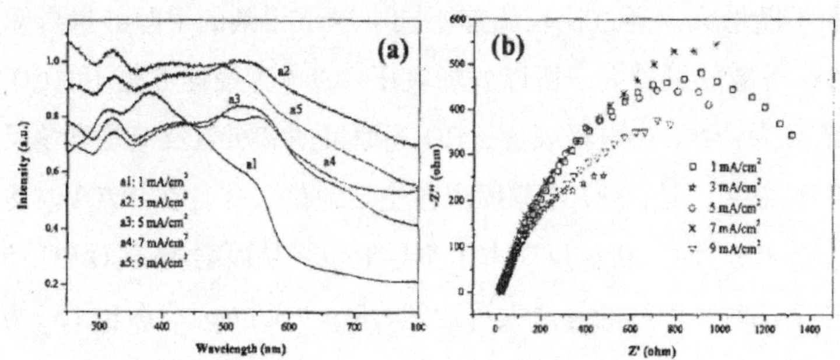

图10.14　（a）不同电流密度制备的CuO的UV-vis DRS表征，（b）不同电流密度制备的CuO的EIS表征。

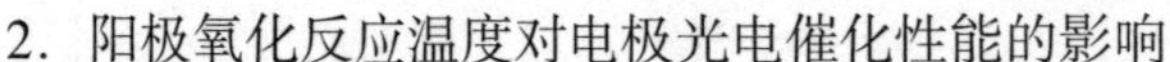

2．阳极氧化反应温度对电极光电催化性能的影响

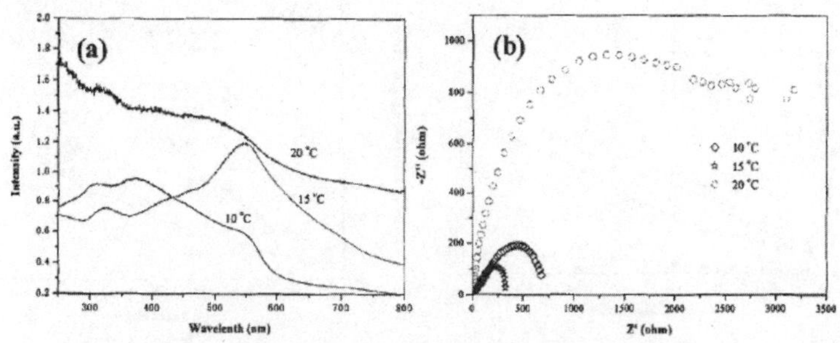

图10.15　（a）不同氧化温度制备的CuO的UV-vis DRS表征，（b）不同氧化温度制备的CuO的EIS表征。

固定阳极氧化的电流密度为3 mA/cm^2，调节阳极氧化实验的温度（10℃、15℃、20℃）制备三种电极，对不同阳极氧化温度的样品做UV-vis DRS和EIS表征。图10.15a中20℃条件下制备的样品对光的整体吸收最好，但是15℃条件下制备的电极在500；nm-600 nm间有一个强吸收峰。而图b得到三个电极（10℃、15℃、20 ℃）的交流阻抗分别为682 ohm、318 ohm和2747 ohm，结果表明当阳极氧化实验的温度为15℃时，电极的阻抗值最小，而且比温度为20℃时要小得多，从而可说明其电子运输能力强，更利于催化反应的进行。综合考虑，选择15℃作为最佳阳极氧化温度。

3. 煅烧温度对电极光电催化性能的影响

在阳极氧化实验中固定阳极氧化电流密度为3 mA/cm^2，温度为15℃，调节煅烧温度，对不同煅烧温度（200℃、300℃、400 ℃、500℃、600℃）所得的电极做UV-vis DRS和EIS表征，由图10.16a可看出当煅烧温度为300℃时，其对可见光的吸收强度的曲线处于其他煅烧温度下电极的上方，表明在煅烧温度为300℃时，样品对可见光的吸收最好。如图10.16b所示，不同煅烧温度（200℃、300℃、 400℃、 500 ℃、600℃）条件下的样品的交流阻抗分别为2147 ohm、655 ohm、2147 ohm、3111 ohm和973ohm。

由此可知，当煅烧温度为300℃时，电极的阻抗值最小，从而可说明其电子运输能力强，更利于催化反应的进行。因此，选择最佳煅烧温度为300℃。

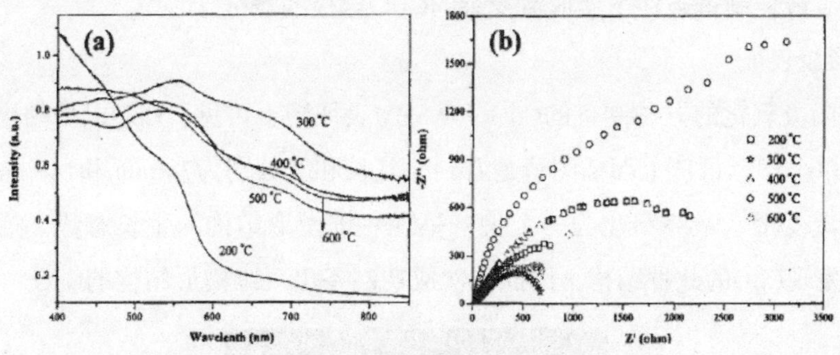

图10.16 （a）不同煅烧温度所得的CuO的UV-vis DRS表征，（b）不同煅烧温度所得的CuO的EIS表征。

4. 阳极氧化时间对电极光电催化性能的影响

在阳极氧化实验中固定阳极氧化电流密度为3 mA/cm^2、阳极氧化反应温度为15℃煅烧温度为300℃调节阳极氧化实验的时间，对不同时间（0.5 h. 1.0 h、1.5 h、2.0 h、2.5 h）所得的电极做UV-vis DRS和EIS表征。由图10.17a可看出当煅烧温度为300℃时，其对可见光的吸收强度的曲线处于其他煅烧温度下电极的上方，表明在阳极氧化为1 h时，样品对可见光的吸收最好。图10.17中不同时间（0.5 h、1.0 h、1.5 h. 2.0 h、2.5 h）条件下的样品的交流阻抗分别为440 ohm、1600 ohm、560 ohm、420 ohm和3100 ohm.结果表明当阳极氧化时间为1.0 h时，阻抗值最小，说明其电子运输能力强，更利于催化反应的进行。因此，选择最佳阳极氧化时间是1.0 h.

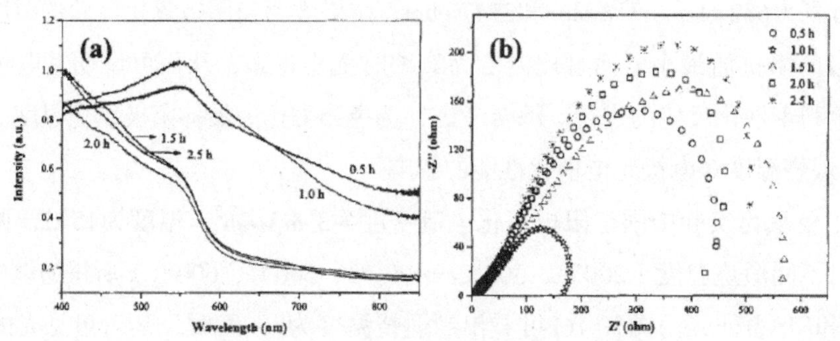

阁10.17　（a）不同氧化时间制备的CuO的UV-vis DRS表征，（b）不同氧化时间制备的CuO的EIS表征。

综上所述，根据对阳极氧化实验中阳极氧化电流密度、温度、时间和煅烧温度的优化，通过UV-visDRS和EIS-系列光电化学性质的表征，最终确定阳极氧化的最佳电流密度为3 mA/cm2，最佳阳极氧化温度是15℃，最佳煅烧温度为300℃，最佳阳极氧化温度为1.0 h。

（二）最佳制备条件下楔形氮掺杂的CuO电极的表征

1. 形貌表征

采用阳极氧化的方法制备的CuO，从SEM表征图上可见，CuO以均匀楔形结构交错生长。单个楔形可从上面插图清楚看到，其长和宽分别为786 nm和143 nm，从最宽的地方慢慢变窄，最终窄化为一个尖，呈现一维楔形结构的生长态势。通过查阅文献，并未发现CuO的此种结构，因此首次成功制备出一维楔形结构的CuO。

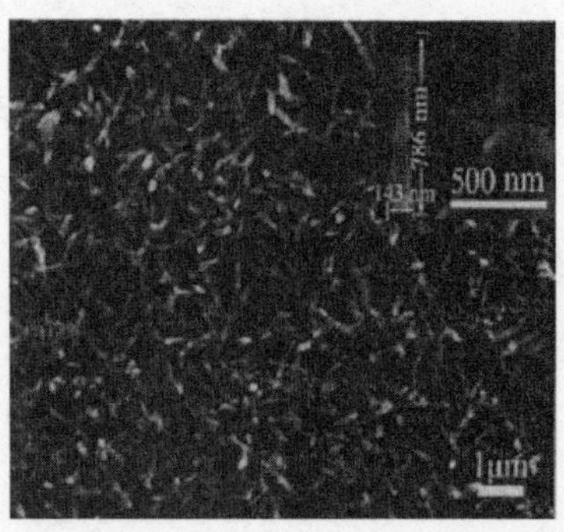

图10.18　楔形氨掺杂的CuO的SEM表征，插图为单个楔。

2．UV-vis DRS表征

图10.19a中分别为氮掺杂CuO和CuO膜对可见光的吸收图，由图可知，CuO膜在450 nm和550 nm处分别有吸收，而氮掺杂的CuO在550nm处有一个大的吸收峰，整体吸光度在CuO膜之上，并且有一明显的红移。由Tauc equation公式作图可得所制备材料氮掺杂CuO的带隙1.34 eV，CuO膜的能带隙1.51 eV，一维楔形氮掺杂CuO具有更低的能带隙，可以更容易的被可见光（小于等于925 nm）激发，这是因为氮掺杂CuO价带到导带的带带跃迁发生了红移，与UV-vis. DRS吸收相一致。

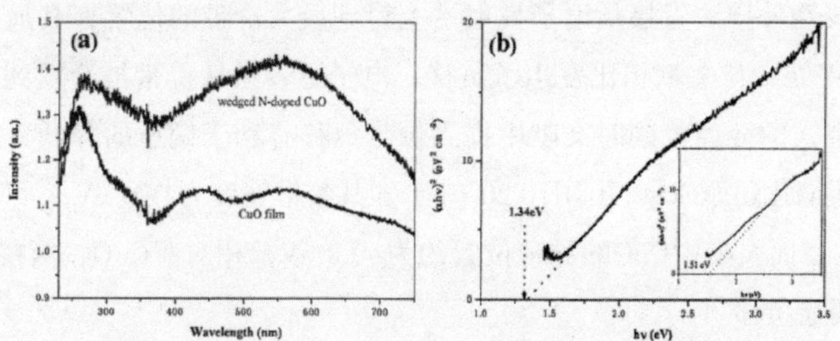

图10.19　（a）楔形氮掺杂的CuO和CuO膜的UV-vis DRS表征，（b）楔形氮掺杂的CuO的禁带宽度图，插图为CuO膜的禁带宽度图。

3．氮掺杂的楔形CuO元素表征

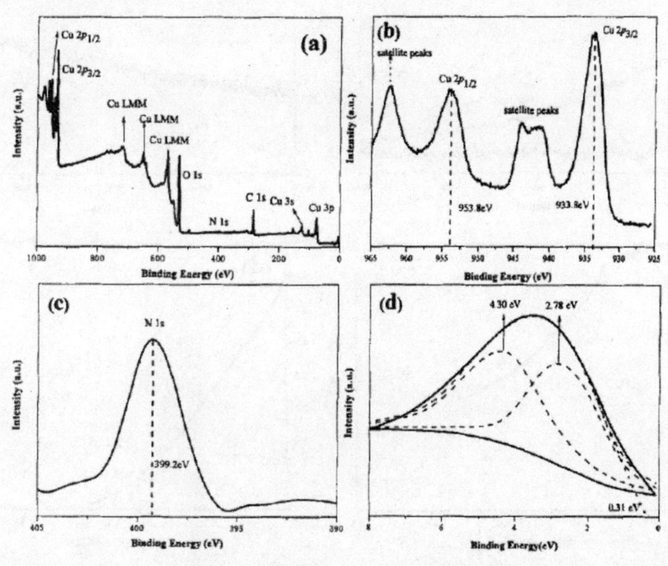

图10.20　（a）氮掺杂的CuO的XPS宽谱，（b）氮掺杂的CuO Cu2p的XPS图谱，（c）氮掺杂的CuON 1s的XPS图谱，（d）氮掺杂的CuO价带光电发射谱图（实线）和它的高斯拟合图（虚线），谱阁经过平整和基线校正。

图10.20为材料的XPS图谱，所有数据都已根据C元素做了修正。由图10.20（a）可知材料由Cu、O、N、C组成，C为仪器自身携带，因此表明材料中并无任何杂质元素。图10.20（a）中的Cu 2p3/2和Cu $2p_{1/2}$分别对应CuO的峰为933.8eV和953.8 eV。同时，在943.8和962.5eV有一系列的伴峰对应CuO中Cu 2p3/2和Cu2p1/2，表明未充满的Cu3d核的存在。证明材料为CuO而非Cu_2O。图10.20（c）中清楚显示在399.2处的峰对应N 1s，由此可知，材料中掺杂了N元素。图10.20（d）谱图中有两个明显的峰，中心位置分别位于4.30 eV和2.78 eV，是由O_2p轨道的p（非键）和s（成键）的电子发射得到。使用线性外推法直接从电子发射谱上得到最大价带的位置，其最大价带的位置位于0.31 eV处，与文献相比发生了负移，电子更容易从价带被激发到导带，从而实现电子与空穴的分离。同时文献中提到价带负移有利于偏压的降低，因此在较低的电位下就能催化还原CO_2。由图10.20（b）知其禁带宽度为1.34 eV，可知其导带位置为-1.03 eV。而文献中CuO的导带位置约为-0.8 eV，相对于CuO，氮掺杂CuO的导带位置发生明显负移。

4．光化学性能的研究

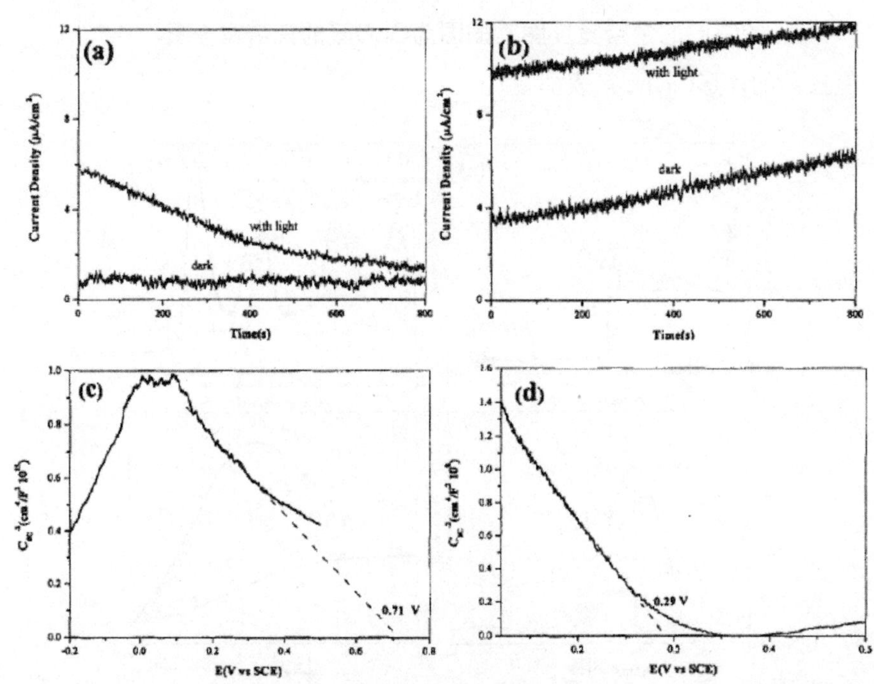

图10.21　（由）开路电位下CuO膜催化还原CO_2的i-t曲线，（b）开路电位下氮掺杂CuO催化还原的CO_2的i-t曲线，（c）CuO膜的Mott-Schottky曲线，（d）氮掺杂的CuO的Mott Schottiey曲线。

光响应测试是在持续通入CO_2的$KHCO_3$溶液中进行的，测试了电极在光照和黑暗条件中开路电位下对CO_2的催化性能。用光敏度$I_{SE}= I_{light}-I_{dark}$来表示材料催化还原$CO_2$时有光与无光的电流密度之差，其中$I_{light}$和$I_{dark}$分别表示有光和无光时的电流密度。刚开始时，CuO膜（I_{SE1}）的光敏度则为5.11 μA/cm^2，而氮掺杂的CuO（I_{SE2}）为6.20 μA/cm^2，I_{SE2}是I_{SE1}的1.21倍；800s 后，I_{SE1}为0.58 μA/cm^2，而I_2为5.61 μA/cm^2，此时I_{SE2} 是I_{SE1}的9.6倍。以上数据表明CuO膜随着光照时间增长电流密度星下降的趋势，而氮掺杂的CuO的光敏度几乎没有减小，表明氮掺杂的CuO具有良好的光催化性能和光稳定性。我们推测材料的一维结构和N的掺杂可能有利于光生电子和空穴的分离，提高了光生载荷子的浓度，进而具有更优秀的光催化性能和光稳定性。为了进一步研究氮掺杂的CuO良好的光催化性能，在0.1 mol/L $KHCO_3$溶液中进行了Mott-Schottky曲线的探索。当调节外加电压使氧化膜空间电荷区内的载流子浓度处于耗尽状态时，空间电荷区的电容（C_{sc}）与外加电压（E）之间满足如下的Mott-Schottky关系：

$$\frac{1}{C_{SC^2}}=-\frac{2}{\varepsilon_0\varepsilon_r N_A A^2}(E-E_{FB}-\frac{kT}{e})$$

式中：C_{sc}为空间电荷电容；ε_0为真空介电常数（8.854x10^{-12}F/m）；ε_r为室温下钝化膜的相对介电常数（对CuO取25）；N_A为受主浓度；A为试样与液体的接触面积（样品受试面积4 cm^2）；E为外加电压；E_{FB}为平带电位：k为波耳兹曼常数（1.38×10^{-23} J/K）；T为热力学温度（K）；e 为电子电荷（1.602×10^{-19}C）。室温下kT/e约为25mV，通常可忽略不计。

图10.21c和d是对E作图所得的Mott-schottky曲线，取曲线中直线最长部分作切线，切线斜率都为负显示两种材料都为p型半导体，与文献报道一致。切线与横坐标轴的交点即为CuO膜和氮掺杂的CuO的平带电位E_{FB}，分别为0.71 V和0.29 V，p型半.导体的价带电位处于平带下方大约0.1 V-0.2 V，因此氮掺杂的CuO的价带边缘在0.39 V-0.49 V，与XPS得到的价带数值相吻合。将平带电位带入Mott-schottky关系式得到CuO膜和氮掺杂的CuO的受主浓度Na分别为4.8×10^{-3} m^{-3}和7.5×10^{5} m^{-3}，氮掺杂的CuO载流子浓度是CuO膜的10^8倍。该数据充分说明一维生长的楔形氮掺杂的Cu0更有利于光生电子空穴的分离。同时，氮掺杂的CuO中N的掺杂不改变半导体的类型，但N 2p轨道提供的新的浅受主能带有助于光激发载流子的迁移，这也正是氮掺杂的CuO的光催化活性比CuO膜高的原因。价带上的电子很容易先被激发到产生的中间能带上，然后再通过吸收光子进一步激发到导带上，所以这些中间能带的加入有助于拓宽吸收波长的范围，更容易被可见光激发。而CuO膜则无潜在的受主能级，相对氮掺杂的

CuO来说被可见光激发就困难一些。进而氮掺杂的CuO显示出更加优异的光催化性能和光稳定性，与i–t曲线的结论相一致。

5．电化学性能的研究

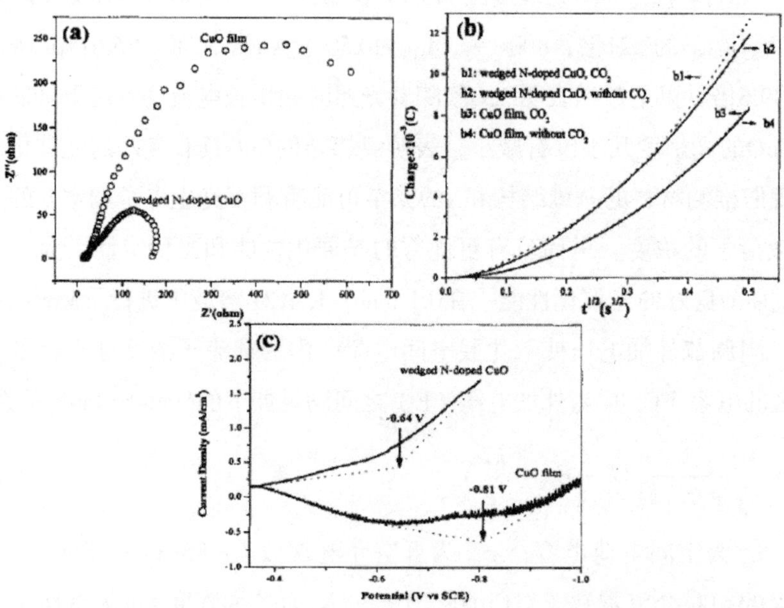

10.22　（a）氮掺杂的CuO和CuO膜的EIS表征，（b）氮掺杂的CuO和CuO膜的计时库伦曲线，（c）氮掺杂的CuO和CuO膜的电催化还原CO_2。

图10.22a是氮掺杂的CuO和CuO膜的交流阻抗图谱，从图上可以看出氮掺杂的CuO（175ohm）的交流阻抗明显比CuO膜（650ohm）小，可见一维生长的氮掺杂的CuO的楔形结构更有利于催化剂自身的电子传递。图10.22b 是关于氮掺杂的Cu0和CuO膜的计时库仑曲线，目的是得到材料的电化学吸附表面积。其中b1和b2分别为氮掺杂的CuO不通和通CO_2气体的计时库伦曲线。利用此曲线取其与纵坐标的截距，分别得到b1：-7.67×10^{-3} C，b2：-1.01×10^{-2} C，进而求得氩掺杂的CuO材料的吸附位量为25.18 nmoL。b3、b4分别为CuO膜不通CO_2和CO_2条件下得到的计时库仑曲线，求得CuO膜材料的吸附位量为99 pmoL，氮掺杂的CuO对CO_2的吸附是CuO的252倍，氮掺杂的CuO具有更大的电化学吸附比表面积，能够为后续的电化学还原提供更多的电化学活性位点。

图10.22c通过以下方法得到：0.1 molL $KHCO_3$水溶液中首先以40 sccm的速率通$N_2$30min后使得N_2气体在溶液中达到饱和后且持续通气时中进行LSV扫描，而后同样条件下通CO_2得到LSV曲线。因施加外加电压时，电解液中存在CO_2还原和水的还原两个竞争反应。因此我们用饱和N_2的$KHCO_3$水溶液做背景来扣除水的还原，图c中曲

线是扣除背景之后得到的，充分体现了氮掺杂的CuO与CuO膜对CO_2的电化学还原性能。由图可知，氮掺杂的CuO与CuO膜还原CO_2的起始电位分别为-0.64 V和-0.81 V，说明氮掺杂的CuO在外加更小的外电压时便可电催化还原CO_2，对CO_2具有更好地电催化性能。与文献中描述价带位置负移，需要相对较小的外加电压便可发生有效的电催化还原的理论相一致。

（三）氮掺杂的CuO的光电催化还原CO_2产物分析

对光电催化还原CO_2的产物进行了气相检测分析，主产物为甲醇。图10.23 a是在不同电位下氮掺杂的CuO和CuO膜光电催化还原CO_2甲醇生成量与时间的变化规律，从图上可以看出在-1.0 V~-1.3 V范围内，甲醇的生成量先增大后又减小，在-1.2 V下，6 h时光电催化还原CO_2甲醇的产量达到最大值3.6 mmol/L/cm^2，而此时CuO膜的甲醇产量是0.026 mmol/L/crm2，前者是后者的139倍，是第二部分中花状的CuO催化还原CO_2生成甲醇的量（978 umol/L/cm^2）的3.68倍。这充分说明了氮掺杂的CuO对CO_2具有更加优异的光电催化性能。

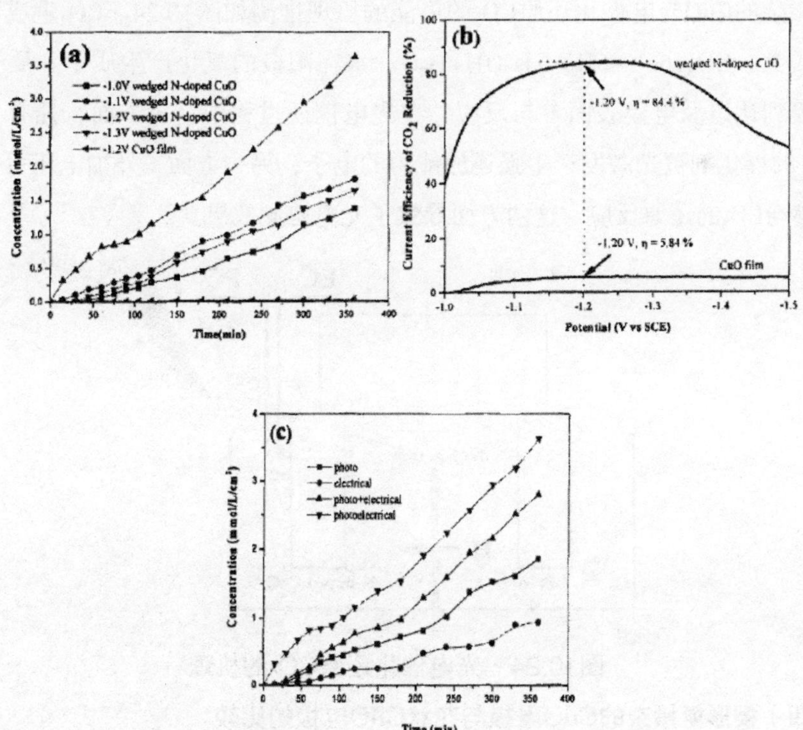

图10.23 （a）不同电压下氮掺杂的CuO和CuO膜的光电催化还原COr时甲醇的浓度，（b）氮掺杂的CuO和Cu0膜在光电催化还原CO_2时的电流效率，（c）氮掺杂的CuO在单独电、光和光电条件下还原CO_2时甲醇的浓度。

在氮掺杂的CuO光电催化还原CO_2，甲醇的量有极大值，从光电过程的CO_2的转化效率得到进一步解释。图10.23 b是光电催化还原过程中两电极上CO_2的转化效率随电位的变化，由图上可以看出，随电位的负移，CuO膜.上转化效率先是增加，增加到5.84 %以后基本不再变化。而在氮掺杂的CuO 上在-1.20 V时转化效率有极大值，为84.4%，是CuO膜14.5倍。一维生长的氮掺杂的CuO对CO_2表现出更加优异光电催化还原能力。这是材料自身具有较负的导带电位、更大的载流子浓度、更多的电化学活性位点以及更低的还原电位性能的必然体现。

同时，进一步研究了氮掺杂的CuO上的光电协同效果。选择了CO_2转化效率最大时的-1.20 V进行研究。-1.20 V下，6 h时，单独电催化还原、单独光催化还原、光催化与电催化还原的简单加和以及光电协同催化还原甲醇的产量依次为0.94 mmol/L/cm2、1.8 mmol/L/cm2、2.8 mmol/L/cm2、3.6 mmol/L/cm2。发现光电协同催化还原生成甲醇的量是光催化与电催化还原的简单加和1.3倍，这表明在光催化还原和电催化还原之间产生了明显的协同效果。

氮掺杂的CuO光电催化还原CO_2的可能的机理推测如图10.24。CO_2生成甲醇的机理方程式为：$CO_2+6e^- +6H^+=CH_3OH+H_2O$。水在阳极的氧化产生质子，质子穿过质子交换膜到达以及电极表面参与反应。在光电催还过程中，一方面，拥有导带电位-1.03 eV的催化剂被光激发产生强还原能力的电子；另一方面，外加电压可持续提供电子来参与CO_2的还原反应，这两方面导致了光电协同效果。

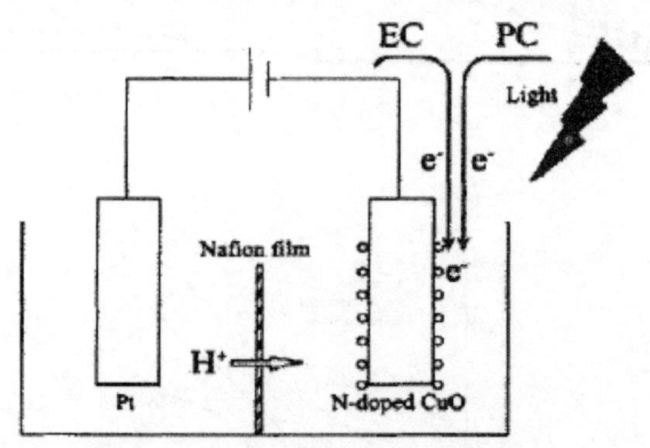

图10.24　光电催化还原CO_2的机理

（四）楔形氮掺杂的CuO电极与花状CuO电极的比较

1. 光电性能的比较

图10.25为氮掺杂的CuO和花状CuO光和电性能的对比，图10.25a和b可知二者的禁带宽度很接近，可被可见光激发，都具有良好的光学性质，因此把关注点放到电

学性质上。图10.25 c中，氮掺杂的CuO和花状CuO的交流阻抗值分别为175 ohm和400 ohm，因而可知氮掺杂的CuO的交流阻抗值明显比花状CuO的小，说明氮掺杂的CuO更利于电子的传输，具有更优秀的电催化性能。

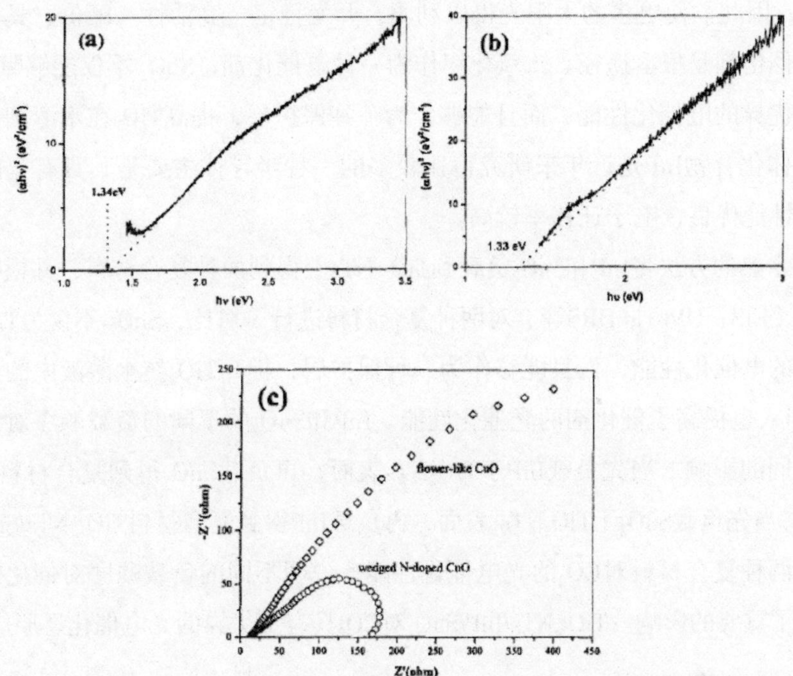

图10.25 （a）氮掺杂的CuO的禁带宽度图，（b）花状CuO的禁带宽度图，（C）氮掺杂的CuO和花状CuO的交流阻抗对比图。

2. 催化还原CO_2的比较

电极光电催化还原CO_2通过甲醇的生成量来做对比，当在最佳电压条件下光电催化还原CO_2连续进行6 h后，氮掺杂的CuO和花状CuO产生的甲醇量分别为3.63 mmol/L/cm^{2}和0.98 mmol/L/cm^2，氮掺杂的CuO的甲醇的量是花状CuO的3.7倍。因此，氮掺杂的CuO对CO_2具有更优秀的光电催还还原性能，为以后的研究中作基体奠定了良好的基础。

第五节 讨论与结论

一、TiO_2 NTs/InP/SnO_2和TiO_2 NTs/SnO_2/InP复合电极光电催化还原CO_2应用

自1979年Inoue和Fvjishima在Nature上首次报道了水溶液中TiO_2半导体粉末可以光

还，原CO_2为有机化合物，TiO_2成为研究最广泛、最深入的体系，研究内容涉及催化剂的形貌、晶相、改性等方面。但是TiO_2禁带宽度为3.2 eV，只能吸收小于385 nm的紫外光，从而限制了它的应用，由于紫外光在太阳光光谱中仅占约4%，而可见光则占到45%，因此欲使更多的太阳光得以利用，开发稳定、高活性、廉价、具有可见光响应的光催化剂是根本途径。二氧化锡作为一种电催化剂，SnO_2不仅能够赋予TiO_2光催化剂以优异的电催化性能，而且能够作为一种保护层，提高TiO_2在水溶液中的稳定性。半导体化合物InP是近年来研究得比较多的一种半导体主要是其具有宽的激发光谱，光学性能优良，电子迁移率较高。

采用水热的方法将InP和SnO_2负载到TiO_2 NTs上得到两种复合材料，并根据一系列表征手段（EIS、UV-vis DRS等）对两种复合材料进行了对比，SnO_2不仅为TiO_2 NTs提供了优异的电催化性能，而且能够作为一种保护层，提高TiO_2在水溶液中的稳定性。而InP的引入也提高了催化剂的光催化性能。InP和SnO_2的不同的负载顺序对复合材料产生了不同的影响。当先负载InP于TiO_2NTs表面，再负载SnO_2得到复合材料TiO_2NTs/InP/SnO_2。当先负载SnO_2于TiO_2NTs 表面，再负载InP得到复合材料TiO_2 NTs/SnO_2/InP。通过比较两种复合材料对CO_2的光电催化性能，说明不同的负载顺序对催化剂的催化性能产生了重要的影响。TiO_2 NTs/InP/SnO_2对CO_2具有更优异的光电催化还原能力。

二、花状CuO光电催化还原CO_2的应用

由于CuO的自身优秀的性质，通过水热的方法制备出了花状的CuO结构。水热法：制备CuO催化剂时的最佳条件是：NaOH的浓度为5 mol/L，（NH_4）$_2S_2O_8$的浓度为0.15 mol/L，水热时间24 h。XRD中的（111）晶面对甲醇有很好的选择性。制备所得的花状CuO的禁带宽度为1.33 eV，说明花状CuO可被波长小于932 nm的光激发，表明其具有优良的光催化性能。花状CuO电极电催化还原CO_2的净电流密度大于零，说明电极具有一定的电催化还原性能。当引入光后，净电流密度比单独电的明显的高很多，表明该电极对CO_2具有优异的光电催化性能。光电催化还原CO_2的主产物为甲醇，与XRD的结论相一致。当反应持续进行6 h时，CuO上甲醇的量为978 μ mol/L/cm^2。

三、楔形氮掺杂的CuO电极光电催化还原CO_2的应用

采用阳极氧化的方法在Cu基底上原位的生长出一维结构的氮掺杂的CuO，氮掺

杂的CuO宽143 nm、长786 nm，呈楔形结构均匀生长。制备得到的氮掺杂的CuO禁带宽度为1.34 eV、导带位置为–1.03 eV。其载流子浓度$7.5 \times 10^5 m^{-3}$，是CuO膜的108倍，表明其具有优良的光催化还原性能，同时光生电子空穴的能够有效分离。电化学催化性能方面来讲，该材料具有巨大的电化学吸附活性位点，是CuO膜的252倍；具有较低的CO_2还原过电位，相对于CuO膜正移了0.17 V，氮掺杂的CuO对CO_2表现出优良的电催化还原性能。在光电催化还原CO_2的应用中，光电催化还原CO_2的主产物为CH_3OH，氮掺杂的CuO上的光电流转化效率达84.4%，是CuO膜（5.84%）的14.5倍。6 h时氮掺杂的CuO上甲醇的产量（3.6 mmolL/cm^2）是CuO膜（0.026 mmol/L/cm^2）的139倍。光电催化还原过程甲醇产量是光催化还原和电催化还原简单加和的1.3倍，在氮掺杂的CuO体现优异的光电协同效果。

参考文献

[1] 江剑平，孙成城．异质结原理与器件［M］．电子工业出版社，2010.

[2] 藤岛昭．光催化创造未来 环境和能源的绿色革命［M］．上海交通大学出版社，2014.

[3] 刘守新，刘鸿．光催化及光电催化基础与应用［M］．化学工业出版社，2006.

[4] 王俊鹏．半导体材料的能带调控及其光催化性能的研究［J］．2013.

[5] 何辉超．半导体基催化材料的制备及其光电催化性能研究［J］．2014.

[6] 肖瑶，江贝，杨柯娜，张涛，付磊．二维材料异质结的可控制备及应用［J］．2017

[7] 熊贤强．二氧化钛表面改性及其光催化反应机理［J］．2018.

[8] 姜志锋．二氧化钛功能纳米光催化剂的制备及对环境有机污染物的降解行为研究理［J］．2016.

[9] 娄季攀．二氧化钛光催化材料的研究及在造纸废水处理中的应用［J］．2018.

[10] Arai T，Sato S，Uemura K，MorikawaT，KajinoT.and Motohiro T. Photoelectrochemicalreduction of CO_2 in water under visible-light iradiation by a p-type InP photocathodemodified with an electropolymerized ruthenium complex. Chem. Commun.［J］，2010，（46）：6944-6946

[11] Asahi R，Morikawa T，Ohwaki T，Aoki K. and Taga Y. Visible-light photocatalysis in nitrogen-doped titanium oxides. science［J］，2001，（293）：269-271

[12] Azuma M，Hashimoto K，Hiramoto M.，Watanabe M. and Sakata T. Electrochemical Reduction of Carbon Dioxide on Various Metal Electrodes in Low -Temperature Aqueous KHCO3 Media. J. Electro. Soc.［J］，1990，（137）：1772-1778

[13] Benson E. E，Kubiak C. P，Sathrum A. J. and Smieja J. M. Electrocatalytic and homogeneous approaches to conversion of CO_2 to liquid fucls. Chem. Soc. Rev.［J］，2009，

（38）：89–99

［14］Bhatkhande D. S，Pangarkar V. G. and Beenackers A. A. Photocatalytic degradation for environmental applications– a review. J. Chem. Technol. Biotechnol［J］，2002，（77）：102–116

［15］Bussi J，Ohanian M.，Vazqucz M. and Dalchiele E. A. Photocatalytic removal of Hg fromsolid wastes of chlor–alkali plant. J. Environ. Eng［J］，2002，（128）：733–739

［16］Chaplin R. and Wragg A. Effects of process conditions and electrode material on reaction pathways for carbon dioxide electroreduction with particular reference to formate formation. J Appl. Electro［J］，2003，（33）：1107–1123

［17］Chen Y，Li C. W. and Kanan M. W. Aqucous CO_2 Reduction at Very Low Overpotential on Oxide–Derived Au Nanoparticles. J Am. Chem. Soc.［J］，2012，（134）：19969–19972

［18］Novosclov K s，Geim A K，Morozov S V，et al. Electric ficld effect in atomically thin carbon films. Science［J］，2004，306：666 669

［19］Morozov s V，Novoselov K s，Katsnelson M I，ct al. Giant intrinsic carrier mobilities in graphene and its bilayer. Phys Rev Leit［J］，2008，100：016602

［20］Banszerus L，Schmitz M，Engels s，et al. Ultrahigh–mobility graphene devices from chemical vapor deposition on reusable copper. SciAdv［J］，2015，1：e1500222

［21］Xu M s，Liang T，Shi M M，ct al. Graphene–like two–dimensional materials. Chem Rev［J］，2013，113：3766 –3798

［22］XuH，Chen Y B，Zhang J，et al. Investigating the mechanism of hysteresis ffct in graphene electrical field device fabricated on SiO_2 substrates using Raman spetroscopy. Small［J］，2012，8：2833– 2840

［23］TanL F，HanJ L，Mendes R G，et al. Self–aligned single–rytalline hexagonal boron nitride arrays：Toward higher integrated electronic devices. Adv Eleetron Mater［J］，2015，1：1500223

［24］Novoselov K s，Mishchenko A，Caralho A，et al. 2D materials and van der Waals heterostructures. Science［J］，2016，353：aac9439

［25］XuH，WuJ x，Chen Y B，et al. Substrate engineering by hexagonal boron nitride/SiO：for hyteresis–free graphene FETs and large–scale graphene p–n junctions. Chem Asian J［J］，2013，8：2446 –2452

[26] Bolotin K 1, sikes K J, Jiang Z, et al. Ultrahigh electron mobility in suspended graphene. Solid State Commun [J], 2008, 146: 351-355.

[27] LeeC G, Wei x D, KysarJ w, et al. Measurement of the elastic propertics and intrinsic strength of monolayer graphene. Scienee [J], 2008, 321: 385- 388

[28] Balandin A A, GhoshS, Bao W Z, et al. Superior thermal condutivity of single-layer graphene. Nano Lett [J], 2008, 8: 902- 907

[29] Wang, w: Wang, s; Ma, x. Gong, J. L Chem. Soc. Rev 2011, 40, 3703. doi: 10. 1039/CICS15008A Halmann, M. Nature [J], 1978, 275, 115. doi: 10. 1038/275115a0

[30] Conell, E; Puga, A. v; Julian-Lopez, B.; Garcia, H, Corma, A. Appl. Catal. B- Environ.2016, 180, 263. doi: 10. 1016j apeatb [J], 2015 .06.019

[31] Zong, X: Sun, C; Yu, H; Chen, Z G; Xing, Z; Ye, D; Lu, G Q; Li, x; Wang, L. J. Phys. Chem C [J], 2013, 117, 4937. doi: 10.1021/jp311729b

[32] Handoko, A D; Tang, J. lut J Hydrog. Enenpu [J], 2013, 38, 13017. doi: 10 1016/jhydene 2013.03.128

[33] Chen, x Y; Zhou, Y; Liu, Q; Li, Z; Liu, J; Zou, Z. ACS AppL. Mater. Inter. [J], 2012, 4, 3372. doi: 10. 1021/am300661s

[34] Wang, s.B; Wang, x C. Appl. Catal. B-Emiron [J], 2015, 162, 494. doi: 10. l016japcatb.2014.07.026

[35] Barton, E. E; Rampulla, D. M; Bocarsly, A B. J. 4m. Chem. Soe. [J], 2008, 130, 6342. doi: 10.1021/ja0776327

[36] Li, Q; Zheng, M; Zhong, M: Ma, L; Wang, F; Ma, L; Shen, W. Sct. Rep. [J], 2016, 6, 29738 doi: 10. 1038/srep29738

[37] Sun, z; Yang, Z; Liu, H; Wang H; Wu, Z Appl Suyf Sct. [J], 2014, 315, 360. doi: 10. 10165 apsuse 2014.07.153

[38] Chen, x Y; Yu, T; Gao, F. Zhang, H T; Liu, L. F; Wang, Y M; Li, Z. S; Zou, z. G; Liu, J. M. Appl Phys. Lelt [J] 2007, 91, 021144.doi: 10.1063/1.2757132

[39] Zhou, P: Yan, s. C; Zou, Z G. CysrEngComm [J], 2015, 17, 992. doi: 10.1039/c4ce02198c

[40] Thaweesak, S; Lyu, M: Perakiatkhajohn, P: Butburee, T; Luo, B.;

Chen, H; Wang, L. A4ppL Catal. B-Environ. [J], 2017, 202, 184. doi: 10.1016j apcatb 2016.09.022

[41] Wang, s. B.; Ding, Z. x; Wang, x C. Chem Commun. [J], 2015, 51, 1517. doi: 10. 1039/c4cc07225a

[42] Wang, sB.; Hou, Y.D; Wang, X.C. ACS AppP Mater Inter [J], 2015, 7, 4327. doi: 10 1021/am508766s

[43] Wang, s. B.; Wang, x. C Angew: Chem. lhat Edit [J], 2016, 55, 2308. doi: 10.1002/anie. 201507145

[44] Qin, J; Wang, s; Wang, X C. Appl. Catal. B-Emiron. 2017, 209, 476. doi: 10.1016j apcatb [J], 2017.03.018

[45] Wang, S. B.; Yao, W. s; Lin, J. L; Ding, Z X; Wang, X C. Angen Chem. lht. Edit. [J], 2014, 53, 1034. doi: 10.1002/ange 201310957

[46] Wang. x. C; Maeda, K; Thomas, A: Takanabe, K; Xin, G; Carlsson, J. M; Domen, K.; Antieti, M. Nar. Mater [J], 2009, 8, 76. doi: 10.1142978981431765. 0039

[47] Ou, H. H; Lin, L H; Zheng. Y; Yang. P. J; Fang.Y. X; Wang, x. C. Adv Mater. [J], 2017, 29, 100008 doi: 10.1002/adma 201 70008

[48] Qin, J N; Wang, s. B.; Ren, H; Hou, Y. D; Wang, X C. AppL. Catal. B-Environ. [J], 2015, 179, 1. doi: 10 1016j apeatb 2015.05 005

[49] Garcia, A.; Fernandez Blanco, C; Herance, J R.; Albero, J; Garcta, H.J Mater: Chem. A [J], 2017, 5, 16522. doi: 10. 1039/c7ta04045h

[50] Wang. P.L: Wang, S C; Wang, H Q: Wu, Z. B: Wang, L Z Part Part. Sust. Char: [J], 2018, 35, 1700371. doi: 10. 102ppsec 201700371

[51] Zhang, N; Long, R; Gao, C; Xiong, YJSe.Chi.Mater [J].2018, 01, 771.doi: 10.1007/s40843-017-9151-y